# 아이스크림 더 실전

차례

# 왜, 더 실전 일까요?

## AI 데이터로 구성한 교재입니다.

『**더 실전**』은 누적 체험자 수 130만 명의 선택을 받은
아이스크림 홈런의 **학습 데이터를 기반**으로 만들었습니다.
**AI가 추천한 문제**들을 난이도별로 배열한 **단원 평가를 총 4회 구성**하여
실전 시험에 충분히 대비할 수 있도록 하였습니다.
또한 AI를 활용하여 정답률 낮은 문제를 선별하였으며 **'틀린 유형 다시 보기'**를 통해
정답률 낮은 문제를 이해하는 기초를 제공하고 반복하여 복습할 수 있도록 하여
빈틈없이 **실전을 준비**할 수 있도록 하였습니다.

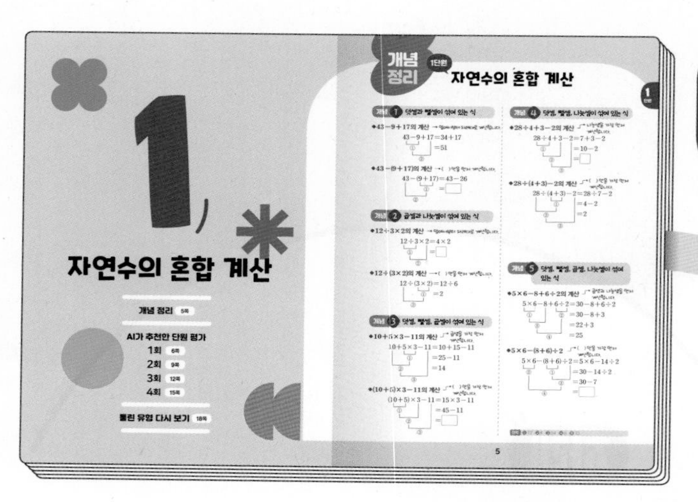


개념을 먼저
정리해요.

단원 평가 1회 ~ 4회로
실전 감각을 길러요.

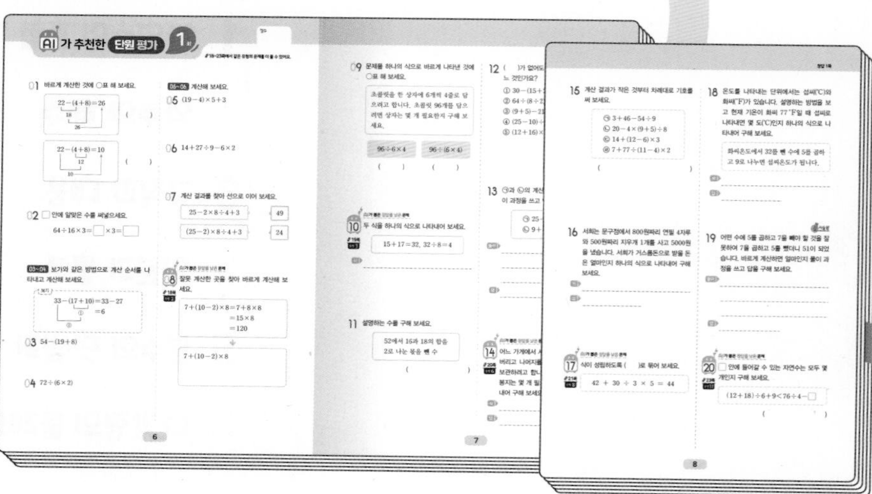

## 더 실전은 아래와 같은 상황에 더 필요하고 유용한 교재입니다.

- 내 실력을 알고 싶을 때
- 단원 평가에 대비할 때
- 학기를 마무리하는 시험에 대비할 때
- 시험에서 자주 틀리는 문제를 대비하고 싶을 때

**『더 실전』이 적합합니다.**

틀린 유형 다시 보기로 집중 학습을 해요.

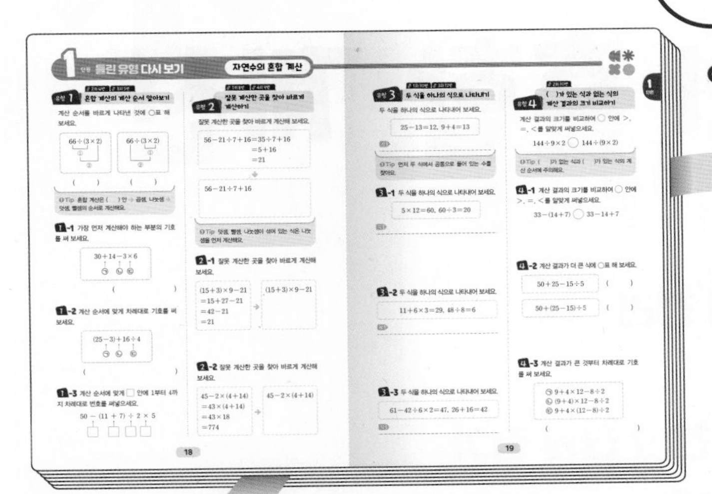

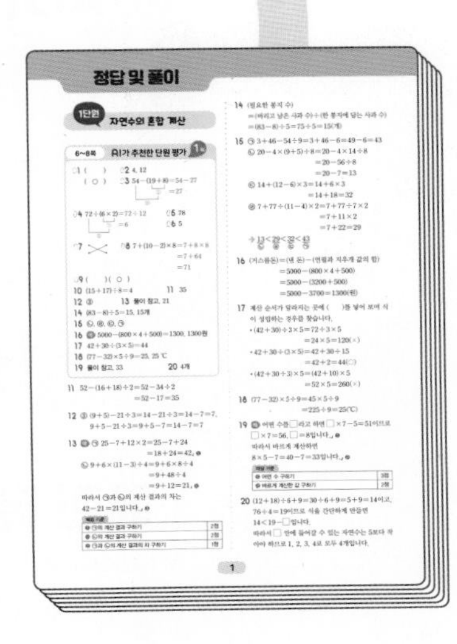

정답 및 풀이로 확인하고 점검해요.

# 자연수의 혼합 계산

# 개념 정리 1단원 자연수의 혼합 계산



## 개념 1 덧셈과 뺄셈이 섞여 있는 식

◆**43−9+17의 계산** → 앞에서부터 차례대로 계산합니다.

$43-9+17=34+17$ ①
$=51$ ②

◆**43−(9+17)의 계산** → ( ) 안을 먼저 계산합니다.

$43-(9+17)=43-26$ ①
$=\square$ ②

## 개념 2 곱셈과 나눗셈이 섞여 있는 식

◆**12÷3×2의 계산** → 앞에서부터 차례대로 계산합니다.

$12\div3\times2=4\times2$ ①
$=\square$ ②

◆**12÷(3×2)의 계산** → ( ) 안을 먼저 계산합니다.

$12\div(3\times2)=12\div6$ ①
$=2$ ②

## 개념 3 덧셈, 뺄셈, 곱셈이 섞여 있는 식

◆**10+5×3−11의 계산** → 곱셈을 가장 먼저 계산합니다.

$10+5\times3-11=10+15-11$ ①
$=25-11$ ②
$=14$ ③

◆**(10+5)×3−11의 계산** → ( ) 안을 가장 먼저 계산합니다.

$(10+5)\times3-11=15\times3-11$ ①
$=45-11$ ②
$=\square$ ③

## 개념 4 덧셈, 뺄셈, 나눗셈이 섞여 있는 식

◆**28÷4+3−2의 계산** → 나눗셈을 가장 먼저 계산합니다.

$28\div4+3-2=7+3-2$ ①
$=10-2$ ②
$=\square$ ③

◆**28÷(4+3)−2의 계산** → ( ) 안을 가장 먼저 계산합니다.

$28\div(4+3)-2=28\div7-2$ ①
$=4-2$ ②
$=2$ ③

## 개념 5 덧셈, 뺄셈, 곱셈, 나눗셈이 섞여 있는 식

◆**5×6−8+6÷2의 계산** → 곱셈과 나눗셈을 먼저 계산합니다.

$5\times6-8+6\div2=30-8+6\div2$ ①
$=30-8+3$ ②
$=22+3$ ③
$=25$ ④

◆**5×6−(8+6)÷2** → ( ) 안을 가장 먼저 계산합니다.

$5\times6-(8+6)\div2=5\times6-14\div2$ ①
$=30-14\div2$ ②
$=30-7$ ③
$=\square$ ④

정답 ❶ 17 ❷ 8 ❸ 34 ❹ 8 ❺ 23

점수

18~23쪽에서 같은 유형의 문제를 더 풀 수 있어요.

**01** 바르게 계산한 것에 ○표 해 보세요.

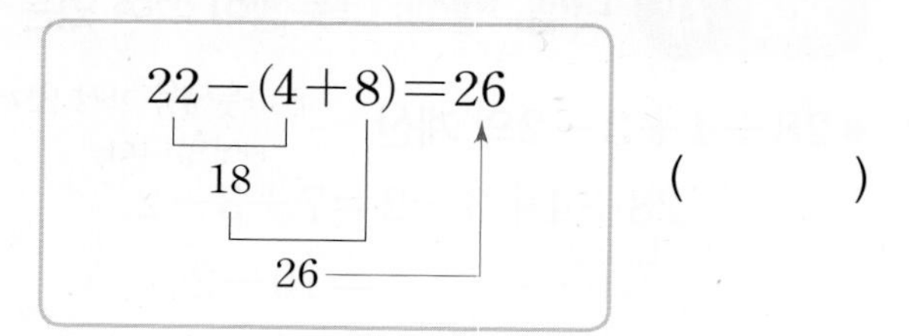

$22-(4+8)=26$ (18, 26) (    )

$22-(4+8)=10$ (12, 10) (    )

**02** □ 안에 알맞은 수를 써넣으세요.

$64\div16\times3=\square\times3=\square$

**03~04** **보기**와 같은 방법으로 계산 순서를 나타내고 계산해 보세요.

보기

$33-(17+10)=33-27$
$=6$
①, ②

**03** $54-(19+8)$

**04** $72\div(6\times2)$

**05~06** 계산해 보세요.

**05** $(19-4)\times5+3$

**06** $14+27\div9-6\times2$

**07** 계산 결과를 찾아 선으로 이어 보세요.

| | |
|---|---|
| $25-2\times8\div4+3$ | 49 |
| $(25-2)\times8\div4+3$ | 24 |

AI가 뽑은 정답률 낮은 문제

**08** 잘못 계산한 곳을 찾아 바르게 계산해 보세요.

18쪽 유형 2

$7+(10-2)\times8=7+8\times8$
$=15\times8$
$=120$

↓

$7+(10-2)\times8$

09 문제를 하나의 식으로 바르게 나타낸 것에 ○표 해 보세요.

> 초콜릿을 한 상자에 6개씩 4줄로 담으려고 합니다. 초콜릿 96개를 담으려면 상자는 몇 개 필요한지 구해 보세요.

| $96 \div 6 \times 4$ | $96 \div (6 \times 4)$ |
|---|---|
| (　　) | (　　) |

AI가 뽑은 정답률 낮은 문제

10 두 식을 하나의 식으로 나타내어 보세요.

19쪽 유형 3

> $15+17=32,\ 32 \div 8=4$

식 ▶

11 설명하는 수를 구해 보세요.

> 52에서 16과 18의 합을 2로 나눈 몫을 뺀 수

(　　　　)

12 (　)가 없어도 계산 결과가 같은 식은 어느 것인가요? (　　)

① $30-(15+2)$
② $64 \div (8 \div 2)$
③ $(9+5)-21 \div 3$
④ $(25-10) \div 5$
⑤ $(12+16) \times 2-7$

서술형

13 ㉠과 ㉡의 계산 결과의 차는 얼마인지 풀이 과정을 쓰고 답을 구해 보세요.

> ㉠ $25-7+12 \times 2$
> ㉡ $9+6 \times (11-3) \div 4$

풀이 ▶

답 ▶

AI가 뽑은 정답률 낮은 문제

14 어느 가게에서 사과 83개 중 8개는 썩어서 버리고 나머지를 한 봉지에 5개씩 담아서 보관하려고 합니다. 사과를 모두 담으려면 봉지는 몇 개 필요한지 하나의 식으로 나타내어 구해 보세요.

20쪽 유형 6

식 ▶

답 ▶

**15** 계산 결과가 작은 것부터 차례대로 기호를 써 보세요.

㉠ $3+46-54\div9$
㉡ $20-4\times(9+5)\div8$
㉢ $14+(12-6)\times3$
㉣ $7+77\div(11-4)\times2$

(　　　　　　　　　　)

**16** 서희는 문구점에서 800원짜리 연필 4자루와 500원짜리 지우개 1개를 사고 5000원을 냈습니다. 서희가 거스름돈으로 받을 돈은 얼마인지 하나의 식으로 나타내어 구해 보세요.

식 ______________________

답 ____________

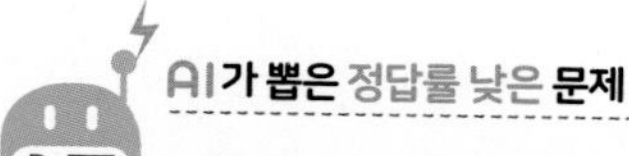


**17** 식이 성립하도록 (　　)로 묶어 보세요.

21쪽 유형 8

$42 + 30 \div 3 \times 5 = 44$

**18** 온도를 나타내는 단위에서는 섭씨(℃)와 화씨(℉)가 있습니다. 설명하는 방법을 보고 현재 기온이 화씨 77 ℉일 때 섭씨로 나타내면 몇 도(℃)인지 하나의 식으로 나타내어 구해 보세요.

화씨온도에서 32를 뺀 수에 5를 곱하고 9로 나누면 섭씨온도가 됩니다.

식 ______________________

답 ____________

서술형

**19** 어떤 수에 5를 곱하고 7을 빼야 할 것을 잘못하여 7을 곱하고 5를 뺐더니 51이 되었습니다. 바르게 계산하면 얼마인지 풀이 과정을 쓰고 답을 구해 보세요.

풀이 ______________________

______________________

______________________

답 ____________

AI가 뽑은 정답률 낮은 문제

**20** □ 안에 들어갈 수 있는 자연수는 모두 몇 개인지 구해 보세요.

23쪽 유형 11

$(12+18)\div6+9<76\div4-\square$

(　　　　　　　　)

점수

18~23쪽에서 같은 유형의 문제를 더 풀 수 있어요.



01 가장 먼저 계산해야 하는 부분을 찾아 ○표 해 보세요.

$25-9\div3+5$

02~03 □ 안에 알맞은 수를 써넣으세요.

02 $37-19+14=$□

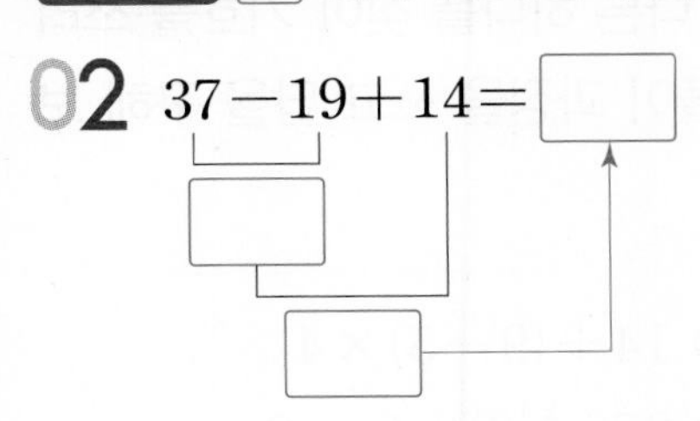

03 $23+24\div(11-5)=$□

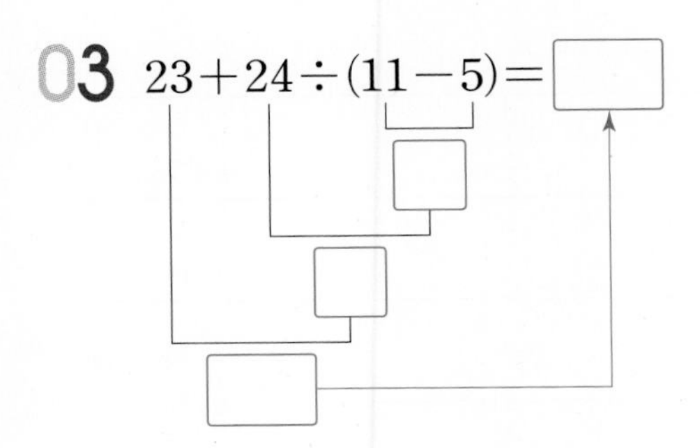

AI가 뽑은 정답률 낮은 문제

04 계산 순서에 맞게 차례대로 기호를 써 보세요.

18쪽 유형 1

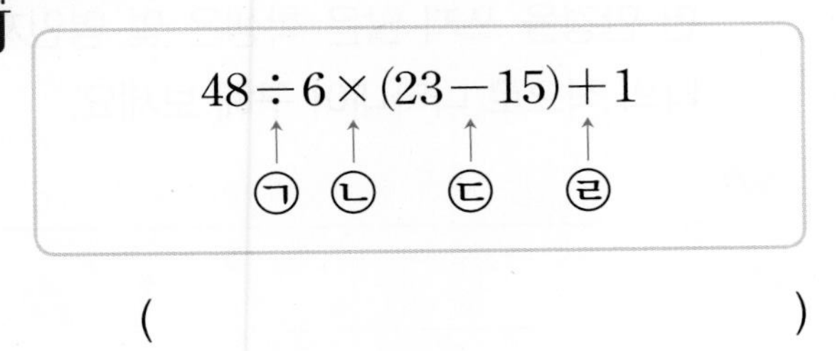


(　　　　　　　　　　　　　　　　)

05 계산해 보세요.

$50+35\div7-4\times8$

06 빈칸에 알맞은 수를 써넣으세요.

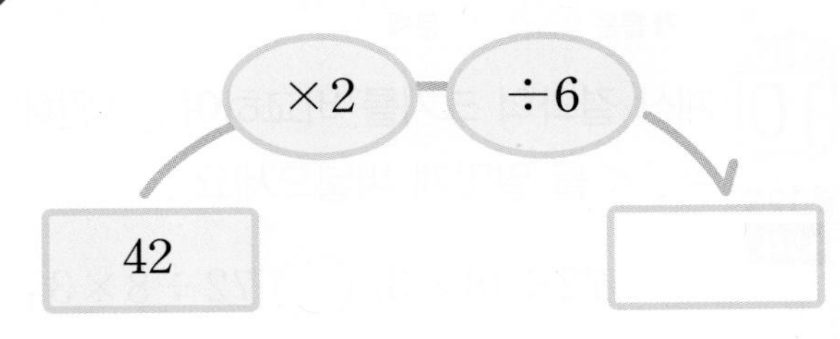


07~08 두 식을 계산하여 비교하려고 합니다. 물음에 답해 보세요.

07 두 식을 각각 계산해 보세요.

$15+8\times4-21=$□

$(15+8)\times4-21=$□

08 알맞은 말에 ○표 해 보세요.

두 식의 계산 결과는
( 같습니다 , 다릅니다 ).

**09** 수직선을 보고 □ 안에 알맞은 수를 써넣으세요.

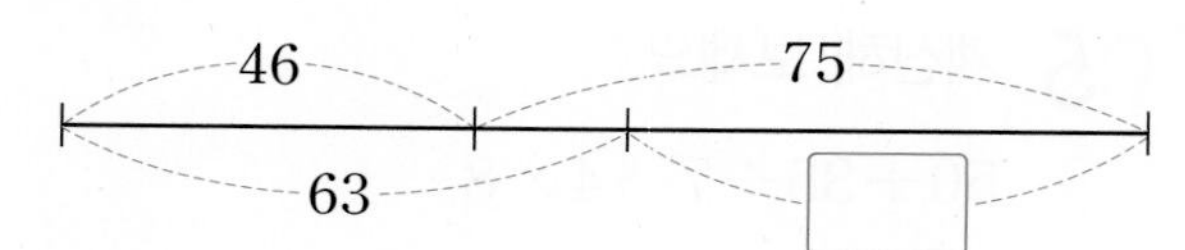


AI가 뽑은 정답률 낮은 문제

**10** 계산 결과의 크기를 비교하여 ○ 안에 >, =, <를 알맞게 써넣으세요.

19쪽 유형4

$72\div(8\times3)$ ○ $72\div8\times3$

**11** 문제를 하나의 식으로 나타내어 계산하려고 합니다. 식의 알맞은 곳을 (　　)로 묶고 답을 구해 보세요.

> 연필 40자루를 여학생 3명과 남학생 4명에게 각각 2자루씩 나누어 줄 때, 남는 연필은 몇 자루인지 구해 보세요.

식 $40 - 3 + 4 \times 2 =$ □

답 □자루

AI가 뽑은 정답률 낮은 문제

**12** 다음을 하나의 식으로 나타내어 계산해 보세요.

20쪽 유형5

> 6에 21과 5의 차를 곱한 다음 35를 뺀 수

식

**13** 계산 결과가 다른 하나를 찾아 기호를 쓰려고 합니다. 풀이 과정을 쓰고 답을 구해 보세요.

> ㉠ $14+(9-5)\times4$
> ㉡ $256\div(2+6)-2$
> ㉢ $66-(21+8)$

풀이

답

**14** 운동장에 남학생 26명과 여학생 18명이 있습니다. 그중 안경을 쓴 학생이 7명이라면 안경을 쓰지 않은 학생은 몇 명인지 하나의 식으로 나타내어 구해 보세요.

식

답

서술형

**15** 1시간 동안 85 km를 달리는 버스와 1시간 동안 72 km를 달리는 트럭이 있습니다. 각각 일정한 빠르기로 3시간 동안 달렸을 때 버스는 트럭보다 몇 km 더 많이 달렸는지 하나의 식으로 나타내어 구하려고 합니다. 풀이 과정을 쓰고 답을 구해 보세요.

풀이

답

**16** 사과 1개와 복숭아 1개의 무게의 합은 배 1개의 무게보다 몇 g 더 무거운지 하나의 식으로 나타내어 구해 보세요.

| 사과 2개 | 복숭아 1개 | 배 1개 |
|---|---|---|
| 520 g | 180 g | 390 g |

식

답

AI가 뽑은 정답률 낮은 문제

**17** □ 안에 알맞은 수를 구해 보세요.

21쪽 유형 7

$(4+16)\times\square\div5=28$

(　　　　　　　　)

**18** 재호는 수연이보다 줄넘기를 몇 회 더 많이 했는지 하나의 식으로 나타내어 구해 보세요.

- 재호: 나는 줄넘기를 일주일 동안 매일 75회씩 했어.
- 수연: 나는 일주일 중 2일은 쉬고 나머지 날은 매일 60회씩 했어.

식

답

**19** 길이가 60 cm인 색 테이프를 4등분한 것 중의 한 도막과 95 cm인 색 테이프를 5등분한 것 중의 한 도막을 6 cm가 겹치도록 이어 붙였습니다. 이어 붙인 색 테이프의 전체 길이는 몇 cm인지 하나의 식으로 나타내어 구해 보세요.

식

답

AI가 뽑은 정답률 낮은 문제

**20** 식이 성립하도록 ◯ 안에 +, ×, ÷ 중 알맞은 기호를 한 번씩 써넣으세요.

22쪽 유형10

90 ◯ (9 ◯ 5) ◯ 3=5

점수

18~23쪽에서 같은 유형의 문제를 더 풀 수 있어요.

**01** 먼저 계산해야 하는 부분에 ○표 해 보세요.

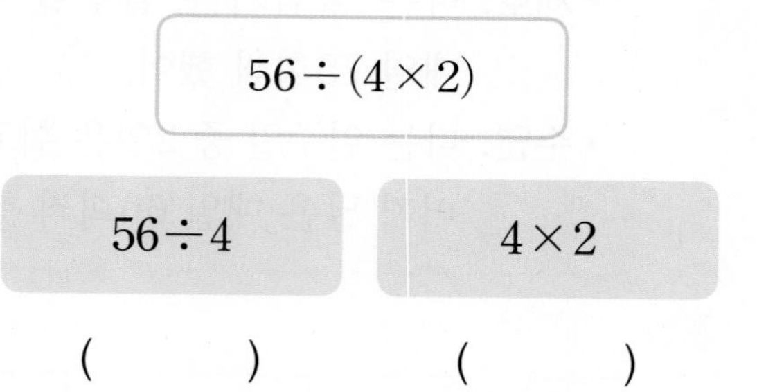

$56\div(4\times2)$

$56\div4$ ( )　　$4\times2$ ( )

**02** **보기**와 같은 방법으로 계산 순서를 나타내어 보세요.

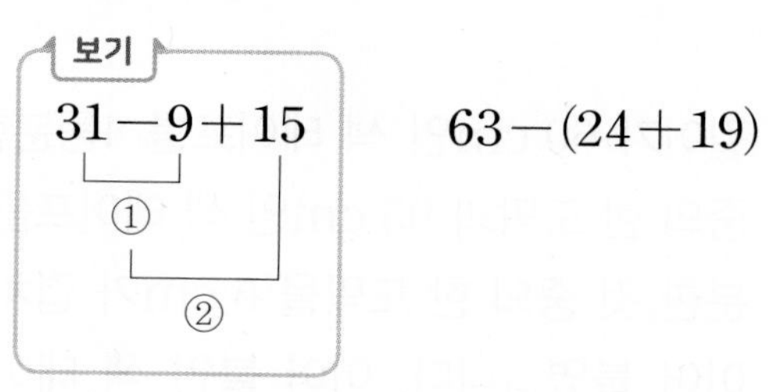


$63-(24+19)$

**03~04** □ 안에 알맞은 수를 써넣으세요.

**03** $16+38-5\times5=16+38-\square$

$=54-\square$

$=\square$

**04** $9+5\times(10-2)\div4=9+5\times\square\div4$

$=9+\square\div4$

$=9+\square$

$=\square$

AI가 뽑은 정답률 낮은 문제

**05** 계산 순서에 맞게 □ 안에 1부터 4까지 차례대로 번호를 써넣으세요.

18쪽 유형 1

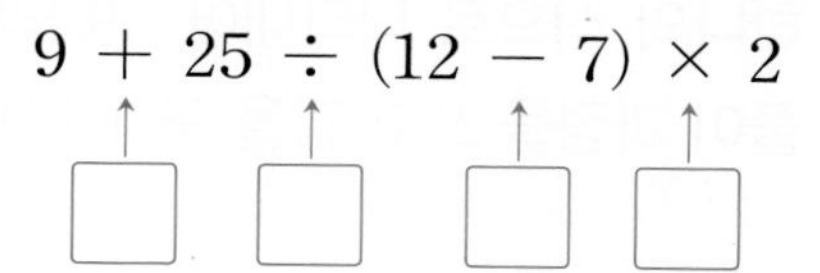

$9+25\div(12-7)\times2$

**06** 계산해 보세요.

$18+27-48\div6$

**07** 계산 결과가 11인 식에 ○표 해 보세요.

$96\div8+4-5$ ( )

$27+(51-45)\div3$ ( )

**08** 바르게 계산한 사람은 누구인지 이름을 써 보세요.

- 경호: $42-13+19=10$
- 미주: $98\div7\times2=28$

( )

09 앞에서부터 차례대로 계산해야 하는 식의 기호를 써 보세요.

㉠ $40\div5\times3-7+11$
㉡ $6\times(13-9)\div4+29$

(                    )

10 문제를 하나의 식으로 나타내어 계산하려고 합니다. ◯ 안에 알맞은 기호를 써넣어 식을 완성하고 답을 구해 보세요.

버스에 22명의 승객이 타고 있었습니다. 이번 정거장에서 7명이 내리고 5명이 탔습니다. 지금 버스에 타고 있는 승객은 몇 명인지 구해 보세요.

식 22 ◯ 7 ◯ 5= ☐

답 ☐명

11 두 식을 보고 잘못 설명한 것의 기호를 써 보세요.

$42\div(3\times2)$, $42\div3\times2$

㉠ 두 식의 계산 순서는 다릅니다.
㉡ 두 식의 계산 결과는 같습니다.

(                    )

AI가 뽑은 정답률 낮은 문제

12 두 식을 하나의 식으로 나타내어 보세요.

19쪽 유형 3

$35\div5=7$, $40-7\times4=12$

식

13 계산 결과가 더 큰 식의 계산 결과는 얼마인지 풀이 과정을 쓰고 답을 구해 보세요.

$(21-8)\times4+14\div7$

$55-(34-28)\times3$

풀이

답

AI가 뽑은 정답률 낮은 문제

14 빵이 한 봉지에 8개씩 3봉지 있습니다. 이 빵을 접시 4개에 똑같이 나누어 놓는다면 접시 한 개에 놓는 빵은 몇 개인지 하나의 식으로 나타내어 구해 보세요.

20쪽 유형 6

식

답

**15** 예준이는 딱지를 20장 가지고 있습니다. 친구 4명에게 2장씩 나누어 준 후 형에게 5장을 얻었습니다. 지금 예준이가 가지고 있는 딱지는 몇 장인지 하나의 식으로 나타내어 구해 보세요.

식 ▶ ____________________

답 ▶ ____________

서술형

**16** 식이 성립하도록 ◯ 안에 알맞은 기호를 써넣으려고 합니다. 어느 기호를 써넣어야 하는지 풀이 과정을 쓰고 답을 구해 보세요.

$45 \div 3$ ◯ $6 = 21$

풀이 ▶ ____________________

____________________

____________________

답 ▶ ____________

**17** 39에서 16과 어떤 수의 합을 뺀 다음 8을 더했더니 17이 되었습니다. 어떤 수를 구해 보세요.

( )

AI가 뽑은 정답률 낮은 문제

**18** 식이 성립하도록 ( )로 묶어 보세요.

21쪽 유형 8

$120 \div 15 - 7 + 6 = 21$

**19** 다음 재료를 사용하여 샌드위치 2인분을 만들려고 합니다. 10000원으로 필요한 재료를 사면 남는 돈이 얼마인지 하나의 식으로 나타내어 구해 보세요.

| 빵 1인분 | 치즈 2인분 | 계란 6인분 |
|---|---|---|
| 900원 | 2500원 | 4800원 |

식 ▶ ____________________

답 ▶ ____________

AI가 뽑은 정답률 낮은 문제

**20** 수 카드 [2], [5], [6]을 한 번씩만 사용하여 다음과 같은 식을 만들려고 합니다. 계산 결과가 가장 클 때는 얼마인지 구해 보세요.

23쪽 유형12

$7 \times (\square + \square) - \square$

( )

점수

18~23쪽에서 같은 유형의 문제를 더 풀 수 있어요.



01 계산 순서가 바르면 ○표, 틀리면 ×표 해 보세요.

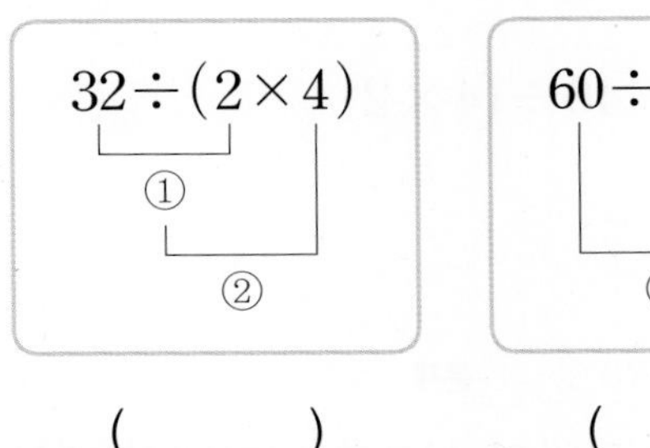


( ) ( )

02 보기와 같은 방법으로 계산 순서를 나타내고 계산해 보세요.

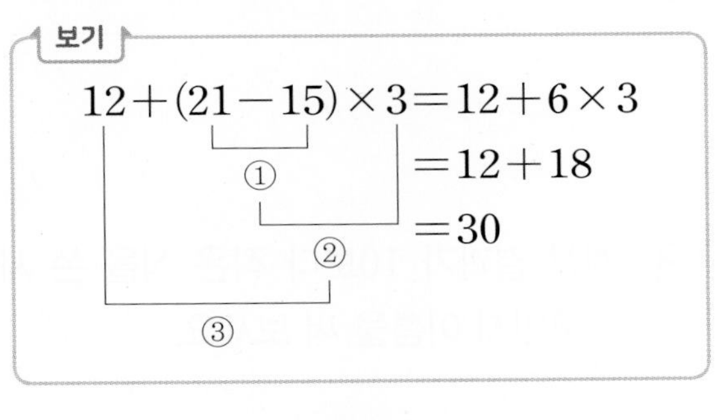


$41-3\times(4+7)$

03 □ 안에 알맞은 수를 써넣으세요.

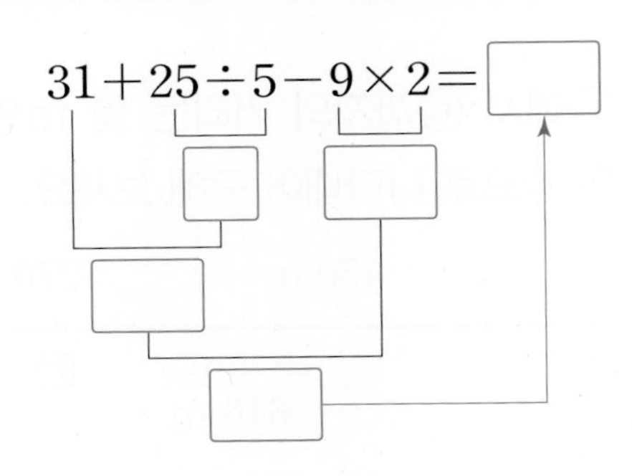


04~05 계산해 보세요.

04 $53-(17+18)$

05 $18\times4\div6\times2$

06 $8+18\div(9-3)$의 계산 순서를 바르게 설명한 것을 찾아 기호를 써 보세요.

㉠ $8+18$을 가장 먼저 계산합니다.
㉡ $18\div9$를 가장 먼저 계산합니다.
㉢ $9-3$을 가장 먼저 계산합니다.

( )

07 $26+14-3\times7$의 계산 결과를 찾아 ○표 해 보세요.

| 259 | 103 | 19 |
|---|---|---|
| ( ) | ( ) | ( ) |

**08** 앞에서부터 차례대로 계산하면 틀리는 것의 기호를 써 보세요.

㉠ $56 \div 7 - 5 + 13$
㉡ $18 + 4 \times 9 - 10$

(　　　　　　　　)

AI가 뽑은 정답률 낮은 문제　서술형

**09** 잘못 계산한 곳을 찾아 이유를 쓰고, 바르게 계산해 보세요.

18쪽 유형 2

$$42 - (16 + 12) \div 7 = 42 - 28 \div 7$$
$$= 14 \div 7$$
$$= 2$$

↓

$42 - (16 + 12) \div 7$

이유

**10** 크기를 비교하여 ○ 안에 >, =, <를 알맞게 써넣으세요.

$7 \times (3+5)$ ○ $30$

**11** (　)가 없어도 계산 결과가 같은 식에 ○표 해 보세요.

$12 \times (9 \div 3)$ (　　)

$40 \div (4 \times 2)$ (　　)

AI가 뽑은 정답률 낮은 문제

**12** 다음을 하나의 식으로 나타내어 계산해 보세요.

20쪽 유형 5

10과 5의 합을 3으로 나눈 몫

식

**13** 계산 결과가 10보다 작은 식을 쓴 사람은 누구인지 이름을 써 보세요.

- 명희: $15 - 8 + 3 \times 4$
- 석주: $56 \div 8 - (2 + 1)$

(　　　　　　　　)

**14** ㉡에서 ㉢까지의 거리는 몇 m인지 하나의 식으로 나타내어 구해 보세요.

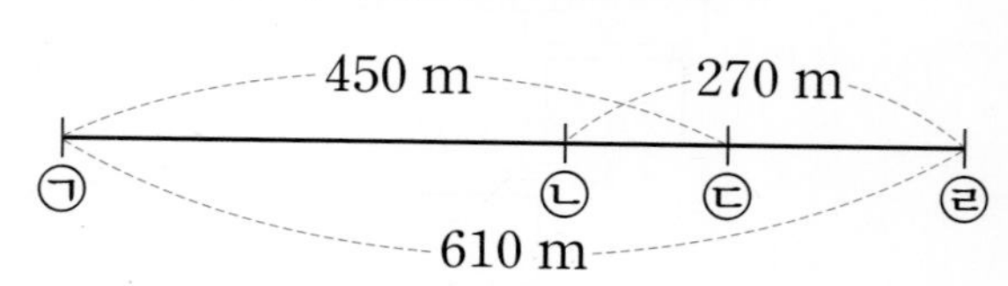


식

답

**15** 혜주는 한 상자에 12개씩 들어 있는 도넛을 3상자 사서 언니와 똑같이 나누어 가진 다음 친구에게 7개를 주었습니다. 혜주에게 남은 도넛은 몇 개인지 하나의 식으로 나타내어 구해 보세요.

식 ▶ ______________________

답 ▶ ______________

**16** 한 판에 20개씩 들어 있는 달걀이 4판 있었습니다. 이 중 2개가 깨져서 버리고, 남은 달걀을 통 6개에 똑같이 나누어 담았습니다. 통 1개에 담은 달걀은 몇 개인지 하나의 식으로 나타내어 구해 보세요.

식 ▶ ______________________

답 ▶ ______________

**17** 무게가 같은 책 5권이 들어 있는 상자의 무게를 재어 보니 1750 g이었습니다. 이 상자에서 책 2권을 꺼낸 후 무게를 재어 보니 1110 g이 되었습니다. 빈 상자만의 무게는 몇 g인지 하나의 식으로 나타내어 구해 보세요.

식 ▶ ______________________

답 ▶ ______________

AI가 뽑은 정답률 낮은 문제 · 서술형

**18** 다음과 같이 약속할 때, 5 ◈ 12는 얼마인지 풀이 과정을 쓰고 답을 구해 보세요.

22쪽 유형 9

가 ◈ 나 = 가 + 나 × (나 − 가)

풀이 ▶ ______________________

______________________

______________________

답 ▶ ______________

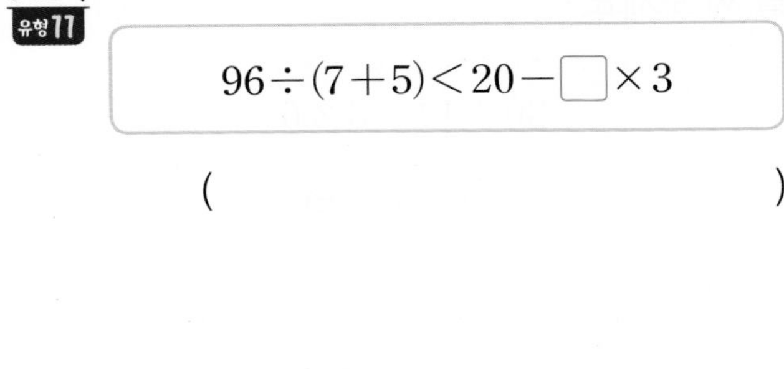

AI가 뽑은 정답률 낮은 문제

**19** □ 안에 들어갈 수 있는 자연수를 모두 구해 보세요.

23쪽 유형 11

$96 \div (7+5) < 20 - \square \times 3$

(　　　　　　　　　　)

AI가 뽑은 정답률 낮은 문제

**20** 수 카드 2, 4, 6, 8을 한 번씩만 사용하여 다음과 같은 식을 만들려고 합니다. 계산 결과가 가장 작을 때는 얼마인지 구해 보세요.

23쪽 유형 12

$24 \div \square + \square \times (\square - \square)$

(　　　　　　　　　　)

2회 4번 3회 5번

## 유형 1 혼합 계산의 계산 순서 알아보기

계산 순서를 바르게 나타낸 것에 ○표 해 보세요.

| $66\div(3\times2)$ ① $66\div3$, ② | $66\div(3\times2)$ ① $3\times2$, ② |
|---|---|
| (　　) | (　　) |

Tip 혼합 계산은 (　) 안 → 곱셈, 나눗셈 → 덧셈, 뺄셈의 순서로 계산해요.

**1-1** 가장 먼저 계산해야 하는 부분의 기호를 써 보세요.

$30+14-3\times6$ (㉠ +, ㉡ −, ㉢ ×)

(　　　　　　)

**1-2** 계산 순서에 맞게 차례대로 기호를 써 보세요.

$(25-3)+16\div4$ (㉠ −, ㉡ +, ㉢ ÷)

(　　　　　　)

**1-3** 계산 순서에 맞게 □ 안에 1부터 4까지 차례대로 번호를 써넣으세요.

$50 - (11 + 7) \div 2 \times 5$

□ □ □ □

1회 8번 4회 9번

## 유형 2 잘못 계산한 곳을 찾아 바르게 계산하기

잘못 계산한 곳을 찾아 바르게 계산해 보세요.

$56-21\div7+16=35\div7+16$
$=5+16$
$=21$

↓

$56-21\div7+16$

Tip 덧셈, 뺄셈, 나눗셈이 섞여 있는 식은 나눗셈을 먼저 계산해요.

**2-1** 잘못 계산한 곳을 찾아 바르게 계산해 보세요.

$(15+3)\times9-21$
$=15+27-21$
$=42-21$
$=21$

→ $(15+3)\times9-21$

**2-2** 잘못 계산한 곳을 찾아 바르게 계산해 보세요.

$45-2\times(4+14)$
$=43\times(4+14)$
$=43\times18$
$=774$

→ $45-2\times(4+14)$

1 단원

1회 10번 | 3회 12번

## 유형 3 두 식을 하나의 식으로 나타내기

두 식을 하나의 식으로 나타내어 보세요.

$25-13=12,\ 9+4=13$

식 ▶

Tip 먼저 두 식에서 공통으로 들어 있는 수를 찾아요.

**3-1** 두 식을 하나의 식으로 나타내어 보세요.

$5\times12=60,\ 60\div3=20$

식 ▶

**3-2** 두 식을 하나의 식으로 나타내어 보세요.

$11+6\times3=29,\ 48\div8=6$

식 ▶

**3-3** 두 식을 하나의 식으로 나타내어 보세요.

$61-42\div6\times2=47,\ 26+16=42$

식 ▶

2회 10번

## 유형 4 (　)가 있는 식과 없는 식의 계산 결과의 크기 비교하기

계산 결과의 크기를 비교하여 ◯ 안에 >, =, <를 알맞게 써넣으세요.

$144\div9\times2$ ◯ $144\div(9\times2)$

Tip (　)가 없는 식과 (　)가 있는 식의 계산 순서에 주의해요.

**4-1** 계산 결과의 크기를 비교하여 ◯ 안에 >, =, <를 알맞게 써넣으세요.

$33-(14+7)$ ◯ $33-14+7$

**4-2** 계산 결과가 더 큰 식에 ◯표 해 보세요.

| | |
|---|---|
| $50+25-15\div5$ | (　　　) |
| $50+(25-15)\div5$ | (　　　) |

**4-3** 계산 결과가 큰 것부터 차례대로 기호를 써 보세요.

㉠ $9+4\times12-8\div2$
㉡ $(9+4)\times12-8\div2$
㉢ $9+4\times(12-8)\div2$

(　　　　　　　　　　)

2회 12번 | 4회 12번

## 유형 5 하나의 식으로 나타내어 계산하기

다음을 하나의 식으로 나타내어 계산해 보세요.

31에서 16과 7의 합을 뺀 수

식

Tip 계산 순서에 주의하여 (   )가 필요한 곳에 (   )를 적절하게 사용해요.

**5-1** 다음을 하나의 식으로 나타내어 계산해 보세요.

60을 4와 5의 곱으로 나눈 몫

식

**5-2** 다음을 하나의 식으로 나타내어 계산해 보세요.

22와 8의 차에 3을 곱한 다음 6으로 나눈 몫

식

**5-3** 다음을 하나의 식으로 나타내어 계산해 보세요.

45에서 19와 9의 합을 7로 나눈 몫을 뺀 수

식

1회 14번 | 3회 14번

## 유형 6 하나의 식으로 나타내어 문제 해결하기

지영이는 12살이고, 언니는 지영이보다 3살 더 많습니다. 어머니의 연세는 지영이 언니 나이의 3배보다 1살 더 적습니다. 어머니의 연세는 몇 세인지 하나의 식으로 나타내어 구해 보세요.

식

답

Tip 계산 순서에 주의하여 (   )가 필요한 곳에 (   )를 적절하게 사용해요.

**6-1** 사과 3개는 7500원, 귤 5개는 9000원입니다. 사과 1개는 귤 1개보다 얼마 더 비싼지 하나의 식으로 나타내어 구해 보세요.

식

답

**6-2** 무게가 같은 공 5개를 무게가 150 g인 상자에 넣고 재어 보니 1300 g이었습니다. 이 공 7개의 무게는 몇 g인지 하나의 식으로 나타내어 구해 보세요.

식

답

2회 17번

## 유형 7 □ 안에 알맞은 수 구하기

□ 안에 알맞은 수를 구해 보세요.

$$7 \times 8 - \square = 37$$

(　　　　　)

**Tip** 계산할 수 있는 부분을 먼저 계산하여 식을 간단하게 나타내요.

**7-1** □ 안에 알맞은 수를 구해 보세요.

$$\square + (12 - 3) \times 4 = 42$$

(　　　　　)

**7-2** □ 안에 알맞은 수를 구해 보세요.

$$21 - (\square + 5) \div 6 = 16$$

(　　　　　)

**7-3** □ 안에 알맞은 수를 구해 보세요.

$$33 + 2 \times 8 - \square \div 9 = 44$$

(　　　　　)

1회 17번 3회 18번

## 유형 8 식이 성립하도록 (　)로 묶기

식이 성립하도록 (　　)로 묶어 보세요.

$$72 \div 4 \times 2 + 1 = 10$$

**Tip** 계산 순서가 달라질 수 있는 곳을 (　)로 묶어 보며 식이 성립하는지 확인해요.

**8-1** 식이 성립하도록 (　　)로 묶어 보세요.

$$42 - 3 \times 5 + 2 = 21$$

**8-2** 식이 성립하도록 (　　)로 묶어 보세요.

$$24 + 36 \div 4 - 1 = 36$$

**8-3** 식이 성립하도록 (　　)로 묶어 보세요.

$$14 + 56 \div 7 - 3 \times 2 = 42$$

4회 18번

## 유형 9 약속에 따라 계산하기

다음과 같이 약속할 때, 12◆4를 계산해 보세요.

가◆나=가×나－가÷나

(　　　　　　　　　)

Tip 가에 12, 나에 4를 넣고 계산해요.

**9-1** 다음과 같이 약속할 때, 9★15를 계산해 보세요.

가★나=(나－가)×나÷가

(　　　　　　　　　)

**9-2** 다음과 같이 약속할 때, 20♥8을 계산해 보세요.

가♥나=가×(가＋나)÷나

(　　　　　　　　　)

**9-3** 다음과 같이 약속할 때, 3◎7을 계산해 보세요.

가◎나=가×나－(나＋8)÷가

(　　　　　　　　　)

2회 20번

## 유형 10 식이 성립하도록 ○ 안에 ＋, －, ×, ÷ 넣기

식이 성립하도록 ○ 안에 ＋, －, ÷ 중 알맞은 기호를 한 번씩 써넣으세요.

16 ○ 20 ○ 4 ○ 7=18

Tip ÷가 들어갈 수 있는 곳을 먼저 찾아요.

**10-1** 식이 성립하도록 ○ 안에 －, ×, ÷ 중 알맞은 기호를 한 번씩 써넣으세요.

10 ○ 24 ○ (2 ○ 4)＋8=15

**10-2** 식이 성립하도록 ○ 안에 －, ×, ÷ 중 알맞은 기호를 한 번씩 써넣으세요.

31 ○ 4 ○ 21 ○ 3=117

**10-3** 식이 성립하도록 ○ 안에 ＋, －, × 중 알맞은 기호를 한 번씩 써넣으세요.

23 ○ 8 ○ 5 ○ 13=50

1회 20번 | 4회 19번

## 유형 11 □ 안에 들어갈 수 있는 자연수 구하기

□ 안에 들어갈 수 있는 자연수를 모두 구해 보세요.

$\square \times 4 + 8 < 38 - 28 \div 2$

(　　　　　　　　)

**Tip** 계산할 수 있는 부분을 먼저 계산하여 식을 간단하게 나타내요.

**11-1** □ 안에 들어갈 수 있는 자연수를 모두 구해 보세요.

$25 - 8 + 28 > 36 \div 4 \times \square$

(　　　　　　　　)

**11-2** □ 안에 들어갈 수 있는 자연수 중에서 가장 큰 수를 구해 보세요.

$5 \times 8 - \square > 42 \div 6 + 3 \times 9$

(　　　　　　　　)

**11-3** □ 안에 들어갈 수 있는 자연수는 모두 몇 개인지 구해 보세요.

$5 \times 7 - 24 \div 6 + 10 < 23 \times 2 - \square$

(　　　　　　　　)

3회 20번 | 4회 20번

## 유형 12 수 카드로 계산 결과가 가장 큰(작은) 혼합 계산식 만들기

수 카드 2, 3, 4 를 한 번씩만 사용하여 다음과 같은 식을 만들려고 합니다. 계산 결과가 가장 클 때는 얼마인지 구해 보세요.

$50 - (\square + \square) \times \square$

(　　　　　　　　)

**Tip** 계산 결과가 가장 크려면 빼는 수가 작아야 해요.

**12-1** 수 카드 3, 4, 8 을 한 번씩만 사용하여 다음과 같은 식을 만들려고 합니다. 계산 결과가 가장 클 때는 얼마인지 구해 보세요.

$96 \div (\square \times \square) + \square$

(　　　　　　　　)

**12-2** 수 카드 2, 4, 5, 9 를 한 번씩만 사용하여 다음과 같은 식을 만들려고 합니다. 계산 결과가 가장 작을 때는 얼마인지 구해 보세요.

$(\square + \square) \times \square \div \square$

(　　　　　　　　)

# 약수와 배수

# 개념 정리 2단원 약수와 배수

## 개념 1 약수와 배수

◆약수

어떤 수를 나누어떨어지게 하는 수를 그 수의 약수라고 합니다.

예 4의 약수 구하기

$4 \div 1 = 4$, $4 \div 2 = 2$, $4 \div 3 = 1 \cdots 1$,
$4 \div 4 = 1$

→ 4의 약수: 1, 2, □

◆배수

어떤 수를 1배, 2배, 3배⋯⋯ 한 수를 그 수의 배수라고 합니다.

예 3의 배수 구하기

$3 \times 1 = 3$, $3 \times 2 = 6$, $3 \times 3 = 9$,
$3 \times 4 = 12 \cdots\cdots$

→ 3의 배수: 3, 6, 9, 12⋯⋯

## 개념 2 약수와 배수의 관계

$14 = 1 \times 14$, $14 = 2 \times 7$

→ □은/는 1, 2, 7, 14의 배수입니다.
1, 2, 7, 14는 14의 약수입니다.

## 개념 3 공약수와 최대공약수

공통된 약수를 공약수라고 하고, 공약수 중에서 가장 큰 수를 최대공약수라고 합니다.

예 4와 6의 공약수와 최대공약수 구하기

4의 약수: 1, 2, 4  6의 약수: 1, 2, 3, 6

→ 4와 6의 공약수: 1, 2
4와 6의 최대공약수: □

## 개념 4 최대공약수 구하기

◆12와 28의 최대공약수 구하기

방법 1 곱셈식을 이용하여 구하기

$12 = 2 \times 2 \times 3$  $28 = 2 \times 2 \times 7$

→ 12와 28의 최대공약수: $2 \times 2 =$ □

방법 2 공약수를 이용하여 구하기

$$\begin{array}{r|rr} 2 & 12 & 28 \\ 2 & 6 & 14 \\ \hline & 3 & 7 \end{array}$$

→ 12와 28의 최대공약수: $2 \times 2 = 4$

## 개념 5 공배수와 최소공배수

공통된 배수를 공배수라고 하고, 공배수 중에서 가장 작은 수를 최소공배수라고 합니다.

예 2와 3의 공배수와 최소공배수 구하기

2의 배수: 2, 4, 6, 8, 10, 12⋯⋯
3의 배수: 3, 6, 9, 12⋯⋯

→ 2와 3의 공배수: 6, 12⋯⋯
2와 3의 최소공배수: □

## 개념 6 최소공배수 구하기

◆8과 12의 최소공배수 구하기

방법 1 곱셈식을 이용하여 구하기

$8 = 2 \times 2 \times 2$  $12 = 2 \times 2 \times 3$

→ 8과 12의 최소공배수: $2 \times 2 \times 2 \times 3 = 24$

방법 2 공약수를 이용하여 구하기

$$\begin{array}{r|rr} 2 & 8 & 12 \\ 2 & 4 & 6 \\ \hline & 2 & 3 \end{array}$$

→ 8과 12의 최소공배수: $2 \times 2 \times 2 \times 3 =$ □

정답 ❶ 4 ❷ 14 ❸ 2 ❹ 4 ❺ 6 ❻ 24

점수

38~43쪽에서 같은 유형의 문제를 더 풀 수 있어요.

01 나눗셈식을 보고 8의 약수를 모두 구해 보세요.

$8 \div 1 = 8$　$8 \div 2 = 4$
$8 \div 4 = 2$　$8 \div 8 = 1$

(　　　　　　　　)

02 8의 배수를 모두 찾아 ○표 해 보세요.

15　24　44　56　34

03 식을 보고 □ 안에 '약수'와 '배수'를 알맞게 써넣으세요.

$3 \times 9 = 27$

27은 3과 9의 □ 입니다.
3과 9는 27의 □ 입니다.

04 15와 20의 공약수와 최대공약수를 각각 구해 보세요.

- 15의 약수: 1, 3, 5, 15
- 20의 약수: 1, 2, 4, 5, 10, 20

공약수 (　　　　　　　　)
최대공약수 (　　　　　　　　)

05 3과 5의 공배수를 가장 작은 수부터 차례대로 3개 써 보세요.

(　　　　　　　　)

06 30과 24의 최소공배수를 구해 보세요.

2 ) 30　24
3 ) 15　12
　　5　4

(　　　　　　　　)

07 수직선에서 7의 배수를 모두 찾아 점(•)으로 나타내어 보세요.

10　　　　20　　　　30

AI가 뽑은 정답률 낮은 문제

08 18의 약수는 모두 몇 개인지 구해 보세요.

(　　　　　　　　)

38쪽 유형 1

09 9는 54의 약수이고, 54는 9의 배수입니다. 이 관계를 나타내는 곱셈식을 써 보세요.

식 ▶ ______

AI가 뽑은 정답률 낮은 문제 서술형

10 35보다 크고 65보다 작은 수 중에서 9의 배수는 모두 몇 개인지 풀이 과정을 쓰고 답을 구해 보세요.

39쪽 유형 3

풀이 ▶ ______

답 ▶ ______

11 52의 약수 중에서 가장 큰 수와 가장 작은 수를 각각 구해 보세요.

가장 큰 수 (　　　　)
가장 작은 수 (　　　　)

12 두 수의 최대공약수와 최소공배수를 각각 구해 보세요.

42　　56

최대공약수 (　　　　)
최소공배수 (　　　　)

13 어떤 두 수의 최대공약수가 16일 때, 두 수의 공약수를 모두 구해 보세요.

(　　　　)

14 1부터 9까지의 자연수 중에서 □ 안에 들어갈 수 있는 수를 모두 구해 보세요.

10의 배수는 모두 □의 배수입니다.

(　　　　)

15 두 수의 최소공배수가 더 큰 것의 기호를 써 보세요.

㉠ (24, 28)　　㉡ (44, 66)

(　　　　　　　　)

AI가 뽑은 정답률 낮은 문제

16 4와 22의 공배수 중에서 100에 가장 가까운 수를 구해 보세요.

40쪽 유형 6

(　　　　　　　　)

서술형

17 연필 45자루와 색연필 18자루를 최대한 많은 학생에게 남김없이 똑같이 나누어 주려고 합니다. 한 사람에게 연필을 몇 자루 주면 되는지 풀이 과정을 쓰고 답을 구해 보세요.

풀이

답

AI가 뽑은 정답률 낮은 문제

18 진아는 6일마다, 선재는 4일마다 수영장에 갑니다. 3월 10일에 두 사람이 수영장에서 만났다면 바로 다음번에 두 사람이 수영장에서 만나는 날은 몇 월 며칠인지 구해 보세요.

42쪽 유형 9

(　　　　　　　　)

AI가 뽑은 정답률 낮은 문제

19 조건을 만족하는 수를 구해 보세요.

41쪽 유형 7

조건
- 65의 약수입니다.
- 약수를 모두 더하면 14입니다.

(　　　　　　　　)

AI가 뽑은 정답률 낮은 문제

20 30과 42를 각각 어떤 수로 나누면 나머지가 모두 6입니다. 어떤 수를 구해 보세요.

43쪽 유형 11

(　　　　　　　　)

점수

38~43쪽에서 같은 유형의 문제를 더 풀 수 있어요.



01 빈칸에 5의 배수를 써넣으세요.

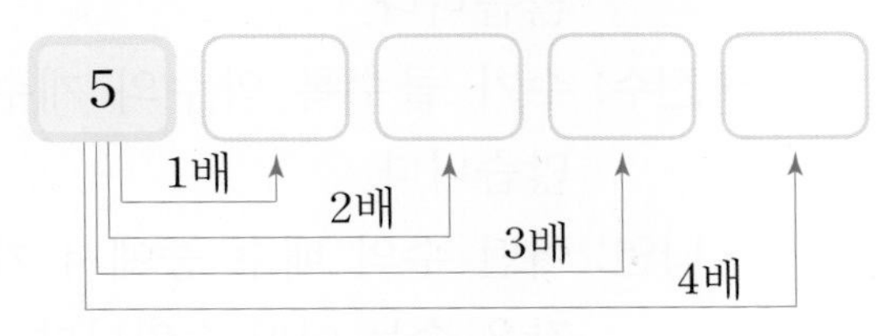


02 14의 약수를 모두 찾아 ○표 해 보세요.

1 2 4 7 10 14

03~04 곱셈식을 보고 약수와 배수의 관계를 알아보려고 합니다. 바르게 설명한 것에 ○표, 잘못 설명한 것에 ×표 해 보세요.

$16=1\times16$, $16=2\times8$, $16=4\times4$

03 16은 2의 배수입니다.

( )

04 16은 4의 약수입니다.

( )

05 어떤 두 수의 공배수를 가장 작은 수부터 차례대로 쓴 것입니다. 두 수의 최소공배수를 구해 보세요.

21, 42, 63, 84, 105……

( )

06~07 28과 42를 여러 수의 곱으로 나타낸 것을 보고 물음에 답해 보세요.

$28=2\times2\times7$
$42=2\times3\times7$

06 28과 42의 최대공약수를 구해 보세요.

( )

07 28과 42의 최소공배수를 구해 보세요.

( )

08 연필이 10자루 있습니다. 이 연필을 남김 없이 똑같이 나누어 가질 수 있는 사람 수를 모두 찾아 ○표 해 보세요.

2명 3명 4명 5명
6명 7명 8명 9명

09 16은 80의 약수인지 아닌지 쓰고, 그 이유를 설명해 보세요.

답

---

---

---

AI가 뽑은 정답률 낮은 문제

10 어떤 수의 배수를 가장 작은 수부터 차례대로 쓴 것입니다. 14번째 수를 구해 보세요.

38쪽 유형 2

8, 16, 24, 32, 40……

(　　　　　　　　)

11 두 수의 최대공약수와 최소공배수를 각각 구해 보세요.

24　　40

최대공약수 (　　　　　　　　)

최소공배수 (　　　　　　　　)

12 잘못 설명한 사람을 찾아 이름을 써 보세요.

- 세아: 어떤 수의 배수는 셀 수 없이 많습니다.
- 진수: 수가 클수록 약수의 개수가 많습니다.
- 나연: 어떤 수의 배수 중에서 가장 작은 수는 어떤 수입니다.

(　　　　　　　　)

13 어떤 두 수의 최대공약수가 34일 때, 두 수의 공약수는 모두 몇 개인지 구해 보세요.

(　　　　　　　　)

AI가 뽑은 정답률 낮은 문제

14 왼쪽 수가 오른쪽 수의 배수일 때, □ 안에 들어갈 수 있는 수를 모두 구해 보세요.

39쪽 유형 4

(21, □)

(　　　　　　　　)

AI가 뽑은 정답률 낮은 문제

**15** 직선 도로의 처음부터 끝까지 8 m마다 나무를 심고, 12 m마다 가로등을 세우려고 합니다. 나무와 가로등이 겹치는 곳마다 의자를 놓는다면 의자는 몇 m마다 놓게 되는지 구해 보세요. (단, 나무, 가로등, 의자의 두께는 생각하지 않습니다.)

42쪽 유형 9

(　　　　　　　　)

서술형

**16** ㉠과 ㉡의 최대공약수가 6일 때, 두 수의 최소공배수를 구하려고 합니다. 풀이 과정을 쓰고 답을 구해 보세요.

㉠ $2 \times 3 \times 3 \times 5$

㉡ $2 \times \square \times 7$

풀이

답

AI가 뽑은 정답률 낮은 문제

**17** 조건을 만족하는 수를 모두 구해 보세요.

41쪽 유형 7

조건
- 70의 약수입니다.
- 5보다 크고 30보다 작습니다.
- 7의 배수입니다.

(　　　　　　　　)

AI가 뽑은 정답률 낮은 문제

**18** 가로가 30 cm, 세로가 50 cm인 직사각형 모양의 종이가 있습니다. 남는 부분 없이 크기가 같은 정사각형 모양으로 자르려고 합니다. 정사각형 모양의 종이를 가장 크게 할 때 자른 종이는 모두 몇 장이 되는지 구해 보세요.

41쪽 유형 8

(　　　　　　　　)

**19** 수 카드 4장 중에서 2장을 골라 한 번씩만 사용하여 두 자리 수를 만들려고 합니다. 만들 수 있는 5의 배수는 모두 몇 개인지 구해 보세요.

0　3　4　7

(　　　　　　　　)

AI가 뽑은 정답률 낮은 문제

**20** 어떤 두 수의 최대공약수는 9이고, 최소공배수는 135입니다. 두 수가 모두 두 자리 수일 때, 두 수를 구해 보세요.

42쪽 유형 10

(　　　　　,　　　　　)

점수

38~43쪽에서 같은 유형의 문제를 더 풀 수 있어요.

01 □ 안에 알맞은 수를 써넣고, 6의 약수를 모두 구해 보세요.

$6 \div \square = 6$　$6 \div \square = 3$
$6 \div \square = 2$　$6 \div \square = 1$

(　　　　　　　　　　)

02~03 15를 두 수의 곱으로 나타낸 것입니다. □ 안에 알맞은 수를 써넣으세요.

$15 = 1 \times 15,\ 15 = 3 \times 5$

02 15는 1, 3, □, □의 배수입니다.

03 1, 3, 5, 15는 □의 약수입니다.

04 6과 9의 공배수와 최소공배수를 각각 구해 보세요. (단, 공배수는 가장 작은 수부터 차례대로 2개만 씁니다.)

- 6의 배수: 6, 12, 18, 24, 30, 36……
- 9의 배수: 9, 18, 27, 36, 45, 54……

공배수 (　　　　　　　　)
최소공배수 (　　　　　　　　)

05 22의 약수를 모두 구해 보세요.

(　　　　　　　　　　)

06 13의 배수가 아닌 것을 찾아 ○표 해 보세요.

13　104　65　51　39

07 18과 30의 최대공약수를 구하려고 합니다. □ 안에 알맞은 수를 써넣으세요.

2 ) 18　30
□ ) 9　15
　　3　□

→ 최대공약수: $2 \times \square = \square$

08 36과 약수와 배수의 관계인 수를 찾아 ○표 해 보세요.

| 8 | 18 | 70 |
|---|---|---|
| (　　) | (　　) | (　　) |

**09** 두 수의 공약수를 모두 구해 보세요.

32　36

(　　　　　　　　)

**10** 공약수로 나누어 구하는 방법으로 두 수의 최소공배수를 구해 보세요.

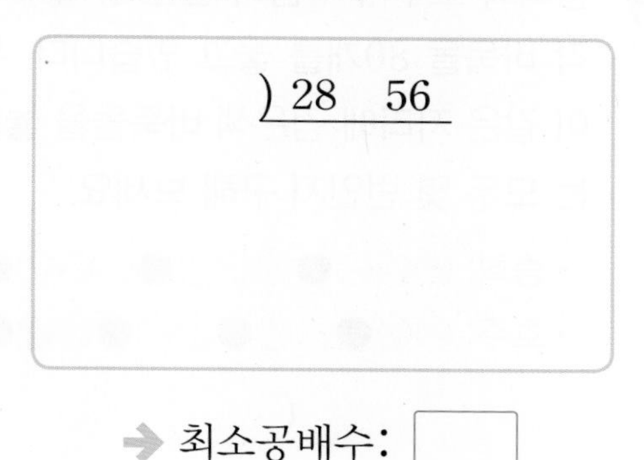


→ 최소공배수: ☐

**11** 두 수가 약수와 배수의 관계인 것을 모두 찾아 선으로 이어 보세요.

| | |
|---|---|
| 3 | 21 |
| 4 | 36 |
| 7 | 52 |

**12** 어떤 두 수의 최소공배수가 32일 때, 두 수의 공배수가 아닌 수는 어느 것인가요?

(　　　)

① 32　② 64　③ 98
④ 128　⑤ 160

2 단원

AI가 뽑은 정답률 낮은 문제　서술형

**13** 두 수 중에서 약수의 개수가 더 적은 수를 찾아 쓰려고 합니다. 풀이 과정을 쓰고 답을 구해 보세요.

38쪽 유형 1

62　20

풀이

답

AI가 뽑은 정답률 낮은 문제

**14** 14의 배수 중에서 가장 큰 두 자리 수를 구해 보세요.

39쪽 유형 3

(　　　　　　　　)

**15** 어느 터미널에서 놀이공원으로 가는 버스가 오전 9시부터 25분 간격으로 출발합니다. 이 버스는 오전 11시까지 모두 몇 번 출발하는지 구해 보세요.

( )

AI가 뽑은 정답률 낮은 문제

**16** 길이가 각각 36 cm, 54 cm인 리본이 있습니다. 두 리본을 남김없이 똑같은 길이로 자르려고 합니다. 한 도막의 길이를 최대한 길게 자르려면 몇 cm씩 잘라야 하는지 구해 보세요.

41쪽 유형 8

( )

AI가 뽑은 정답률 낮은 문제

**17** ㉠과 ㉡의 최대공약수가 21일 때, ㉠과 ㉡에 알맞은 수를 각각 구하려고 합니다. 풀이 과정을 쓰고 답을 구해 보세요.

40쪽 유형 5

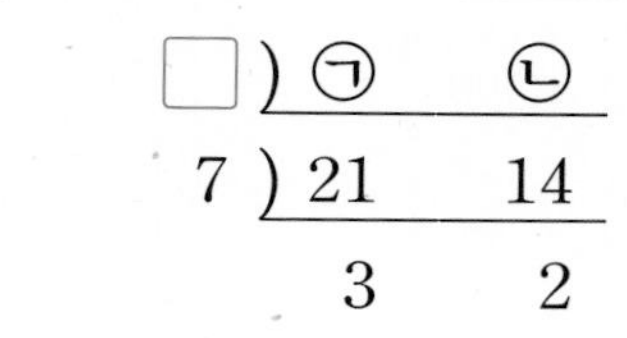


풀이

답 ㉠: , ㉡:

**18** 어떤 수의 배수 중에서 가장 작은 수부터 6번째 수와 7번째 수의 차는 17입니다. 어떤 수의 9번째 배수를 구해 보세요.

( )

**19** 승희와 호주가 다음과 같은 규칙에 따라 각각 바둑돌 80개를 놓고 있습니다. 두 사람이 같은 자리에 검은색 바둑돌을 놓는 경우는 모두 몇 번인지 구해 보세요.

- 승희: ○○○●○○○●○○○●......
- 호주: ○○●○○●○○●○○●......

( )

AI가 뽑은 정답률 낮은 문제

**20** 10으로 나누어도 4가 남고, 15로 나누어도 4가 남는 어떤 수가 있습니다. 어떤 수가 될 수 있는 수 중에서 가장 작은 수를 구해 보세요.

43쪽 유형 12

( )

점수

38~43쪽에서 같은 유형의 문제를 더 풀 수 있어요.



**01** 알맞은 말에 ○표 해 보세요.

6, 12, 18, 24, 30……은
6의 ( 약수 , 배수 )입니다.

**02** 32의 약수를 모두 구한 것입니다. □ 안에 알맞은 수를 써넣으세요.

1, 2, 4, □, 16, 32

**03** 두 수가 약수와 배수의 관계이면 ○표, 아니면 ×표 해 보세요.

| 7 | 56 |
|---|---|

(　　　　　　　　)

**04** 45의 약수를 모두 구해 보세요.

(　　　　　　　　)

**05** 8과 12의 공약수를 모두 고르세요. (　　　　)

① 1　② 3　③ 4
④ 8　⑤ 12

**06~07** 50과 75의 최대공약수와 최소공배수를 각각 구하려고 합니다. 물음에 답해 보세요.

**06** 50과 75를 여러 수의 곱으로 나타내어 보세요.

- $50=2\times5\times$ □
- $75=3\times$ □ $\times$ □

**07** 50과 75의 최대공약수와 최소공배수를 각각 구해 보세요.

최대공약수 (　　　　)
최소공배수 (　　　　)

**08** 곱셈식을 보고 바르게 설명한 것을 찾아 기호를 써 보세요.

$6\times5=30$

㉠ 30은 5의 약수입니다.
㉡ 30은 6의 배수입니다.
㉢ 30의 약수는 모두 2개입니다.

(　　　　)

서술형

**09** 144는 6의 배수인지 아닌지 쓰고, 그 이유를 설명해 보세요.

답

**10** 두 수가 약수와 배수의 관계인 것을 찾아 기호를 써 보세요.

| | |
|---|---|
| ㉠ (5, 23) | ㉡ (63, 9) |
| ㉢ (11, 34) | ㉣ (49, 25) |

(　　　　　　　　)

**11** 20과 28의 공약수에 대해 잘못 설명한 것을 찾아 기호를 써 보세요.

㉠ 20과 28의 공약수는 두 수를 모두 나누어떨어지게 할 수 있습니다.
㉡ 20과 28의 공약수 중에서 가장 작은 수는 1입니다.
㉢ 20과 28의 공약수 중에서 가장 큰 수는 7입니다.

(　　　　　　　　)

**12** 58의 모든 약수의 합을 구해 보세요.

(　　　　　　　　)

AI가 뽑은 정답률 낮은 문제

**13** 어떤 수의 배수를 가장 작은 수부터 차례대로 쓴 것입니다. □ 안에 알맞은 수를 써넣으세요.

38쪽 유형 2

□, 18, 27, □, 45, 54……

AI가 뽑은 정답률 낮은 문제

**14** 30부터 70까지의 수 중에서 4와 10의 공배수를 모두 구해 보세요.

40쪽 유형 6

(　　　　　　　　)

서술형

**15** 두 수의 최대공약수가 가장 큰 것을 찾아 기호를 쓰려고 합니다. 풀이 과정을 쓰고 답을 구해 보세요.

㉠ (18, 27) ㉡ (21, 42) ㉢ (14, 28)

풀이

답

AI가 뽑은 정답률 낮은 문제

**16** 승희와 윤재가 공원을 일정한 빠르기로 걷고 있습니다. 승희는 10분마다, 윤재는 6분마다 공원을 한 바퀴씩 돕니다. 두 사람이 지금 출발점에서 같은 방향으로 동시에 출발했다면 바로 다음번에 출발점에서 만나는 때는 몇 분 후인지 구해 보세요.

42쪽 유형 9

( )

**17** 초콜릿 36개를 학생들에게 남김없이 똑같이 나누어 주려고 합니다. 초콜릿을 학생들에게 나누어 줄 수 있는 방법은 모두 몇 가지인지 구해 보세요. (단, 나누어 주는 학생 수는 1명보다 많습니다.)

( )

AI가 뽑은 정답률 낮은 문제

**18** 조건을 만족하는 수를 모두 구해 보세요.

41쪽 유형 7

조건
- 78의 약수입니다.
- 3의 배수입니다.
- 짝수입니다.

( )

AI가 뽑은 정답률 낮은 문제

**19** 어떤 수와 45의 최대공약수는 9이고, 최소공배수는 315입니다. 어떤 수를 구해 보세요.

42쪽 유형 10

( )

AI가 뽑은 정답률 낮은 문제

**20** 가로가 40 m, 세로가 52 m인 직사각형 모양의 땅의 가장자리를 따라 일정한 간격으로 말뚝을 설치하려고 합니다. 네 모퉁이에는 반드시 말뚝을 설치해야 하고, 말뚝을 가장 적게 사용하려고 합니다. 필요한 말뚝은 모두 몇 개인지 구해 보세요.

41쪽 유형 8

( )

1회 8번 | 3회 13번

## 유형 1 약수의 개수 구하기

27의 약수는 모두 몇 개인지 구해 보세요.

(　　　　　　　)

Tip 27의 약수를 빠지는 것이 없도록 구한 다음 그 개수를 구해요.

**1-1** 12의 약수는 모두 몇 개인지 구해 보세요.

(　　　　　　　)

**1-2** 두 수 중에서 약수의 개수가 더 적은 수를 찾아 써 보세요.

28　49

(　　　　　　　)

**1-3** 세 수 중에서 약수의 개수가 가장 많은 수를 찾아 써 보세요.

15　24　37

(　　　　　　　)

2회 10번 | 4회 13번

## 유형 2 ■번째 배수 구하기

어떤 수의 배수를 가장 작은 수부터 차례대로 쓴 것입니다. 12번째 수를 구해 보세요.

7, 14, 21, 28, 35……

(　　　　　　　)

Tip 어떤 수의 배수를 가장 작은 수부터 차례대로 쓰면 ■번째 수는 (어떤 수)×■예요.

**2-1** 어떤 수의 배수를 가장 작은 수부터 차례대로 쓴 것입니다. 15번째 수를 구해 보세요.

9, 18, 27, 36, 45……

(　　　　　　　)

**2-2** 16의 배수를 가장 작은 수부터 차례대로 쓸 때, 20번째 수를 구해 보세요.

(　　　　　　　)

**2-3** 어떤 수의 배수를 가장 작은 수부터 차례대로 쓴 것입니다. □ 안에 알맞은 수를 써넣으세요.

□, 8, 12, 16, □, 24……

1회 10번 3회 14번

## 유형 3 범위에 알맞은 배수 구하기

20보다 크고 30보다 작은 수 중에서 4의 배수를 모두 찾아 ○표 해 보세요.

16 28 31 26 24

Tip 먼저 수의 범위에 맞는 수를 찾고, 그중에서 주어진 수의 배수를 찾아요.

**3-1** 45보다 크고 65보다 작은 수 중에서 8의 배수를 모두 구해 보세요.

( )

**3-2** 6의 배수 중에서 가장 큰 두 자리 수를 구해 보세요.

( )

**3-3** 23의 배수 중에서 200에 가장 가까운 수를 구해 보세요.

( )

2회 14번

## 유형 4 약수와 배수의 관계 이용하기

왼쪽 수가 오른쪽 수의 배수일 때, □ 안에 들어갈 수 있는 수를 모두 구해 보세요.

(20, □)

( )

Tip 20이 □의 배수일 때, □는 20의 약수예요.

**4-1** 오른쪽 수가 왼쪽 수의 배수일 때, □ 안에 들어갈 수 있는 수를 모두 구해 보세요.

(□, 38)

( )

**4-2** 왼쪽 수가 오른쪽 수의 약수일 때, □ 안에 들어갈 수 있는 두 자리 수를 모두 구해 보세요.

(27, □)

( )

**4-3** 두 수가 약수와 배수의 관계일 때, □ 안에 들어갈 수 있는 두 자리 수를 모두 구해 보세요.

(□, 42)

( )

3회 17번

## 유형 5 ㉠과 ㉡에 알맞은 수 구하기

㉠과 ㉡에 알맞은 수를 각각 구해 보세요.

$$\begin{array}{r|rr} 2 & ㉠ & ㉡ \\ \hline 5 & 15 & 20 \\ \hline & 3 & 4 \end{array}$$

㉠ (　　　　　　　　)
㉡ (　　　　　　　　)

Tip ■ ) ㉠ ㉡ / ● ▲ → ㉠=■×●, ㉡=■×▲

**5-1** ㉠과 ㉡에 알맞은 수를 각각 구해 보세요.

$$\begin{array}{r|rr} 2 & ㉠ & ㉡ \\ \hline 7 & 14 & 21 \\ \hline & 2 & 3 \end{array}$$

㉠ (　　　　　　　　)
㉡ (　　　　　　　　)

**5-2** ㉠과 ㉡의 최대공약수가 15일 때, ㉠과 ㉡에 알맞은 수를 각각 구해 보세요.

$$\begin{array}{r|rr} \square & ㉠ & ㉡ \\ \hline 5 & 15 & 25 \\ \hline & 3 & 5 \end{array}$$

㉠ (　　　　　　　　)
㉡ (　　　　　　　　)

1회 16번 4회 14번

## 유형 6 범위에 알맞은 공배수 구하기

20부터 60까지의 수 중에서 6과 8의 공배수를 모두 구해 보세요.

(　　　　　　　　)

Tip 두 수의 공배수는 두 수의 최소공배수의 배수와 같아요.

**6-1** 1부터 100까지의 수 중에서 9와 15의 공배수를 모두 구해 보세요.

(　　　　　　　　)

**6-2** 30부터 80까지의 수 중에서 18과 12의 공배수를 모두 구해 보세요.

(　　　　　　　　)

**6-3** 8과 20의 공배수 중에서 250에 가장 가까운 수를 구해 보세요.

(　　　　　　　　)

1회 19번 | 2회 17번 | 4회 18번

## 유형 7 조건을 만족하는 수 구하기

조건을 만족하는 수를 구해 보세요.

조건
- 56의 약수입니다.
- 10보다 크고 30보다 작습니다.
- 4의 배수입니다.

(                    )

Tip 먼저 56의 약수를 구하고, 이 중에서 다른 조건을 모두 만족하는 수를 구해요.

**7-1** 조건을 만족하는 수를 구해 보세요.

조건
- 84의 약수입니다.
- 20보다 크고 50보다 작습니다.
- 6의 배수입니다.

(                    )

**7-2** 조건을 만족하는 수를 모두 구해 보세요.

조건
- 90의 약수입니다.
- 5의 배수입니다.
- 홀수입니다.

(                    )

2회 18번 | 3회 16번 | 4회 20번

## 유형 8 최대공약수를 이용하여 문제 해결하기

사과 27개와 귤 45개를 최대한 많은 바구니에 남김없이 똑같이 나누어 담으려고 합니다. 바구니는 몇 개 필요한지 구해 보세요.

(                    )

Tip '최대한 많은(큰)', '될 수 있는 대로 많은(큰)', '가장 많은(큰)' 등의 표현이 있으면 최대공약수를 이용하여 문제를 해결해요.

**8-1** 가로가 63 cm, 세로가 72 cm인 직사각형 모양의 종이를 남는 부분 없이 크기가 같은 정사각형 모양으로 자르려고 합니다. 가장 큰 정사각형 모양으로 자르려면 한 변의 길이를 몇 cm로 하면 되는지 구해 보세요.

(                    )

**8-2** 가로가 80 m, 세로가 90 m인 직사각형 모양의 목장이 있습니다. 목장의 가장자리를 따라 일정한 간격으로 나무를 심으려고 합니다. 네 모퉁이에는 반드시 나무를 심고 나무 사이의 간격은 될 수 있는 대로 멀리 심으려면 나무 사이의 간격을 몇 m로 하면 되는지 구해 보세요.

(                    )

**8-3** 사탕 32개와 젤리 24개를 최대한 많은 친구들에게 남김없이 똑같이 나누어 주려고 합니다. 한 명에게 사탕과 젤리를 각각 몇 개씩 주면 되는지 구해 보세요.

사탕 (                    )
젤리 (                    )

1회 18번 | 2회 15번 | 4회 16번

## 유형 9 최소공배수를 이용하여 문제 해결하기

민우는 4일마다, 예지는 8일마다 도서관에 갑니다. 오늘 두 사람이 도서관에서 만났다면 바로 다음번에 두 사람이 도서관에서 만나는 날은 며칠 후인지 구해 보세요.

(　　　　　　　　)

Tip '될 수 있는 대로 적은(작은)', '가장 적은(작은)', '다음번에 동시에' 등의 표현이 있으면 최소공배수를 이용하여 문제를 해결해요.

**9-1** 어느 버스 터미널에서 부산행 버스는 30분마다, 목포행 버스는 45분마다 출발한다고 합니다. 오전 9시에 두 버스가 동시에 출발했다면 바로 다음번에 동시에 출발하는 때는 오전 몇 시 몇 분인지 구해 보세요.

(　　　　　　　　)

**9-2** 가로가 20 cm, 세로가 12 cm인 직사각형 모양의 카드를 겹치지 않게 빈틈없이 늘어놓아 가장 작은 정사각형 모양을 만들려고 합니다. 필요한 카드는 모두 몇 장인지 구해 보세요.

(　　　　　　　　)

**9-3** 톱니바퀴 ㉠과 ㉡이 맞물려 돌아가고 있습니다. 톱니바퀴 ㉠의 톱니 수는 28개, 톱니바퀴 ㉡의 톱니 수는 42개입니다. 처음에 맞물렸던 톱니가 바로 다음번에 다시 맞물리려면 톱니바퀴 ㉠과 ㉡은 각각 몇 바퀴 돌아야 하는지 구해 보세요.

㉠ (　　　　　　　　)
㉡ (　　　　　　　　)

2회 20번 | 4회 19번

## 유형 10 최대공약수와 최소공배수를 이용하여 어떤 수 구하기

18과 어떤 수의 최대공약수는 9이고, 최소공배수는 90입니다. 어떤 수를 구해 보세요.

(　　　　　　　　)

Tip ㉠과 ㉡의 최대공약수가 ■, 최소공배수가 ■×●×▲일 때 ㉠=■×●, ㉡=■×▲예요.

**10-1** 어떤 수와 60의 최대공약수는 12이고, 최소공배수는 180입니다. 어떤 수를 구해 보세요.

(　　　　　　　　)

**10-2** 20과 어떤 수의 최대공약수는 4이고, 최소공배수는 220입니다. 어떤 수를 구해 보세요.

(　　　　　　　　)

**10-3** 어떤 두 수의 최대공약수는 6이고, 최소공배수는 126입니다. 두 수가 모두 두 자리 수일 때, 두 수를 구해 보세요.

(　　　　　,　　　　　)

1회 20번

## 유형 11 나머지를 알 때 나누는 수 구하기

19와 31을 각각 어떤 수로 나누면 나머지가 모두 3입니다. 어떤 수를 구해 보세요.

( )

**Tip** 19÷(어떤 수)=●···3일 때, 19−3은 어떤 수로 나누어떨어지고, 어떤 수는 나머지인 3보다 커요.

**11-1** 34와 22를 각각 어떤 수로 나누면 나머지가 모두 4입니다. 어떤 수를 구해 보세요.

( )

**11-2** 56을 어떤 수로 나누면 나머지가 2이고, 46을 어떤 수로 나누면 나머지가 4입니다. 어떤 수를 구해 보세요.

( )

**11-3** ●가 될 수 있는 수를 모두 구해 보세요.

42÷●=■···2
53÷●=▲···3

( )

3회 20번

## 유형 12 나머지를 알 때 나누어지는 수 구하기

9로 나누어도 5가 남고, 12로 나누어도 5가 남는 어떤 수가 있습니다. 어떤 수가 될 수 있는 수 중에서 가장 작은 수를 구해 보세요.

( )

**Tip** (어떤 수)÷9=●···5일 때, (어떤 수)−5는 9로 나누어떨어져요.

**12-1** 27로 나누어도 4가 남고, 18로 나누어도 4가 남는 어떤 수가 있습니다. 어떤 수가 될 수 있는 수 중에서 가장 작은 수를 구해 보세요.

( )

**12-2** 10으로 나누어도 2가 남고, 12로 나누어도 2가 남는 어떤 수가 있습니다. 어떤 수가 될 수 있는 수 중에서 가장 작은 수를 구해 보세요.

( )

**12-3** ▲가 될 수 있는 두 자리 수를 모두 구해 보세요.

▲÷12=■···3
▲÷16=●···3

( )

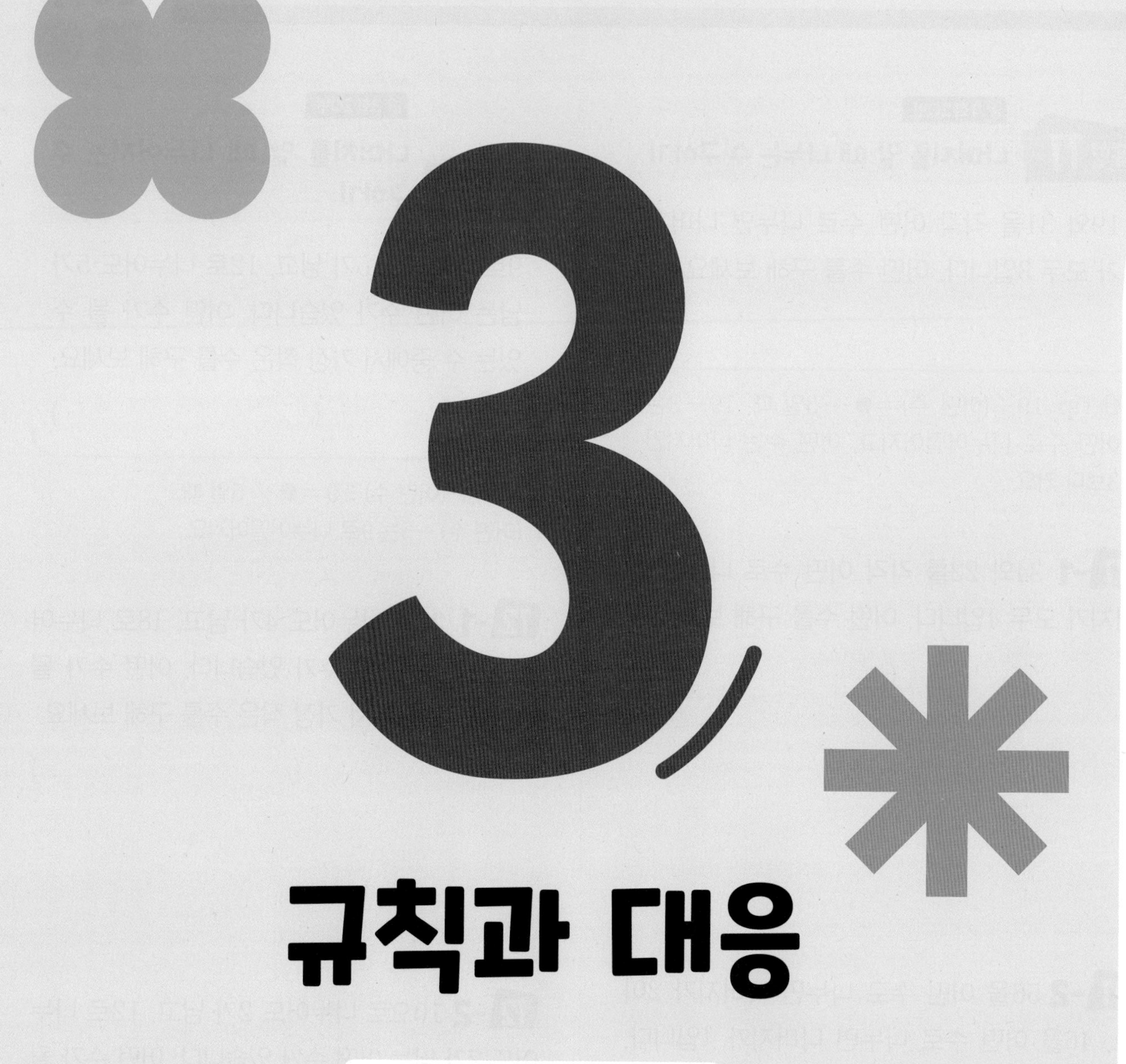

# 3. 규칙과 대응



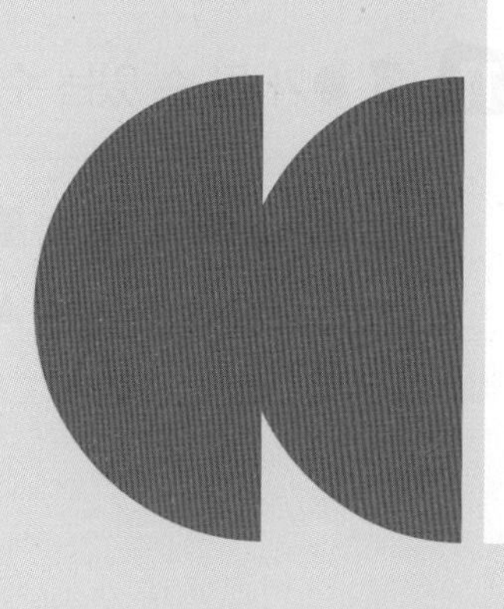

개념 정리 3단원

# 규칙과 대응

## 개념 1 두 양 사이의 대응 관계

◆개미의 수와 개미 다리의 수 사이의 대응 관계

한 양이 변할 때 다른 양이 그에 따라 변하는 관계

    …

① 대응 관계를 표로 나타내기

| 개미의 수(마리) | 1 | 2 | 3 | 4 | … |
|---|---|---|---|---|---|
| 다리의 수(개) | 6 | 12 | 18 | 24 | … |

② 대응 관계 알아보기

- 개미의 수는 다리의 수를 6으로 나눈 몫과 같습니다.
- 다리의 수는 개미의 수의 ☐배입니다.

◆빨간색 사각형의 수와 노란색 사각형의 수 사이의 대응 관계

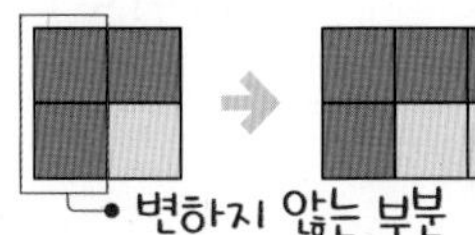 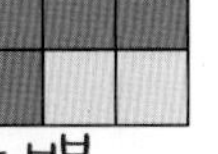 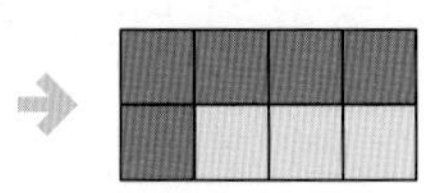  …



① 대응 관계를 표로 나타내기

| 빨간색 사각형의 수(개) | 3 | 4 | 5 | … |
|---|---|---|---|---|
| 노란색 사각형의 수(개) | 1 | 2 | 3 | … |

② 대응 관계 알아보기

- 빨간색 사각형의 수는 노란색 사각형의 수보다 2만큼 더 큽니다.
- 노란색 사각형의 수는 빨간색 사각형의 수보다 2만큼 더 작습니다.

참고

도형의 규칙을 찾을 때에는 변하지 않는 부분과 변하는 부분을 먼저 찾아요.

## 개념 2 대응 관계를 식으로 나타내기

◆두발자전거의 수와 바퀴의 수 사이의 대응 관계를 식으로 나타내기

① 대응 관계 알아보기

| 두발자전거의 수(대) | 1 | 2 | 3 | 4 | … |
|---|---|---|---|---|---|
| 바퀴의 수(개) | 2 | 4 | 6 | 8 | … |

② 두발자전거의 수(□)와 바퀴의 수(○) 사이의 대응 관계를 식으로 나타내기

- (두발자전거의 수)×2=(바퀴의 수)

  ➜ □×2=○

- (바퀴의 수)÷2=(두발자전거의 수)

  ➜ ○÷☐=□

참고

두 양 사이의 대응 관계를 식으로 간단하게 나타낼 때는 각 양을 ○, □, △, ☆ 등과 같은 기호로 나타낼 수 있어요.

## 개념 3 생활 속에서 대응 관계를 찾아 식으로 나타내기

◆종이의 수와 누름 못의 수 사이의 대응 관계를 식으로 나타내기

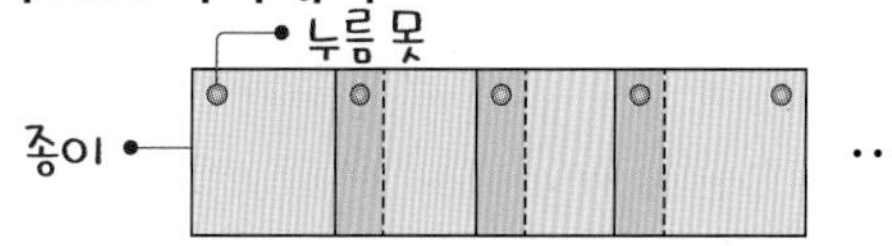



…

종이의 수(☆)와 누름 못의 수(○) 사이의 대응 관계를 식으로 나타내기

- (종이의 수)+1=(누름 못의 수)

  ➜ ☆+☐=○

- (누름 못의 수)−1=(종이의 수)

  ➜ ○−1=☆

정답 ❶6 ❷2 ❸1

점수

58~63쪽에서 같은 유형의 문제를 더 풀 수 있어요.

01~04 도형의 배열을 보고 물음에 답해 보세요.

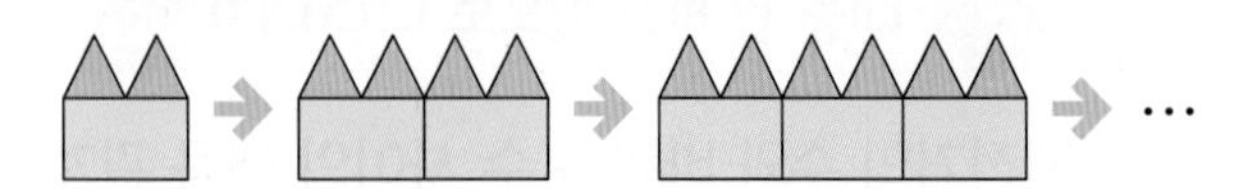

01 삼각형의 수와 사각형의 수가 어떻게 변하는지 표를 이용하여 알아보세요.

| 삼각형의 수(개) | 2 | 4 | 6 | … |
| --- | --- | --- | --- | --- |
| 사각형의 수(개) | 1 | | | … |

AI가 뽑은 정답률 낮은 문제

02 삼각형의 수와 사각형의 수 사이의 대응 관계를 써 보세요.

58쪽 유형 1

삼각형의 수는 사각형의 수의 ☐배입니다.

03 다음에 이어질 모양을 그려 보세요.

04 사각형이 8개일 때 삼각형은 몇 개인지 구해 보세요.

(　　　　　　)

05~08 연도에 따른 승효의 나이를 나타낸 표입니다. 물음에 답해 보세요.

| 연도(년) | 2022 | 2023 | 2024 | 2025 | … |
| --- | --- | --- | --- | --- | --- |
| 승효의 나이(살) | 9 | 10 | 11 | 12 | … |

05 연도와 승효의 나이 사이의 대응 관계를 써 보세요.

승효의 나이는 연도보다 ☐만큼 더 작습니다.

06 연도와 승효의 나이 사이의 대응 관계를 식으로 나타낸 것입니다. ☐ 안에 알맞은 수를 써넣으세요.

- (연도)－☐＝(승효의 나이)
- (승효의 나이)＋☐＝(연도)

07 연도를 △, 승효의 나이를 □라고 할 때, 두 양 사이의 대응 관계를 식으로 바르게 나타낸 것에 ○표 해 보세요.

△－2013＝□　　　□－2013＝△

(　　　)　　　(　　　)

08 2028년에 승효는 몇 살이 될지 구해 보세요.

(　　　　　　)

09~11 달걀이 한 판에 30개씩 들어 있습니다. 물음에 답해 보세요.

09 설명하는 것이 옳으면 ○표, 틀리면 ×표 해 보세요.

서로 대응하는 두 양은 달걀판의 수와 달걀의 수입니다.

(                    )

10 달걀판의 수와 달걀의 수 사이의 대응 관계를 표를 이용하여 알아보세요.

| 달걀판의 수(판) | 1 | 2 | 3 | 4 | … |
|---|---|---|---|---|---|
| 달걀의 수(개) | 30 | | | | … |

AI가 뽑은 정답률 낮은 문제

11 달걀판의 수를 ☆, 달걀의 수를 ○라고 할 때, 두 양 사이의 대응 관계를 식으로 나타내어 보세요.

58쪽 유형 2

식

AI가 뽑은 정답률 낮은 문제 

12 대응 관계를 나타낸 식을 보고, 식에 알맞은 상황을 만들어 보세요.

60쪽 유형 5

$\square \times 3 = \heartsuit$

답

13~14 리본 한 개를 다음과 같이 자르려고 합니다. 물음에 답해 보세요.

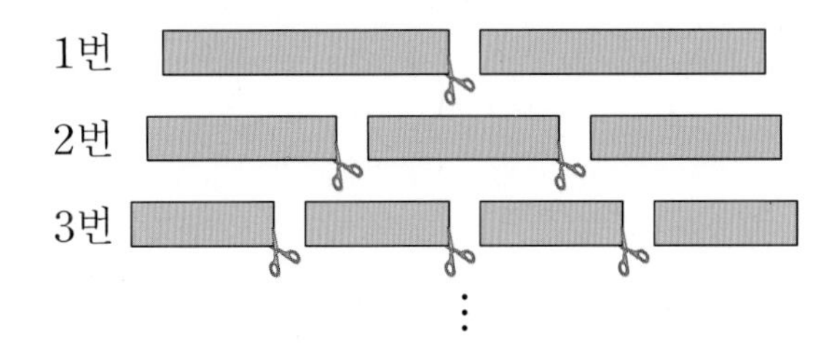


13 리본을 자른 횟수를 ◇, 도막의 수를 △라고 할 때, 두 양 사이의 대응 관계를 식으로 나타내어 보세요.

식

14 리본이 9도막이 되려면 리본은 몇 번 잘라야 하는지 구해 보세요.

(                    )

**15~16** 추의 무게와 늘어난 용수철의 길이 사이의 대응 관계를 나타낸 표입니다. 물음에 답해 보세요.

| 추의 무게(g) | 0 | 20 | 40 | 60 | … |
|---|---|---|---|---|---|
| 늘어난 용수철의 길이(cm) | 0 | 2 | 4 | 6 | … |

**15** 추의 무게와 늘어난 용수철의 길이 사이의 대응 관계를 바르게 설명한 것의 기호를 써 보세요.

㉠ 추의 무게는 늘어난 용수철의 길이를 10으로 나눈 몫과 같습니다.
㉡ 늘어난 용수철의 길이는 추의 무게를 10으로 나눈 몫과 같습니다.

(　　　　　　　　)

서술형

**16** 늘어난 용수철의 길이가 14 cm일 때 추의 무게는 몇 g인지 풀이 과정을 쓰고 답을 구해 보세요.

풀이

답

**17~18** 서아는 매일 오전에 20분, 오후에 20분씩 피아노 연습을 합니다. 물음에 답해 보세요.

**17** 서아가 하루에 피아노를 연습하는 시간은 몇 분인지 구해 보세요.

(　　　　　　　　)

**18** 서아가 피아노를 연습하는 날수를 ◇, 연습하는 전체 시간을 □라고 할 때, 두 양 사이의 대응 관계를 식으로 나타내어 보세요.

식

AI가 뽑은 정답률 낮은 문제

**19** 61쪽 유형 8

윤아가 말한 수와 승재가 답한 수 사이의 대응 관계를 나타낸 표입니다. 승재가 121이라고 답할 때 윤아가 말한 수를 구해 보세요.

| 윤아가 말한 수 | 5 | 13 | 8 | 10 | … |
|---|---|---|---|---|---|
| 승재가 답한 수 | 25 | 169 | 64 | 100 | … |

(　　　　　　　　)

AI가 뽑은 정답률 낮은 문제

**20** 62쪽 유형10

성냥개비를 사용하여 다음과 같이 정오각형을 만들고 있습니다. 정오각형을 9개 만들 때 필요한 성냥개비는 몇 개인지 구해 보세요.

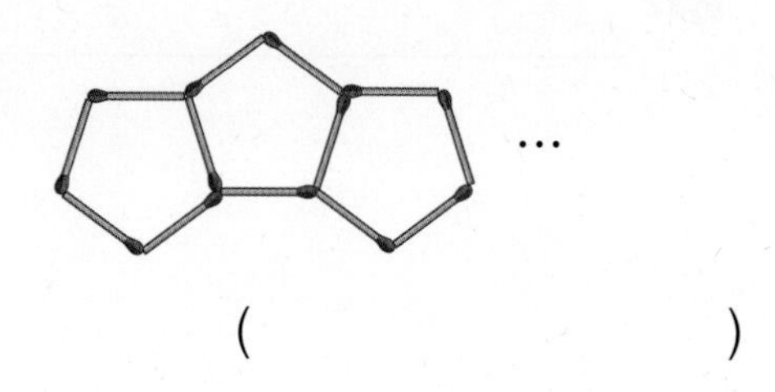

(　　　　　　　　)

점수

58~63쪽에서 같은 유형의 문제를 더 풀 수 있어요.

01~04 세발자전거를 보고 물음에 답해 보세요.

01 세발자전거가 1대 늘어날 때마다 바퀴는 몇 개 늘어나는지 구해 보세요.

( )

02 세발자전거의 수와 바퀴의 수가 어떻게 변하는지 표를 이용하여 알아보세요.

| 세발자전거의 수(대) | 1 | 2 | 3 | 4 | … |
|---|---|---|---|---|---|
| 바퀴의 수(개) | 3 | | | | … |

03 세발자전거가 5대라면 바퀴는 몇 개인지 구해 보세요.

( )

04 세발자전거의 수와 바퀴의 수 사이의 대응 관계를 써 보세요.

05~08 색 테이프를 그림과 같이 한 줄로 겹치게 이어 붙였습니다. 물음에 답해 보세요.

05 겹친 부분이 1군데일 때 이어 붙인 색 테이프는 몇 장인지 구해 보세요.

( )

06 색 테이프가 3장일 때 겹친 부분은 몇 군데인지 구해 보세요.

( )

07 겹친 부분의 수와 색 테이프의 수가 어떻게 변하는지 표를 이용하여 알아보세요.

| 겹친 부분의 수(군데) | 1 | 2 | 3 | 4 | … |
|---|---|---|---|---|---|
| 색 테이프의 수(장) | 2 | | | | … |

08 겹친 부분의 수를 ○, 색 테이프의 수를 △라고 할 때, 두 양 사이의 대응 관계를 식으로 나타내어 보세요.

식 △ − □ = ○

**09~11** 도형의 배열을 보고 물음에 답해 보세요.

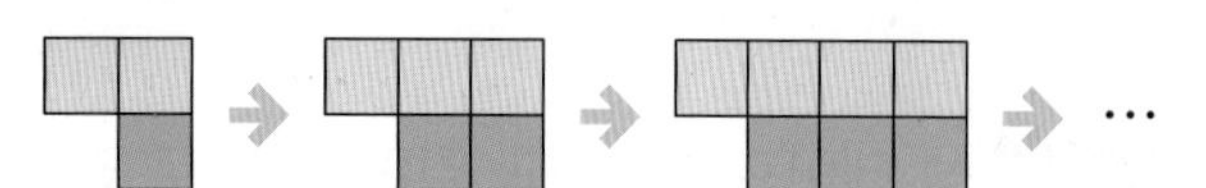

**09** 노란색 사각형의 수와 초록색 사각형의 수 사이의 대응 관계를 표를 이용하여 알아보세요.

| 노란색 사각형의 수(개) | 2 | 3 | 4 | 5 | … |
|---|---|---|---|---|---|
| 초록색 사각형의 수(개) | 1 | | | | … |

**10** 노란색 사각형의 수를 ♡, 초록색 사각형의 수를 □라고 할 때, 두 양 사이의 대응 관계를 식으로 나타내어 보세요.

식 ____________________

서술형

**11** 위 10의 식에 대해 잘못 설명한 것의 기호를 쓰고, 그 이유를 설명해 보세요.

> ㉠ □의 값은 ♡의 값의 변화와 관계가 없습니다.
> ㉡ 노란색 사각형의 수를 ◇, 초록색 사각형의 수를 ☆로 바꿔서 나타낼 수 있습니다.

답 ____________________

AI가 뽑은 정답률 낮은 문제

**12** 표를 보고 □와 ☆ 사이의 대응 관계를 식으로 바르게 나타낸 것을 모두 찾아 기호를 써 보세요.

59쪽 유형 3

| □ | 5 | 9 | 13 | 22 | 30 |
|---|---|---|---|---|---|
| ☆ | 10 | 14 | 18 | 27 | 35 |

> ㉠ □×2=☆ ㉡ ☆−5=□
> ㉢ □+5=☆ ㉣ ☆÷5=□

( )

**13~14** 주연이는 구슬을 한 봉지에 8개씩 담았습니다. 물음에 답해 보세요.

AI가 뽑은 정답률 낮은 문제

**13** 봉지의 수를 ◇, 구슬의 수를 ○라고 할 때, 두 양 사이의 대응 관계를 식으로 나타내어 보세요.

58쪽 유형 2

식 ____________________

**14** 주연이는 봉지마다 구슬을 2개씩 더 담았습니다. 이때의 봉지의 수를 ☆, 구슬의 수를 ♡라고 할 때, 두 양 사이의 대응 관계를 식으로 나타내어 보세요.

식 ____________________

**15~16** 정오각형에 같은 간격으로 점을 찍었습니다. 물음에 답해 보세요.

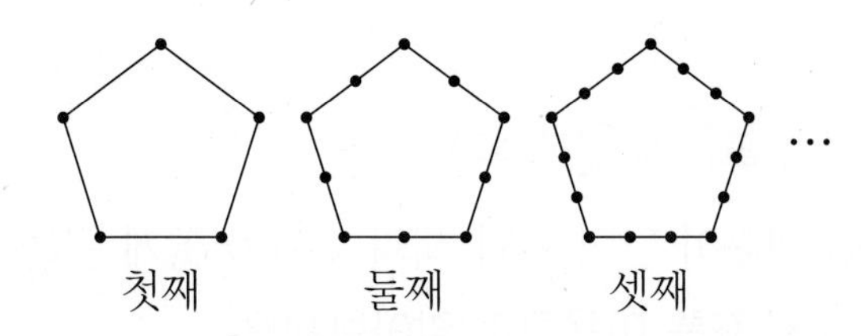


**15** 배열 순서와 점의 수 사이의 대응 관계를 표를 이용하여 알아보세요.

| 배열 순서 | 첫째 | 둘째 | 셋째 | 넷째 | … |
|---|---|---|---|---|---|
| 점의 수(개) | 5 | | | | … |

**16** 아홉째에 찍어야 할 점은 몇 개인지 구해 보세요.

( )

AI가 뽑은 정답률 낮은 문제 서술형

**17** 나무 막대를 이용하여 다음과 같은 방법으로 탑을 쌓고 있습니다. 나무 막대 48개로는 탑을 몇 층까지 쌓을 수 있는지 풀이 과정을 쓰고 답을 구해 보세요.

61쪽 유형 7

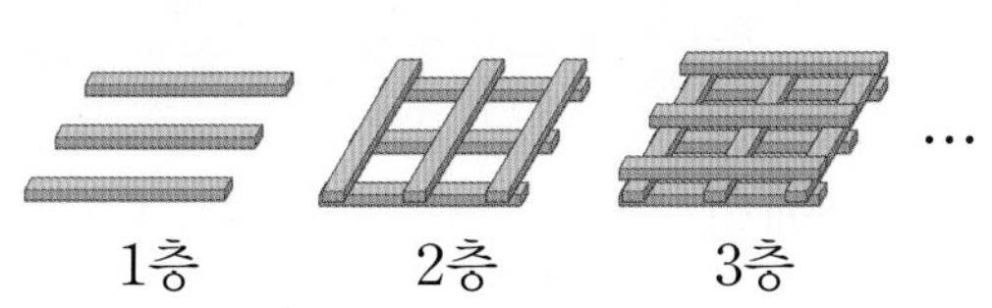


풀이

답

**18~19** 크기가 같은 정사각형의 수와 정사각형의 모든 변의 길이의 합 사이의 대응 관계를 나타낸 표입니다. 물음에 답해 보세요.

| 정사각형의 수(개) | 1 | 2 | 3 | 4 | … |
|---|---|---|---|---|---|
| 모든 변의 길이의 합(cm) | 16 | 32 | 48 | 64 | … |

**18** 정사각형의 수와 모든 변의 길이의 합 사이의 대응 관계를 식으로 나타내어 보세요.

식

**19** 모든 변의 길이의 합이 128 cm일 때 정사각형은 몇 개인지 구해 보세요.

( )

AI가 뽑은 정답률 낮은 문제

**20** 철근 한 개를 자르려고 합니다. 철근을 한 번 자르는 데 4분이 걸린다면 철근 한 개를 쉬지 않고 15도막으로 자르는 데 걸리는 시간은 몇 분인지 구해 보세요. (단, 철근을 겹쳐서 자르지 않습니다.)

62쪽 유형 9

( )

3 단원

점수

58~63쪽에서 같은 유형의 문제를 더 풀 수 있어요.

**01~04** 바둑돌의 배열을 보고 물음에 답해 보세요.

**01** 흰색 바둑돌이 1개 늘어날 때 검은색 바둑돌은 몇 개 늘어나는지 구해 보세요.

(                    )

**02** 다음에 이어질 모양을 그려 보세요.

**03** 흰색 바둑돌의 수와 검은색 바둑돌의 수가 어떻게 변하는지 표를 이용하여 알아보세요.

| 흰색 바둑돌의 수(개) | 1 | 2 | 3 | 4 | … |
|---|---|---|---|---|---|
| 검은색 바둑돌의 수(개) | 2 | | | | … |

**04** 흰색 바둑돌의 수와 검은색 바둑돌의 수 사이의 대응 관계가 옳으면 ○표, 틀리면 ×표 해 보세요.

> 흰색 바둑돌의 수는 검은색 바둑돌의 수보다 1만큼 더 작습니다.

(                    )

**05~08** 책꽂이 한 칸에 책을 9권씩 꽂으려고 합니다. 물음에 답해 보세요.

**05** 책꽂이 칸의 수와 책의 수가 어떻게 변하는지 표를 이용하여 알아보세요.

| 책꽂이 칸의 수(칸) | 1 | 2 | 3 | 4 | … |
|---|---|---|---|---|---|
| 책의 수(권) | 9 | | | | … |

AI가 뽑은 정답률 낮은 문제

**06** 책꽂이 칸의 수와 책의 수 사이의 대응 관계를 써 보세요.

58쪽 유형 1

> 책꽂이 칸의 수는 책의 수를 □(으)로 나눈 몫과 같습니다.

**07** 알맞은 카드를 골라 책꽂이 칸의 수와 책의 수 사이의 대응 관계를 식으로 나타내어 보세요.

식 (책의 수) □ 9 □ (책꽂이 칸의 수)

**08** 책꽂이 칸의 수를 ◇, 책의 수를 ○라고 할 때, 두 양 사이의 대응 관계를 식으로 바르게 나타낸 것의 기호를 써 보세요.

> ㉠ ◇×9=○    ㉡ ○×9=◇

(                    )

09~11 그림을 보고 물음에 답해 보세요.

    …

**09** 꽃의 수와 대응하는 양에 ○표 해 보세요.

| 꽃잎의 수 | 이파리의 수 |
|---|---|
| (　　　) | (　　　) |

**10** 꽃의 수를 ♡, 위 09에서 꽃의 수와 대응하는 양을 △라고 할 때, 두 양 사이의 대응 관계를 식으로 나타내어 보세요.

식 ▶ ______________________

AI가 뽑은 정답률 낮은 문제

**11** 꽃잎이 60장일 때 꽃은 몇 송이인지 구해 보세요.

59쪽 유형4

(　　　　　　　)

**12** 대응 관계를 식으로 나타낸 것을 보고 표를 완성해 보세요.

◇ − 7 = ☆

| ◇ | 21 | 20 | 19 | 18 | 17 |
|---|---|---|---|---|---|
| ☆ | 14 | | | | |

13~14 공연 시각표를 보고 물음에 답해 보세요.

| 시작 시각 | 끝나는 시각 |
|---|---|
| 낮 12시 | 오후 1시 30분 |
| 오후 2시 | 오후 3시 30분 |
| 오후 4시 | 오후 5시 30분 |

**13** 공연의 시작 시각과 끝나는 시각 사이의 대응 관계를 두 가지로 써 보세요.

답 ▶ ______________________

______________________

______________________

**14** 공연이 오후 6시에 시작한다면 끝나는 시각은 오후 몇 시 몇 분인지 구해 보세요.

(　　　　　　　)

**15~17** 도형을 보고 물음에 답해 보세요.

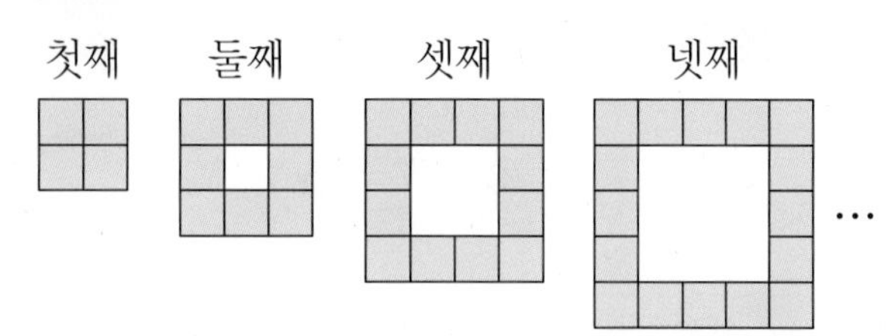


**15** 배열 순서와 사각형 조각의 수 사이의 대응 관계를 표를 이용하여 알아보세요.

| 배열 순서 | 첫째 | 둘째 | 셋째 | 넷째 | … |
|---|---|---|---|---|---|
| 사각형 조각의 수(개) | 4 | | | | … |

AI가 뽑은 정답률 낮은 문제

**16** 배열 순서를 ☆, 사각형 조각의 수를 ○라고 할 때, 두 양 사이의 대응 관계를 식으로 나타내어 보세요.

60쪽 유형 6

식

**17** 17째 순서에 필요한 사각형 조각은 몇 개인지 구해 보세요.

(　　　　　　　　)

**18~19** 그림과 같은 방법으로 누름 못을 이용하여 게시판에 사진을 붙이려고 합니다. 물음에 답해 보세요.

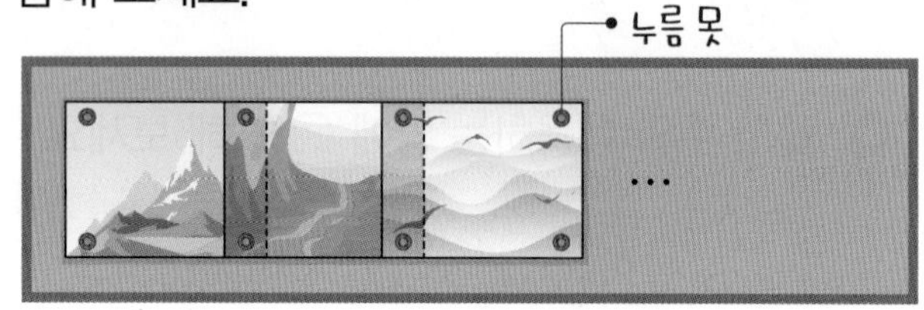


서술형

**18** 사진의 수를 □, 누름 못의 수를 △라고 할 때, 두 양 사이의 대응 관계를 식으로 나타내려고 합니다. 풀이 과정을 쓰고 답을 구해 보세요.

풀이

식

**19** 사진을 8장 붙이려면 누름 못은 몇 개 필요한지 구해 보세요.

(　　　　　　　　)

AI가 뽑은 정답률 낮은 문제

**20** 8인용 탁자를 그림과 같이 이어 붙여서 의자를 놓고 있습니다. 의자를 40개 놓으려면 탁자는 몇 개 필요한지 구해 보세요.

63쪽 유형 12

(　　　　　　　　)

점수

58~63쪽에서 같은 유형의 문제를 더 풀 수 있어요.

01~04 의자를 보고 물음에 답해 보세요.

01 □ 안에 알맞은 수를 써넣으세요.

의자가 1개 늘어날 때 다리는 □개 늘어납니다.

02 의자가 4개일 때 다리는 몇 개인지 구해 보세요.

( )

AI가 뽑은 정답률 낮은 문제

03 의자의 수와 다리의 수 사이의 대응 관계를 써 보세요.

58쪽 유형 1

다리의 수는 의자의 수의 □배입니다.

04 의자의 수와 다리의 수 사이의 대응 관계를 식으로 바르게 나타낸 것의 기호를 써 보세요.

㉠ (의자의 수)×4=(다리의 수)
㉡ (다리의 수)×4=(의자의 수)

( )

05~08 윤재의 나이는 12살이고 동생의 나이는 8살입니다. 물음에 답해 보세요.

05 윤재의 나이와 동생의 나이가 어떻게 변하는지 표를 이용하여 알아보세요.

| 윤재의 나이(살) | 12 | 13 | 14 | 15 | ··· |
|---|---|---|---|---|---|
| 동생의 나이(살) | 8 | | | | ··· |

AI가 뽑은 정답률 낮은 문제

06 윤재의 나이와 동생의 나이 사이의 대응 관계를 써 보세요.

58쪽 유형 1

윤재의 나이에서 □을/를 빼면 동생의 나이가 됩니다.

07 윤재의 나이를 ♡, 동생의 나이를 ○라고 할 때, 두 양 사이의 대응 관계를 식으로 나타내어 보세요.

식 ♡−○=□

08 위 07의 대응 관계를 나타낸 식에 대한 설명이 옳으면 ○표, 틀리면 ×표 해 보세요.

윤재의 나이와 동생의 나이의 관계는 항상 일정합니다.

( )

3 단원

09~10 수영을 하면 1분에 6킬로칼로리의 열량이 소모됩니다. 물음에 답해 보세요.

09 수영한 시간과 소모되는 열량 사이의 대응 관계를 표를 이용하여 알아보세요.

| 시간(분) | 1 | 2 | 3 | 4 | … |
|---|---|---|---|---|---|
| 열량 (킬로칼로리) | 6 |  |  |  | … |

10 수영한 시간과 소모되는 열량 사이의 대응 관계를 식으로 나타내려고 합니다. □ 안에 알맞게 써넣으세요.

수영한 시간을 △, 소모되는 열량을 □라고 할 때, 두 양 사이의 대응 관계를 식으로 나타내면 □입니다.

AI가 뽑은 정답률 낮은 문제

서술형

11 대응 관계를 나타낸 식과 **보기**의 말을 이용하여 식에 알맞은 상황을 만들어 보세요.

60쪽 유형 5

△×2=□

보기

닭의 수

다리의 수

답

AI가 뽑은 정답률 낮은 문제

12 표를 보고 △와 ☆ 사이의 대응 관계를 식으로 나타내어 보세요.

59쪽 유형 3

| △ | 10 | 20 | 30 | 40 | 50 |
|---|---|---|---|---|---|
| ☆ | 1 | 2 | 3 | 4 | 5 |

식

13~14 하루는 24시간입니다. 물음에 답해 보세요.

13 낮의 길이를 ○, 밤의 길이를 ◇라고 할 때, 두 양 사이의 대응 관계를 식으로 나타내어 보세요.

식

AI가 뽑은 정답률 낮은 문제

14 어느 날 낮의 길이가 11시간 30분일 때 밤의 길이는 몇 시간 몇 분인지 구해 보세요.

59쪽 유형 4

(　　　　　　　　)

15~16 연아와 동우가 대응 관계를 만들고 있습니다. 연아가 3을 말하면 동우는 21, 연아가 7을 말하면 동우는 49, 연아가 10을 말하면 동우는 70을 답합니다. 물음에 답해 보세요.

15 두 사람이 만든 대응 관계를 표를 이용하여 알아보세요.

| 연아가 말한 수 | | |
|---|---|---|
| 동우가 답한 수 | | |

AI가 뽑은 정답률 낮은 문제

16 동우가 105라고 답했을 때 연아가 말한 수를 구해 보세요.

61쪽 유형 8

( )

서술형

17 길이가 30 cm인 끈을 겹치지 않게 남김없이 모두 사용하여 직사각형 모양을 한 개 만들었습니다. 만든 직사각형의 긴 변의 길이를 ◇, 짧은 변의 길이를 ○라고 할 때, 두 양 사이의 대응 관계를 식으로 나타내려고 합니다. 풀이 과정을 쓰고 답을 구해 보세요.

풀이

식

18~19 무게가 똑같은 젤리 8개의 무게가 100 g이고, 젤리의 가격은 50 g당 400원입니다. 물음에 답해 보세요.

18 젤리 1개의 가격은 얼마인지 구해 보세요.

( )

19 젤리의 수를 ☆, 젤리의 가격을 □라고 할 때, 두 양 사이의 대응 관계를 식으로 나타내어 보세요.

식

AI가 뽑은 정답률 낮은 문제

20 1월의 어느 날 서울과 뉴욕의 시각 사이의 대응 관계를 나타낸 표입니다. 뉴욕이 1월 10일 오후 9시일 때, 서울의 시각은 몇 월 며칠 몇 시인지 구해 보세요.

63쪽 유형 11

| 서울의 시각 | 오후 5시 | 오후 6시 | 오후 7시 | … |
|---|---|---|---|---|
| 뉴욕의 시각 | 오전 3시 | 오전 4시 | 오전 5시 | … |

( )

3 단원

1회 2번 3회 6번 4회 3, 6번

## 유형 1 두 양 사이의 대응 관계 쓰기

도형의 배열을 보고 삼각형의 수와 사각형의 수 사이의 대응 관계를 써 보세요.

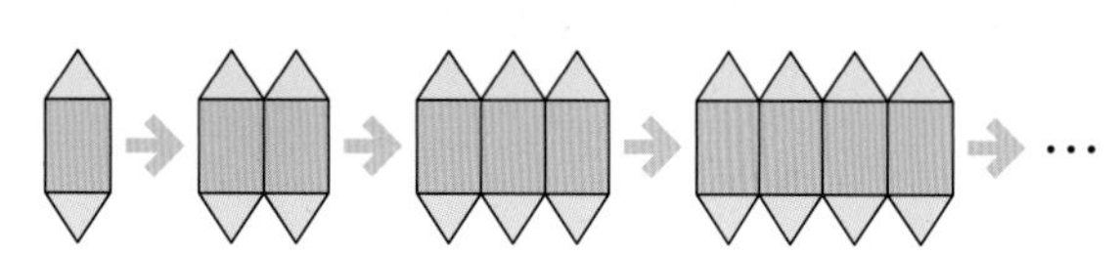

삼각형의 수는 사각형의 수의 □배 입니다.

Tip 일정하게 변하는 두 양 사이의 대응 관계를 찾아 써요.

**1-1** 자동차의 수와 바퀴의 수 사이의 대응 관계를 써 보세요.

자동차의 수는 바퀴의 수를 □(으)로 나눈 몫과 같습니다.

**1-2** 의자의 수와 팔걸이의 수 사이의 대응 관계를 써 보세요.

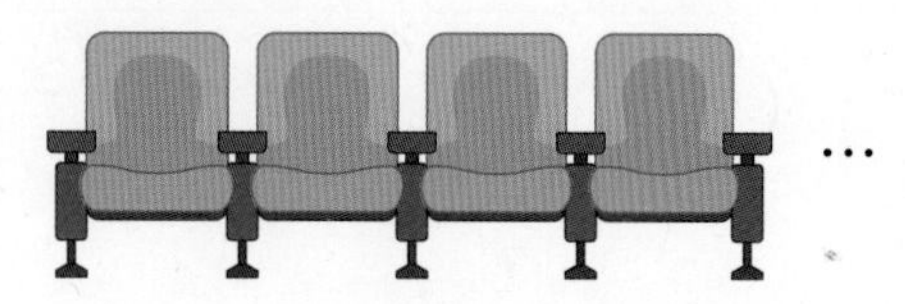

1회 11번 2회 13번

## 유형 2 문장을 읽고 대응 관계를 식으로 나타내기

문어의 다리는 8개입니다. 문어의 수를 □, 다리의 수를 △라고 할 때, 두 양 사이의 대응 관계를 식으로 나타내어 보세요.

식

Tip 먼저 두 양 사이의 대응 관계를 단어를 사용한 식으로 나타낸 다음 단어를 기호로 바꿔요.

**2-1** 주스가 한 묶음에 2개씩 있습니다. 묶음의 수를 ○, 주스의 수를 □라고 할 때, 두 양 사이의 대응 관계를 식으로 나타내어 보세요.

식

**2-2** 주희의 나이는 12살, 언니의 나이는 15살입니다. 주희의 나이를 ◇, 언니의 나이를 ○라고 할 때, 두 양 사이의 대응 관계를 식으로 나타내어 보세요.

식

**2-3** 사탕 1개의 가격이 700원입니다. 팔린 사탕의 수를 ☆, 판매 금액을 ♡라고 할 때, 두 양 사이의 대응 관계를 식으로 나타내어 보세요.

식

2회 12번 4회 12번

## 유형 3 표를 보고 대응 관계를 식으로 나타내기

표를 보고 □와 ○ 사이의 대응 관계를 식으로 나타내어 보세요.

| □ | 1 | 2 | 3 | 4 | 5 |
|---|---|---|---|---|---|
| ○ | 7 | 8 | 9 | 10 | 11 |

식

Tip 처음 한두 개의 관계만 만족하는 식이 아니라 주어진 경우를 모두 만족하는 식을 찾아야 하는 것에 주의해요.

**3-1** 표를 보고 ♡와 △ 사이의 대응 관계를 식으로 나타내어 보세요.

| ♡ | 5 | 10 | 15 | 20 | 25 |
|---|---|---|---|---|---|
| △ | 1 | 2 | 3 | 4 | 5 |

식

**3-2** ◇와 ○ 사이의 대응 관계를 나타낸 식이 ◇×3=○인 것의 기호를 써 보세요.

㉠

| ◇ | 24 | 27 | 30 | 33 | 36 |
|---|---|---|---|---|---|
| ○ | 8 | 9 | 10 | 11 | 12 |

㉡

| ◇ | 8 | 9 | 10 | 11 | 12 |
|---|---|---|---|---|---|
| ○ | 24 | 27 | 30 | 33 | 36 |

(　　　　　　　)

3회 11번 4회 14번

## 유형 4 대응 관계를 이용하여 문제 해결하기

머핀 1개를 장식하는 데 블루베리를 4개씩 사용하려고 합니다. 머핀을 9개 장식하려면 블루베리가 몇 개 필요한지 구해 보세요.

(　　　　　　　)

Tip 먼저 두 양 사이의 대응 관계를 식으로 나타낸 다음 문제를 해결해요.

**4-1** 물이 1분에 6 L씩 나오는 수도를 틀어 물을 받았습니다. 물을 7분 동안 받았다면 받은 물은 모두 몇 L인지 구해 보세요.

(　　　　　　　)

**4-2** 만화 영화를 1초 동안 상영하려면 그림이 25장 필요합니다. 그림 175장으로는 만화 영화를 몇 초 상영할 수 있는지 구해 보세요.

(　　　　　　　)

**4-3** 철봉 대의 수와 철봉 기둥의 수 사이의 대응 관계를 보고 철봉 기둥이 9개일 때, 철봉 대는 몇 개인지 구해 보세요.

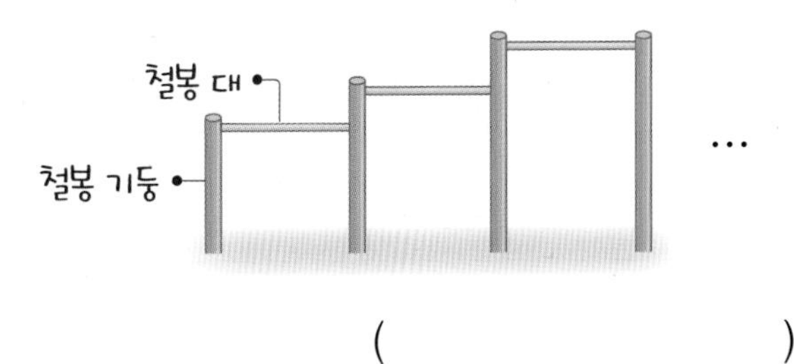


(　　　　　　　)

3 단원

1회 12번 4회 11번

## 유형 5 대응 관계를 나타낸 식에 알맞은 상황 만들기

대응 관계를 나타낸 식과 **보기**의 말을 이용하여 식에 알맞은 상황을 만들어 보세요.

$\diamond \times 4 = \heartsuit$

보기
고양이의 수
다리의 수

Tip 식에서 어느 기호에 **보기**의 말을 넣어야 하는지 생각해요.

**5-1** 대응 관계를 나타낸 식과 **보기**의 말을 이용하여 식에 알맞은 상황을 만들어 보세요.

☆$+2=$□

보기
형의 나이
내 나이

**5-2** 대응 관계를 나타낸 식을 보고, 식에 알맞은 상황을 만들어 보세요.

$\triangle \div 6 = \bigcirc$

3회 16번

## 유형 6 규칙적인 배열에서 대응 관계를 식으로 나타내기

배열 순서를 △, 사각형 조각의 수를 □라고 할 때, 두 양 사이의 대응 관계를 식으로 나타내어 보세요.

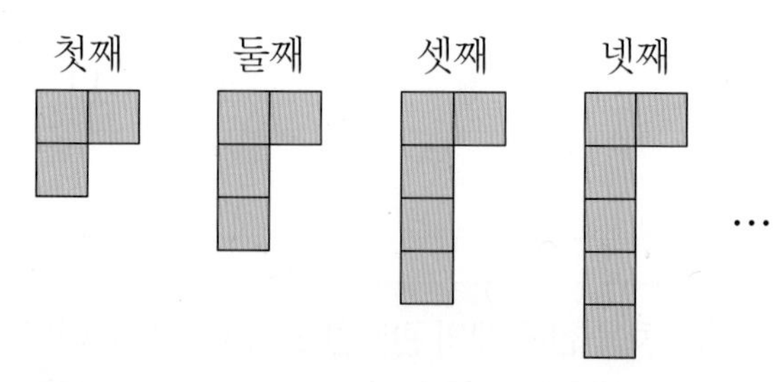


식

Tip 먼저 두 양 사이의 대응 관계를 식으로 나타내요.

**6-1** 배열 순서를 ♡, 육각형 조각의 수를 ○라고 할 때, 두 양 사이의 대응 관계를 식으로 나타내어 보세요.

식

**6-2** 배열 순서를 ◇, 가장 작은 크기의 삼각형 조각의 수를 ☆이라고 할 때, 두 양 사이의 대응 관계를 식으로 나타내어 보세요.

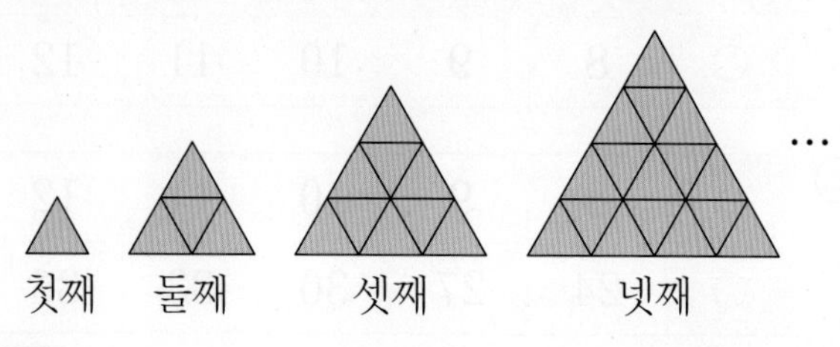


식

2회 17번

## 유형 7 탑을 쌓을 때 필요한 물건의 개수 구하기

이쑤시개를 이용하여 다음과 같은 방법으로 탑을 쌓고 있습니다. 7층 탑을 쌓을 때 필요한 이쑤시개는 모두 몇 개인지 구해 보세요.

1층 → 2층 → 3층 → …

(　　　　　　　　)

Tip 먼저 한 층에 이쑤시개가 몇 개씩 필요한지 알아봐요.

**7-1** 면봉을 이용하여 다음과 같은 방법으로 탑을 쌓고 있습니다. 9층 탑을 쌓을 때 필요한 면봉은 모두 몇 개인지 구해 보세요.

1층 → 2층 → 3층 → …

(　　　　　　　　)

**7-2** 수수깡을 이용하여 다음과 같은 방법으로 탑을 쌓고 있습니다. 수수깡 45개로는 탑을 몇 층까지 쌓을 수 있는지 구해 보세요.

1층 → 2층 → 3층 → …

(　　　　　　　　)

1회 19번 4회 16번

## 유형 8 대응 관계를 이용하여 답한(말한) 수 구하기

희재가 말한 수와 준서가 답한 수 사이의 대응 관계를 나타낸 표입니다. 희재가 16이라고 말할 때 준서가 답한 수를 구해 보세요.

| 희재가 말한 수 | 3 | 7 | 10 | 13 | … |
|---|---|---|---|---|---|
| 준서가 답한 수 | 1 | 5 | 8 | 11 | … |

(　　　　　　　　)

Tip 수가 커지면 $+$ 또는 $\times$, 수가 작아지면 $-$ 또는 $\div$를 이용하여 대응 관계를 식으로 나타내요.

**8-1** 지유가 말한 수와 민재가 답한 수 사이의 대응 관계를 나타낸 표입니다. 지유가 35라고 말할 때 민재가 답한 수를 구해 보세요.

| 지유가 말한 수 | 10 | 55 | 80 | 45 | … |
|---|---|---|---|---|---|
| 민재가 답한 수 | 2 | 11 | 16 | 9 | … |

(　　　　　　　　)

**8-2** 연우가 말한 수와 유미가 답한 수 사이의 대응 관계를 나타낸 표입니다. 유미가 64라고 답할 때 연우가 말한 수를 구해 보세요.

| 연우가 말한 수 | 4 | 12 | 7 | 9 | … |
|---|---|---|---|---|---|
| 유미가 답한 수 | 16 | 144 | 49 | 81 | … |

(　　　　　　　　)

2회 20번

## 유형 9 자르는 데 걸리는 시간 구하기

색 테이프 한 장을 자르려고 합니다. 색 테이프를 한 번 자르는 데 2초가 걸린다면 색 테이프 한 개를 쉬지 않고 7도막으로 자르는 데 걸리는 시간은 몇 초인지 구해 보세요. (단, 색 테이프를 겹쳐서 자르지 않습니다.)

(                    )

**Tip** 먼저 자른 횟수와 도막의 수 사이의 대응 관계를 알아봐요.

**9-1** 나무 막대 한 개를 자르려고 합니다. 나무 막대를 한 번 자르는 데 3분이 걸린다면 나무 막대 한 개를 쉬지 않고 14도막으로 자르는 데 걸리는 시간은 몇 분인지 구해 보세요. (단, 나무 막대를 겹쳐서 자르지 않습니다.)

(                    )

**9-2** 끈 한 개를 다음과 같은 방법으로 자르려고 합니다. 끈을 한 번 자르는 데 5초가 걸린다면 끈 한 개를 쉬지 않고 17도막으로 자르는 데 걸리는 시간은 몇 초인지 구해 보세요.

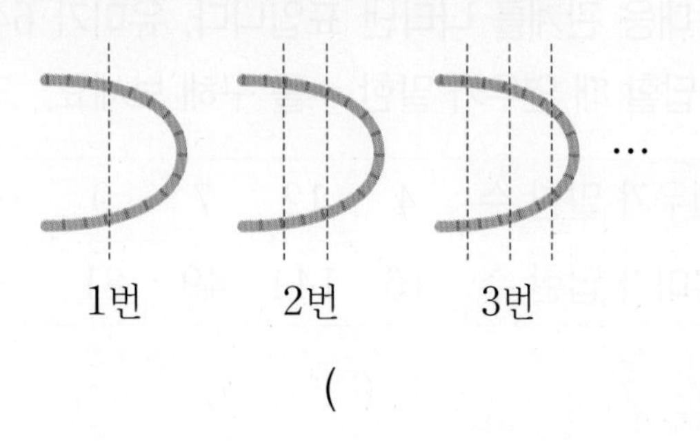


(                    )

1회 20번

## 유형 10 필요한 성냥개비의 수 구하기

성냥개비를 사용하여 다음과 같이 정삼각형을 만들고 있습니다. 정삼각형을 10개 만들 때 필요한 성냥개비는 몇 개인지 구해 보세요.

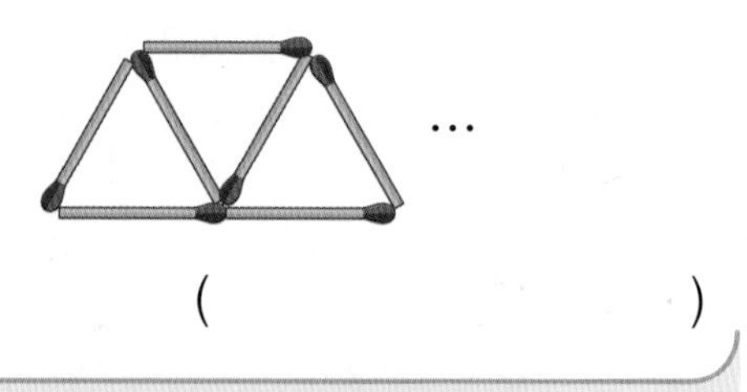

(                    )

**Tip** 먼저 정삼각형이 1개 늘어날 때마다 성냥개비가 몇 개 더 필요한지 구해요.

**10-1** 성냥개비를 사용하여 다음과 같이 정사각형을 만들고 있습니다. 정사각형을 15개 만들 때 필요한 성냥개비는 몇 개인지 구해 보세요.

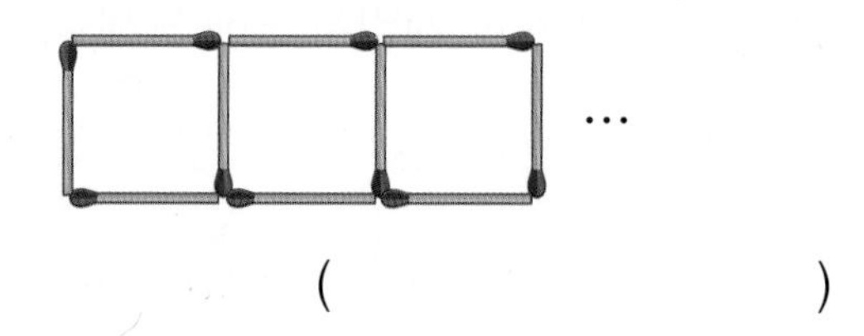

(                    )

**10-2** 성냥개비를 사용하여 다음과 같이 정육각형을 만들고 있습니다. 정육각형을 20개 만들 때 필요한 성냥개비는 몇 개인지 구해 보세요.

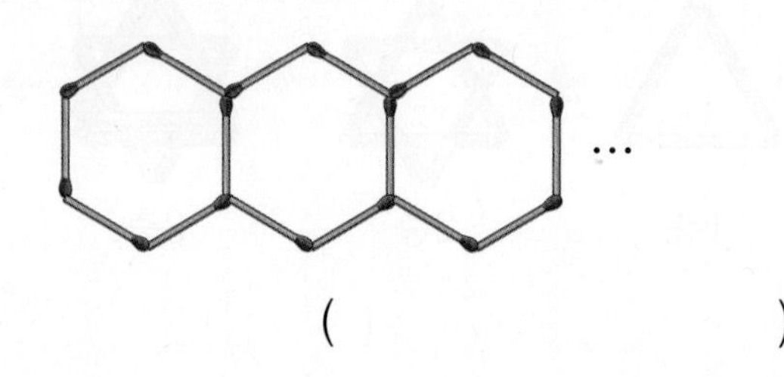

(                    )

4회 20번

## 유형 11 대응 관계를 이용하여 시각 구하기

1월의 어느 날 서울과 시드니의 시각 사이의 대응 관계를 나타낸 표입니다. 시드니가 오후 4시일 때, 서울의 시각은 몇 시인지 구해 보세요.

| 서울의 시각 | 오전 4시 | 오전 5시 | 오전 6시 | 오전 7시 | … |
|---|---|---|---|---|---|
| 시드니의 시각 | 오전 6시 | 오전 7시 | 오전 8시 | 오전 9시 | … |

(　　　　　　　　)

Tip 어느 도시의 시각이 더 빠른지에 주의하여 문제를 해결해요.

**11-1** 7월의 어느 날 서울과 아부다비의 시각 사이의 대응 관계를 나타낸 표입니다. 서울이 오후 3시일 때, 아부다비의 시각은 몇 시인지 구해 보세요.

| 서울의 시각 | 오전 6시 | 오전 7시 | 오전 8시 | 오전 9시 | … |
|---|---|---|---|---|---|
| 아부다비의 시각 | 오전 1시 | 오전 2시 | 오전 3시 | 오전 4시 | … |

(　　　　　　　　)

**11-2** 2월의 어느 날 서울과 로마의 시각 사이의 대응 관계를 나타낸 표입니다. 로마가 2월 15일 오후 7시일 때, 서울의 시각은 몇 월 며칠 몇 시인지 구해 보세요.

| 서울의 시각 | 오후 1시 | 오후 2시 | 오후 3시 | 오후 4시 | … |
|---|---|---|---|---|---|
| 로마의 시각 | 오전 5시 | 오전 6시 | 오전 7시 | 오전 8시 | … |

(　　　　　　　　)

3회 20번

## 유형 12 필요한 탁자의 수 구하기

4인용 탁자를 그림과 같이 이어 붙여서 의자를 놓고 있습니다. 의자를 16개 놓으려면 탁자는 몇 개 필요한지 구해 보세요.

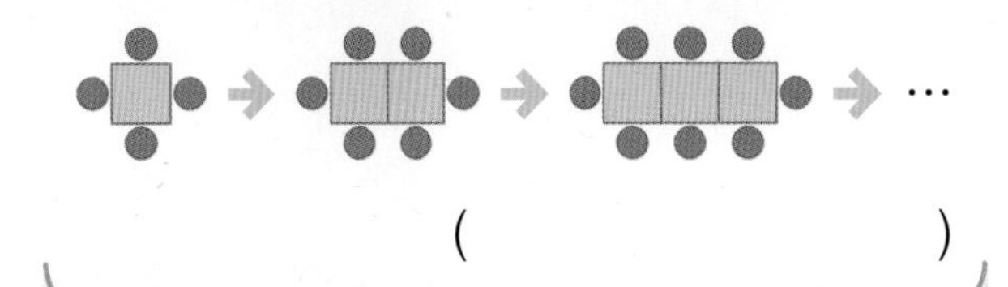

(　　　　　　　　)

Tip 탁자가 1개 늘어날 때마다 의자는 몇 개 더 필요한지 알아봐요.

**12-1** 6인용 탁자를 그림과 같이 이어 붙여서 의자를 놓고 있습니다. 의자를 38개 놓으려면 탁자는 몇 개 필요한지 구해 보세요.

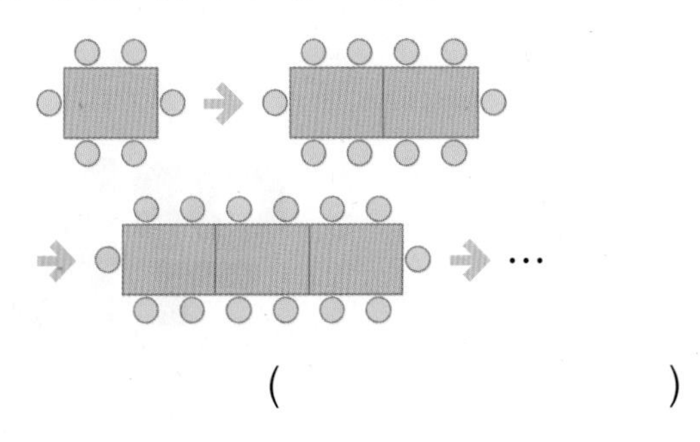

(　　　　　　　　)

**12-2** 6인용 탁자를 그림과 같이 이어 붙여서 의자를 놓고 있습니다. 의자를 30개 놓으려면 탁자는 몇 개 필요한지 구해 보세요.

(　　　　　　　　)

# 약분과 통분



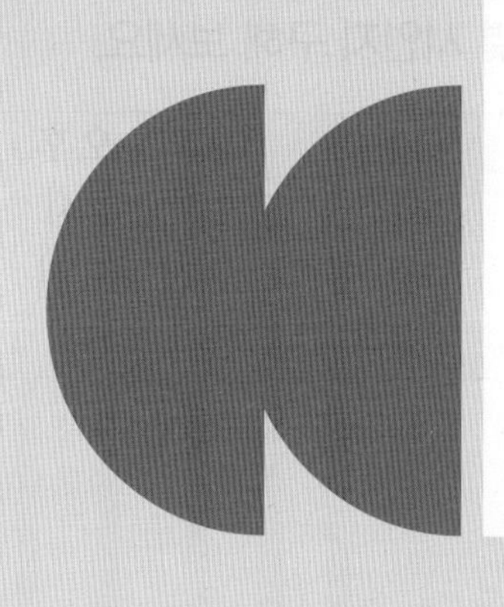

# 개념정리 4단원 약분과 통분

## 개념 1 크기가 같은 분수

$\frac{1}{2}$ 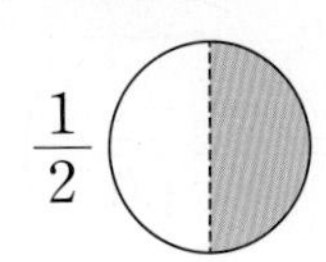 $\frac{2}{4}$ 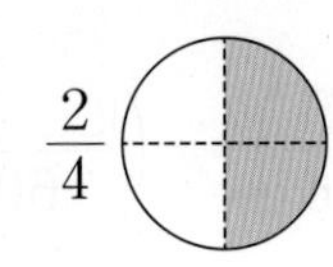 $\frac{3}{6}$ 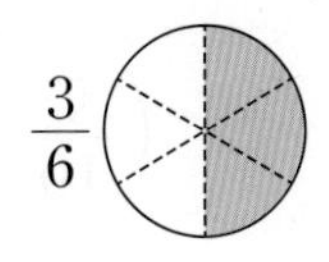

$\frac{1}{2}, \frac{2}{4}, \frac{\square}{6}$ 은/는 크기가 같은 분수입니다.

## 개념 2 크기가 같은 분수 만들기

• 분모와 분자에 각각 0이 아닌 같은 수를 곱하면 크기가 같은 분수가 됩니다.

예 $\frac{1}{2} = \frac{2}{4} = \frac{3}{6} = \frac{4}{8}$ (×2, ×3, ×4)

• 분모와 분자를 각각 0이 아닌 같은 수로 나누면 크기가 같은 분수가 됩니다.

예 $\frac{6}{18} = \frac{3}{9} = \frac{2}{6} = \frac{1}{\square}$ (÷2, ÷3, ÷6)

## 개념 3 약분

◆약분

분모와 분자를 그들의 공약수로 나누어 간단히 나타내는 것을 약분한다고 합니다.

예 $\frac{4}{12}=\frac{4\div2}{12\div2}=\frac{2}{6}$, $\frac{4}{12}=\frac{4\div4}{12\div4}=\frac{1}{3}$

◆기약분수

분모와 분자의 공약수가 1뿐인 분수를 기약분수라고 합니다.

예 $\frac{\cancel{20}^{10}}{\cancel{24}_{12}}=\frac{\cancel{10}^{5}}{\cancel{12}_{6}}=\frac{5}{6}$, $\frac{\cancel{20}^{5}}{\cancel{24}_{6}}=\frac{\square}{6}$

## 개념 4 통분

분모가 다른 분수의 분모를 같게 만드는 것을 통분한다고 하고, 이때 통분한 분모를 공통분모라고 합니다.

예 $\frac{1}{4}$과 $\frac{5}{6}$를 통분하기

방법 1 분모의 곱을 공통분모로 하여 통분하기

$\left(\frac{1}{4}, \frac{5}{6}\right) \rightarrow \left(\frac{1\times6}{4\times6}, \frac{5\times4}{6\times4}\right) \rightarrow \left(\frac{6}{24}, \frac{20}{24}\right)$

방법 2 분모의 최소공배수를 공통분모로 하여 통분하기
– 4와 6의 최소공배수: 12

$\left(\frac{1}{4}, \frac{5}{6}\right) \rightarrow \left(\frac{1\times3}{4\times3}, \frac{5\times\square}{6\times2}\right) \rightarrow \left(\frac{3}{12}, \frac{10}{12}\right)$

## 개념 5 분수의 크기 비교

◆$\frac{2}{3}$와 $\frac{3}{5}$의 크기 비교 – 두 분수를 통분한 다음 분자의 크기를 비교합니다.

$\left(\frac{2}{3}, \frac{3}{5}\right) \rightarrow \left(\frac{10}{15}, \frac{9}{15}\right) \rightarrow \frac{2}{3} \bigcirc \frac{3}{5}$

## 개념 6 분수와 소수의 크기 비교

◆$\frac{2}{5}$와 0.6의 크기 비교

방법 1 분수를 소수로 나타내어 비교하기

$\frac{2}{5}=\frac{4}{10}=0.4 \rightarrow 0.4<0.6 \rightarrow \frac{2}{5} \bigcirc 0.6$

방법 2 소수를 분수로 나타내어 비교하기

$0.6=\frac{6}{10}=\frac{3}{5} \rightarrow \frac{2}{5}<\frac{3}{5} \rightarrow \frac{2}{5}<0.6$

정답 ❶ 3 ❷ 3 ❸ 5 ❹ 2 ❺ > ❻ <

4 단원

점수

78~83쪽에서 같은 유형의 문제를 더 풀 수 있어요.

01 분수만큼 색칠한 그림을 보고 크기가 같은 두 분수를 찾아 ○표 해 보세요.

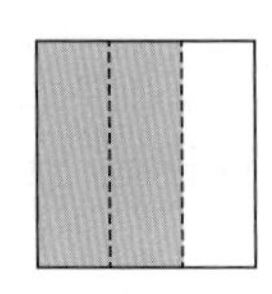
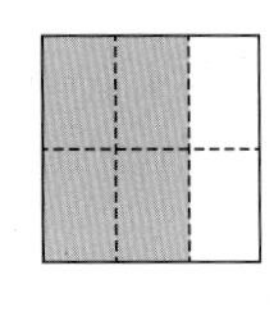
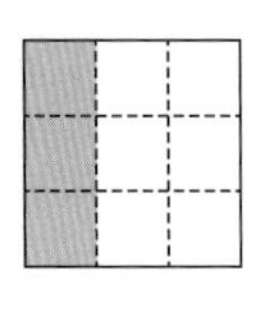

$\frac{2}{3}$　　$\frac{4}{6}$　　$\frac{3}{9}$

02~03 크기가 같은 분수를 만들려고 합니다. □ 안에 알맞은 수를 써넣으세요.

02

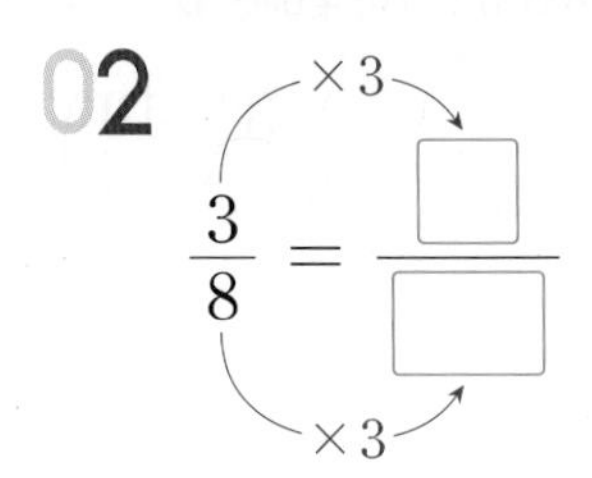

$\frac{3}{8} = \frac{\square}{\square}$ (분자 ×3, 분모 ×3)

03

$\frac{30}{54} = \frac{\square}{\square}$ (분자 ÷6, 분모 ÷6)

04 분수를 기약분수로 나타내려고 합니다. □ 안에 알맞은 수를 써넣으세요.

$$\frac{18}{24} = \frac{18 \div 6}{24 \div \square} = \frac{\square}{\square}$$

05 분모의 곱을 공통분모로 하여 통분해 보세요.

$$\left(\frac{7}{10}, \frac{5}{6}\right) \rightarrow \left(\frac{\square}{60}, \frac{\square}{60}\right)$$

06 $\frac{8}{36}$을 약분한 분수를 모두 써 보세요.

(　　　　　　　　　　)

AI가 뽑은 정답률 낮은 문제

07 크기가 같은 분수끼리 짝 지은 것의 기호를 써 보세요.

78쪽 유형 1

㉠ $\left(\frac{2}{3}, \frac{10}{15}\right)$　　㉡ $\left(\frac{18}{54}, \frac{2}{7}\right)$

(　　　　　　　　　　)

08 $\frac{27}{50}$을 소수로 바르게 나타낸 것에 ○표 해 보세요.

| 0.52 | 0.54 |
|---|---|
| (　　) | (　　) |

**09** $\frac{12}{32}$를 약분하려고 합니다. 분모와 분자를 나눌 수 없는 수를 찾아 ○표 해 보세요.

| 2 | 4 | 6 |
|---|---|---|

**10** 분수의 크기를 비교하여 ○ 안에 >, =, <를 알맞게 써넣으세요.

$\frac{3}{4}$ ○ $\frac{7}{9}$

서술형

**11** $\frac{1}{6}$과 $\frac{4}{15}$를 서로 다른 두 가지 방법으로 통분해 보세요.

방법1

방법2

**12** 기약분수는 모두 몇 개인지 구해 보세요.

| $\frac{4}{7}$ | $\frac{7}{12}$ | $\frac{6}{8}$ | $\frac{12}{15}$ |
|---|---|---|---|

(　　　　　　　　)

AI가 뽑은 정답률 낮은 문제

**13** 어떤 분수의 분모와 분자를 각각 5로 약분했더니 $\frac{3}{7}$이 되었습니다. 약분하기 전의 분수를 구해 보세요.

79쪽 유형 3

(　　　　　　　　)

**14** 승우와 민주는 각각 같은 피자 한 판의 $\frac{1}{3}$만큼씩 먹으려고 합니다. 다음과 같이 나눈 피자를 각각 몇 조각씩 먹어야 하는지 구해 보세요.

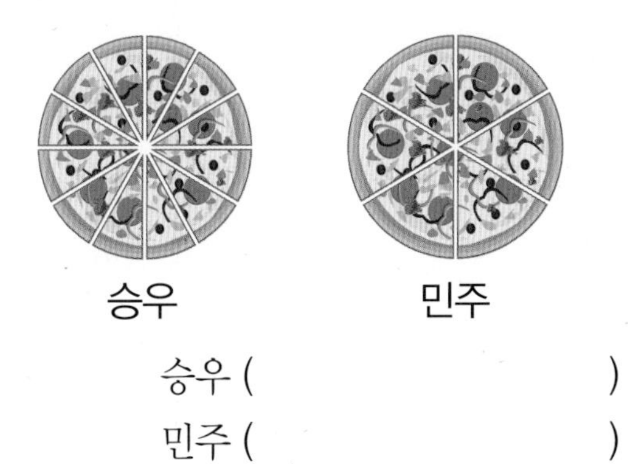


승우 (　　　　　　　　)

민주 (　　　　　　　　)

**15** 세영이의 키는 1.4 m이고, 현석이의 키는 $1\frac{9}{20}$ m입니다. 키가 더 큰 사람은 누구인지 풀이 과정을 쓰고 답을 구해 보세요.

풀이

답

**16** 세 분수의 크기를 비교하여 큰 수부터 차례대로 써 보세요.

$\frac{3}{5}$ $\frac{4}{7}$ $\frac{7}{10}$

(　　　　　　　　　　)

**17** $\frac{7}{18}$과 $\frac{1}{4}$을 통분하려고 합니다. 공통분모가 될 수 있는 수 중에서 100에 가장 가까운 수로 통분해 보세요.

(　　　　　,　　　　　)

AI가 뽑은 정답률 낮은 문제

**18** 1부터 9까지의 자연수 중에서 □ 안에 들어갈 수 있는 수를 모두 구해 보세요.

81쪽 유형 8

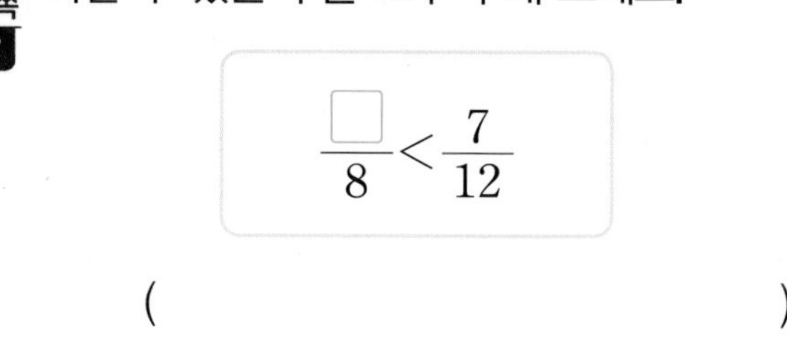


(　　　　　　　　　　)

**19** 수 카드 4장 중에서 2장을 골라 한 번씩만 사용하여 진분수를 만들려고 합니다. 만들 수 있는 진분수 중에서 21을 공통분모로 하여 통분할 수 있는 진분수를 모두 구해 보세요.

(　　　　　　　　　　)

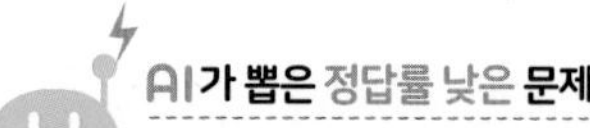


**20** $\frac{5}{8}$보다 크고 $\frac{7}{10}$보다 작은 분수 중에서 분모가 40인 기약분수를 구해 보세요.

82쪽 유형10

(　　　　　　　　　　)

점수

78~83쪽에서 같은 유형의 문제를 더 풀 수 있어요.

01 그림을 보고 크기가 같은 분수가 되도록 □ 안에 알맞은 수를 써넣으세요.

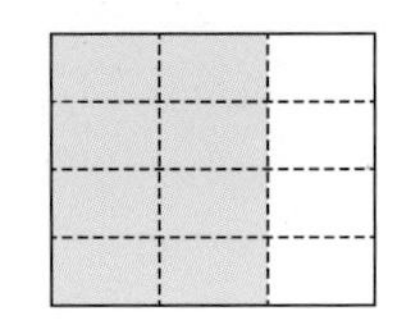

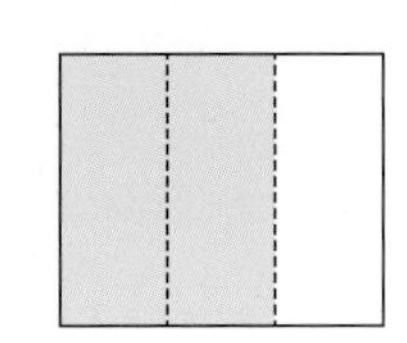

$\frac{8}{12}$ $\qquad \frac{8\div4}{12\div4}=\frac{\square}{\square}$

02 크기가 같은 분수 중에서 분모가 같은 분수끼리 짝 지어 통분해 보세요.

- $\frac{2}{3}=\frac{4}{6}=\frac{6}{9}=\frac{8}{12}=\cdots\cdots$
- $\frac{3}{4}=\frac{6}{8}=\frac{9}{12}=\frac{12}{16}=\cdots\cdots$

$\left(\frac{2}{3}, \frac{3}{4}\right) \rightarrow \left(\frac{\square}{\square}, \frac{\square}{\square}\right)$

03 분수를 약분하여 나타내려고 합니다. □ 안에 알맞은 수를 써넣으세요.

$\frac{28}{40} \rightarrow \frac{14}{\square}, \frac{\square}{10}$

04 기약분수로 나타내어 보세요.

$\frac{21}{35} \rightarrow$ (　　　　　　)

05 분모의 최소공배수를 공통분모로 하여 통분해 보세요.

$\left(\frac{1}{6}, \frac{5}{9}\right) \rightarrow \left(\frac{\square}{18}, \frac{\square}{18}\right)$

06 $\frac{7}{10}$과 $\frac{5}{6}$의 크기를 비교하려고 합니다. □ 안에 알맞은 수를 써넣고, ○ 안에 >, =, <를 알맞게 써넣으세요.

$\frac{7}{10}=\frac{\square}{30}$

$\frac{5}{6}=\frac{\square}{30}$

$\rightarrow \frac{7}{10} \bigcirc \frac{5}{6}$

07 크기가 같은 분수에 대해 잘못 설명한 것의 기호를 써 보세요.

㉠ $\frac{18}{21}$의 분모와 분자에 각각 0을 곱하면 크기가 같은 분수를 만들 수 있습니다.

㉡ $\frac{1}{9}$과 $\frac{5}{45}$는 크기가 같은 분수입니다.

(　　　　　　)

4 단원

08 분수 막대를 보고 $\frac{1}{4}$과 크기가 같은 분수를 모두 써 보세요.

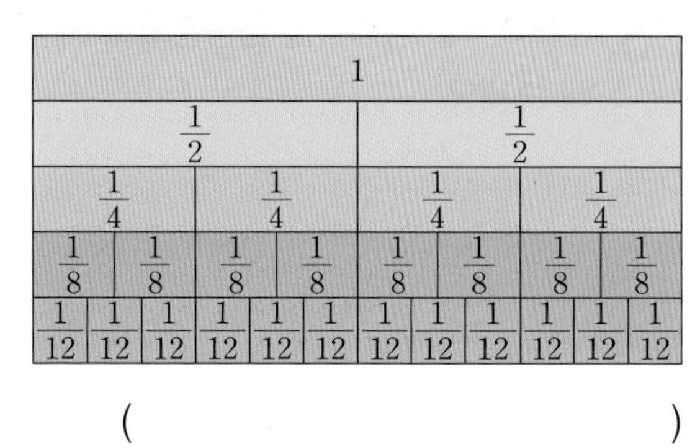


(　　　　　　　　　　)

서술형

09 $\frac{5}{6}$와 $\frac{8}{15}$을 통분하려고 합니다. 공통분모가 될 수 없는 수는 무엇인지 풀이 과정을 쓰고 답을 구해 보세요.

| 30 | 45 | 60 | 90 |
|---|---|---|---|

풀이

답

10 분수와 소수의 크기를 비교하여 ◯ 안에 >, =, <를 알맞게 써넣으세요.

$\frac{11}{20}$ ◯ 0.54

11 $\frac{15}{22}$와 크기가 같은 분수 중에서 $\frac{15}{22}$를 제외하고 분모가 두 자리 수인 분수는 모두 몇 개인지 구해 보세요.

(　　　　　　　　　　)

AI가 뽑은 정답률 낮은 문제

12 예준이네 반 전체 학생 20명 중에서 여학생은 8명입니다. 여학생은 전체 학생의 몇 분의 몇인지 기약분수로 나타내어 보세요.

78쪽 유형 2

(　　　　　　　　　　)

13 소수를 기약분수로 나타낼 때 분모가 25가 되는 것을 찾아 기호를 써 보세요.

㉠ 0.22　　㉡ 0.36　　㉢ 0.75

(　　　　　　　　　　)

AI가 뽑은 정답률 낮은 문제

14 분모가 12인 진분수 중에서 기약분수는 모두 몇 개인지 구해 보세요.

79쪽 유형 4

(　　　　　　　　　　)

서술형

**15** 지은이는 피아노 연습을 어제는 $1\frac{4}{5}$시간, 오늘은 $1\frac{2}{3}$시간 했습니다. 어제와 오늘 중에서 피아노 연습을 더 오래 한 날은 언제인지 풀이 과정을 쓰고 답을 구해 보세요.

풀이 ▶

답 ▶

AI가 뽑은 정답률 낮은 문제

**16** 어떤 두 기약분수를 통분했더니 $\frac{21}{60}$과 $\frac{32}{60}$가 되었습니다. 통분하기 전의 두 기약분수를 각각 구해 보세요.

80쪽 유형 5

$(\square, \square) \rightarrow \left(\frac{21}{60}, \frac{32}{60}\right)$

**17** □ 안에 알맞은 수를 구해 보세요.

$$\frac{60}{100}=\frac{60-\square}{5}$$

(　　　　　　)

AI가 뽑은 정답률 낮은 문제

**18** 조건에 맞는 분수를 구해 보세요.

81쪽 유형 7

조건
- 분모와 분자의 합이 40입니다.
- 기약분수로 나타내면 $\frac{3}{5}$입니다.

(　　　　　　)

AI가 뽑은 정답률 낮은 문제

**19** $\frac{3}{10}$보다 크고 $\frac{1}{2}$보다 작은 분수를 모두 찾아 써 보세요.

82쪽 유형 9

$\frac{14}{15}$　$\frac{11}{30}$　$\frac{2}{5}$　$\frac{6}{25}$　$\frac{17}{50}$

(　　　　　　)

**20** 0.63에 가장 가까운 수를 찾아 기호를 써 보세요.

㉠ 0.1이 6개인 수　㉡ $\frac{32}{50}$

㉢ $\frac{1}{20}$이 13개인 수　㉣ $\frac{5}{8}$

(　　　　　　)

4 단원

점수

78~83쪽에서 같은 유형의 문제를 더 풀 수 있어요.

**01** 주어진 분수만큼 색칠하고, 알맞은 말에 ○표 해 보세요.

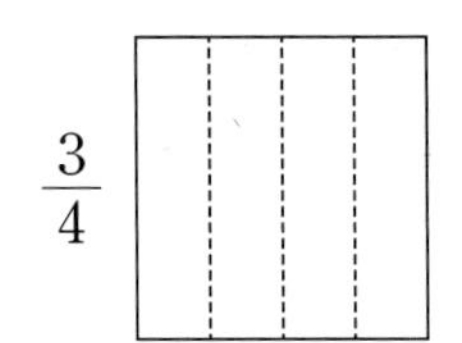


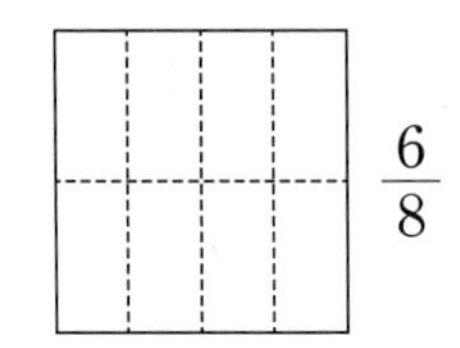


$\frac{3}{4}$과 $\frac{6}{8}$은 크기가 ( 같은 , 다른 ) 분수입니다.

**02** □ 안에 알맞은 수를 써넣어 크기가 같은 분수를 만들어 보세요.

$$\frac{12}{28}=\frac{6}{\square}=\frac{\square}{7}$$

**03** 주어진 분수가 기약분수이면 ○표, 아니면 ×표 해 보세요.

$\frac{5}{9}$ ( ) $\frac{4}{6}$ ( )

**04** 분수를 분모가 10인 분수로 고치고, 소수로 나타내어 보세요.

$$\frac{3}{5}=\frac{3\times\square}{5\times\square}=\frac{\square}{\square}=\square$$

**05** $\frac{70}{80}$을 약분한 분수를 모두 써 보세요.

( )

**06** 크기가 같은 분수를 찾아 선으로 이어 보세요.

| | |
|---|---|
| $\frac{30}{42}$ | $\frac{5}{6}$ |
| $\frac{40}{72}$ | $\frac{5}{7}$ |
| | $\frac{5}{9}$ |

**07~08** $\frac{3}{8}$과 $\frac{3}{10}$을 통분하려고 합니다. 물음에 답해 보세요.

**07** 분모의 곱을 공통분모로 하여 통분해 보세요.

( , )

**08** 분모의 최소공배수를 공통분모로 하여 통분해 보세요.

( , )

**09** $\frac{30}{45}$을 한 번만 약분하여 기약분수로 나타내려고 합니다. 분모와 분자를 나누어야 하는 수는 얼마인지 구해 보세요.

(　　　　　　　　)

**10** 분모의 최소공배수를 공통분모로 하여 통분할 때 공통분모가 다른 하나를 찾아 기호를 써 보세요.

| | |
|---|---|
| ㉠ $\left(\frac{1}{5}, \frac{5}{6}\right)$ | ㉡ $\left(\frac{3}{4}, \frac{1}{6}\right)$ |
| ㉢ $\left(\frac{3}{10}, \frac{2}{3}\right)$ | ㉣ $\left(\frac{4}{15}, \frac{1}{2}\right)$ |

(　　　　　　　　)

서술형

**11** $\frac{4}{25}$와 0.24의 크기를 서로 다른 두 가지 방법으로 비교해 보세요.

방법1

방법2

**12** 분모의 곱을 공통분모로 하여 통분했습니다. □ 안에 알맞은 수를 써넣으세요.

$$\left(\frac{7}{9}, \frac{5}{\square}\right) \rightarrow \left(\frac{\square}{63}, \frac{45}{\square}\right)$$

AI가 뽑은 정답률 낮은 문제

**13** $\frac{5}{6}$와 크기가 같은 분수 중에서 분모가 15보다 크고 25보다 작은 분수를 모두 구해 보세요.

78쪽 유형 1

(　　　　　　　　)

AI가 뽑은 정답률 낮은 문제

**14** 분모가 64인 분수 중에서 약분하면 $\frac{5}{8}$가 되는 분수를 구해 보세요.

79쪽 유형 3

(　　　　　　　　)

서술형

**15** $\frac{7}{15}$과 $\frac{1}{6}$을 통분하려고 합니다. 공통분모가 될 수 있는 수 중에서 200보다 작은 수는 모두 몇 개인지 풀이 과정을 쓰고 답을 구해 보세요.

풀이

답

AI가 뽑은 정답률 낮은 문제

**16** 분수와 소수의 크기를 비교하여 가장 큰 수를 써 보세요.

80쪽 유형 6

0.45 $\frac{12}{25}$ $\frac{2}{5}$

( )

**17** 지호네 집에서 시장, 학교, 병원까지의 거리입니다. 지호네 집에서 먼 곳부터 차례대로 써 보세요.

| 시장 | 학교 | 병원 |
| --- | --- | --- |
| $2\frac{4}{5}$ km | $2\frac{7}{15}$ km | $2\frac{5}{9}$ km |

( )

AI가 뽑은 정답률 낮은 문제

**18** $\frac{5}{6}$보다 크고 $\frac{7}{8}$보다 작은 분수 중에서 분모가 48인 분수를 구해 보세요.

82쪽 유형 10

( )

AI가 뽑은 정답률 낮은 문제

**19** 수 카드 4장 중에서 2장을 골라 한 번씩만 사용하여 진분수를 만들려고 합니다. 만들 수 있는 진분수 중에서 가장 큰 수를 소수로 나타내어 보세요.

83쪽 유형 11

1 3 5 9

( )

**20** 분모가 34인 진분수 중에서 약분이 되는 분수는 모두 몇 개인지 구해 보세요.

( )

점수

78~83쪽에서 같은 유형의 문제를 더 풀 수 있어요.

01 $\frac{10}{14}$과 크기가 같은 분수가 되도록 색칠하고, □ 안에 알맞은 수를 써넣으세요.

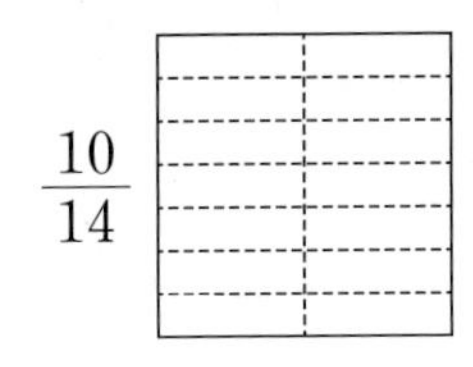
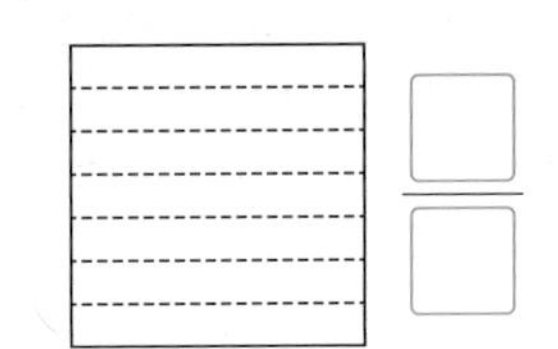

02 □ 안에 알맞은 수를 써넣으세요.

$$\frac{10}{25}=\frac{\square}{5}$$

03 분수를 기약분수로 나타내려고 합니다. □ 안에 알맞은 수를 써넣으세요.

$$\frac{28}{49}=\frac{28\div\square}{49\div\square}=\frac{\square}{\square}$$

04 $\frac{2}{3}$와 크기가 같은 분수를 만들려고 합니다. 잘못 만든 것의 기호를 써 보세요.

㉠ $\frac{2\times6}{3\times6}$　㉡ $\frac{2+4}{3+4}$

(　　　　　　)

05 주어진 수를 공통분모로 하여 통분해 보세요.

$$\left(\frac{4}{15}, \frac{7}{20}\right) \rightarrow \left(\frac{\square}{60}, \frac{\square}{60}\right)$$

06 $\frac{3}{5}$과 크기가 같은 분수를 분모가 작은 것부터 차례대로 3개 써 보세요. (단, $\frac{3}{5}$은 제외합니다.)

(　　　　　　)

07 분수를 소수로 나타낸 것을 찾아 선으로 이어 보세요.

| $\frac{19}{25}$ | 0.95 |
|---|---|
| $\frac{19}{20}$ | 0.76 |

08 분수를 소수로 나타내어 $\frac{4}{5}$와 0.7의 크기를 비교하려고 합니다. □ 안에 알맞은 수를 써넣고, ○ 안에 >, =, <를 알맞게 써넣으세요.

$$\frac{4}{5}=\frac{\square}{10}=\square \rightarrow \frac{4}{5} \bigcirc 0.7$$

4 단원

09 더 큰 수에 ○표 해 보세요.

$\frac{2}{3}$ $\frac{7}{10}$

( ) ( )

10 $\frac{27}{45}$을 기약분수로 나타내었을 때 분모와 분자의 합을 구해 보세요.

( )

11 $\frac{3}{4}$과 $\frac{7}{18}$을 통분한 것을 모두 찾아 기호를 써 보세요.

㉠ $\left(\frac{21}{22}, \frac{11}{22}\right)$ ㉡ $\left(\frac{27}{36}, \frac{14}{36}\right)$
㉢ $\left(\frac{54}{72}, \frac{11}{72}\right)$ ㉣ $\left(\frac{54}{72}, \frac{28}{72}\right)$

( )

서술형

12 약분할 수 있는 분수는 모두 몇 개인지 풀이 과정을 쓰고 답을 구해 보세요.

$\frac{2}{8}$ $\frac{5}{9}$ $\frac{4}{15}$ $\frac{2}{7}$ $\frac{10}{18}$

풀이

답

AI가 뽑은 정답률 낮은 문제

13 유림이는 빨간색 구슬 20개와 파란색 구슬 16개를 가지고 있었습니다. 그중에서 친구에게 8개를 주었다면 유림이가 친구에게 준 구슬은 전체 구슬의 몇 분의 몇인지 기약분수로 나타내어 보세요.

78쪽 유형 2

( )

AI가 뽑은 정답률 낮은 문제

14 분모가 20인 진분수 중에서 기약분수는 모두 몇 개인지 구해 보세요.

79쪽 유형 4

( )

AI가 뽑은 정답률 낮은 문제

**15** 어떤 두 기약분수를 통분했더니 $\frac{13}{26}$과 $\frac{14}{26}$가 되었습니다. 통분하기 전의 두 기약분수를 각각 구해 보세요.

80쪽 유형 5

$(\square, \square) \rightarrow \left(\frac{13}{26}, \frac{14}{26}\right)$

AI가 뽑은 정답률 낮은 문제

**16** 분수와 소수의 크기를 비교하여 큰 수부터 차례대로 써 보세요.

80쪽 유형 6

$\frac{3}{8}$ 　 0.36 　 $\frac{11}{25}$

(　　　　　　　　)

AI가 뽑은 정답률 낮은 문제

**17** $\frac{1}{2}$보다 큰 분수를 모두 찾아 써 보세요.

82쪽 유형 9

$\frac{1}{3}$ 　 $\frac{7}{8}$ 　 $\frac{2}{5}$ 　 $\frac{10}{17}$

(　　　　　　　　)

**18** 수 카드 5장 중에서 2장을 골라 한 번씩만 사용하여 $\frac{6}{9}$과 크기가 같은 분수를 만들려고 합니다. 만들 수 있는 분수를 모두 구해 보세요.

2 　 3 　 7 　 12 　 18

(　　　　　　　　)

서술형

**19** □ 안에 들어갈 수 있는 소수 한 자리 수를 모두 구하려고 합니다. 풀이 과정을 쓰고 답을 구해 보세요.

$4\frac{1}{4} < \square < 4\frac{21}{50}$

풀이

답

AI가 뽑은 정답률 낮은 문제

**20** $\frac{6}{11}$의 분모에 44를 더하여 크기가 같은 분수를 만들려고 합니다. 분자에 얼마를 더해야 하는지 구해 보세요.

83쪽 유형 12

(　　　　　　　　)

1회 7번 3회 13번

## 유형 1 크기가 같은 분수 찾기

크기가 같은 분수끼리 짝 지은 것의 기호를 써 보세요.

㉠ $\left(\frac{5}{6}, \frac{20}{30}\right)$ ㉡ $\left(\frac{48}{66}, \frac{8}{11}\right)$

( )

Tip 크기가 같은 분수를 만들려면 분모와 분자에 0이 아닌 같은 수를 곱하거나 분모와 분자를 0이 아닌 같은 수로 나누어야 해요.

**1-1** 크기가 같은 분수끼리 짝 지은 것의 기호를 써 보세요.

㉠ $\left(\frac{2}{3}, \frac{18}{27}\right)$ ㉡ $\left(\frac{24}{30}, \frac{4}{7}\right)$

( )

**1-2** 크기가 같은 분수끼리 짝 지어지지 않은 것을 찾아 기호를 써 보세요.

㉠ $\left(\frac{3}{4}, \frac{12}{16}\right)$ ㉡ $\left(\frac{15}{35}, \frac{3}{7}\right)$ ㉢ $\left(\frac{5}{8}, \frac{15}{16}\right)$

( )

**1-3** $\frac{3}{5}$과 크기가 같은 분수 중에서 분모가 10보다 크고 25보다 작은 분수를 모두 구해 보세요.

( )

2회 12번 4회 13번

## 유형 2 기약분수로 나타내기

지우네 반 전체 학생 18명 중에서 남학생은 10명입니다. 남학생은 전체 학생의 몇 분의 몇인지 기약분수로 나타내어 보세요.

( )

Tip 먼저 $\frac{(\text{남학생 수})}{(\text{전체 학생 수})}$로 나타낸 다음 기약분수로 나타내요.

**2-1** 승우는 가지고 있던 구슬 40개 중에서 16개를 동생에게 주었습니다. 승우가 동생에게 준 구슬은 가지고 있던 전체 구슬의 몇 분의 몇인지 기약분수로 나타내어 보세요.

( )

**2-2** 민정이는 그림 카드 12장과 숫자 카드 9장을 가지고 있었습니다. 그중에서 14장을 알뜰 장터에 기부했다면 민정이가 기부한 카드는 전체 카드의 몇 분의 몇인지 기약분수로 나타내어 보세요.

( )

**2-3** 바둑돌이 60개 있습니다. 이 중에서 흰색 바둑돌은 28개일 때, 검은색 바둑돌은 전체 바둑돌의 몇 분의 몇인지 기약분수로 나타내어 보세요.

( )

1회 13번 3회 14번

## 유형 3 약분하기 전의 분수 구하기

어떤 분수의 분모와 분자를 각각 6으로 약분했더니 $\frac{4}{11}$가 되었습니다. 약분하기 전의 분수를 구해 보세요.

(　　　　　　　　　　)

**Tip** 분모와 분자를 각각 ●로 약분했을 때 $\frac{▲}{■}$가 되면 약분하기 전의 분수는 $\frac{▲\times●}{■\times●}$예요.

**3-1** 어떤 분수의 분모와 분자를 각각 8로 약분했더니 $\frac{5}{13}$가 되었습니다. 약분하기 전의 분수를 구해 보세요.

(　　　　　　　　　　)

**3-2** 분모가 45인 분수 중에서 약분하면 $\frac{7}{9}$이 되는 분수를 구해 보세요.

(　　　　　　　　　　)

**3-3** 분자가 20인 분수 중에서 약분하면 $\frac{5}{8}$가 되는 분수를 구해 보세요.

(　　　　　　　　　　)

2회 14번 4회 14번

## 유형 4 분모가 ■인 진분수 중에서 기약분수 구하기

분모가 8인 진분수 중에서 기약분수를 모두 구해 보세요.

(　　　　　　　　　　)

**Tip** 기약분수는 분모와 분자의 공약수가 1뿐인 분수예요.

**4-1** 분모가 10인 진분수 중에서 기약분수를 모두 구해 보세요.

(　　　　　　　　　　)

**4-2** 진분수 $\frac{\square}{15}$가 기약분수일 때, □ 안에 들어갈 수 있는 수를 모두 구해 보세요.

(　　　　　　　　　　)

**4-3** 분모가 18인 진분수 중에서 기약분수는 모두 몇 개인지 구해 보세요.

(　　　　　　　　　　)

2회 16번 4회 15번

## 유형 5 통분하기 전의 기약분수 구하기

어떤 두 기약분수를 통분했더니 $\frac{15}{50}$와 $\frac{10}{50}$이 되었습니다. 통분하기 전의 두 기약분수를 각각 구해 보세요.

$\left(\square, \square\right) \rightarrow \left(\frac{15}{50}, \frac{10}{50}\right)$

**Tip** 통분하기 전의 두 기약분수를 구하려면 각각의 분수를 분모와 분자의 최대공약수로 약분합니다.

**5-1** 어떤 두 기약분수를 통분했더니 $\frac{35}{56}$와 $\frac{24}{56}$가 되었습니다. 통분하기 전의 두 기약분수를 각각 구해 보세요.

$\left(\square, \square\right) \rightarrow \left(\frac{35}{56}, \frac{24}{56}\right)$

**5-2** 어떤 두 기약분수를 통분했더니 $\frac{18}{48}$과 $\frac{20}{48}$이 되었습니다. 통분하기 전의 두 기약분수를 각각 구해 보세요.

$\left(\square, \square\right) \rightarrow \left(\frac{18}{48}, \frac{20}{48}\right)$

**5-3** 어떤 두 기약분수를 통분했더니 $\frac{28}{70}$과 $\frac{15}{70}$가 되었습니다. 통분하기 전의 두 기약분수를 각각 구해 보세요.

$\left(\square, \square\right) \rightarrow \left(\frac{28}{70}, \frac{15}{70}\right)$

3회 16번 4회 16번

## 유형 6 여러 분수와 소수의 크기 비교하기

분수와 소수의 크기를 비교하여 가장 작은 수를 써 보세요.

$0.7 \quad \frac{4}{5} \quad \frac{3}{4}$

(　　　　　　)

**Tip** 분수를 소수로 나타내어 크기를 비교해요.

**6-1** 분수와 소수의 크기를 비교하여 가장 큰 수를 써 보세요.

$1\frac{1}{2} \quad 1.3 \quad 1\frac{14}{25}$

(　　　　　　)

**6-2** 분수와 소수의 크기를 비교하여 큰 수부터 차례대로 써 보세요.

$\frac{23}{50} \quad \frac{9}{20} \quad 0.58$

(　　　　　　)

**6-3** 분수와 소수의 크기를 비교하여 작은 수부터 차례대로 써 보세요.

$2\frac{1}{4} \quad 2.5 \quad 2\frac{7}{20} \quad 2.38$

(　　　　　　)

🔗 2회 18번

## 유형 7 조건에 맞는 분수 구하기

조건에 맞는 분수를 구해 보세요.

조건
- 분모와 분자의 합이 60입니다.
- 기약분수로 나타내면 $\frac{5}{7}$입니다.

(　　　　　　　　)

Tip 기약분수와 크기가 같은 분수 중에서 분모와 분자의 합이 60인 분수를 찾아요.

**7-1** 조건에 맞는 분수를 구해 보세요.

조건
- 분모와 분자의 차가 28입니다.
- 기약분수로 나타내면 $\frac{2}{9}$입니다.

(　　　　　　　　)

**7-2** 조건에 맞는 분수를 모두 구해 보세요.

조건
- 분모와 분자의 합이 40보다 크고 60보다 작습니다.
- 기약분수로 나타내면 $\frac{4}{5}$입니다.

(　　　　　　　　)

🔗 1회 18번

## 유형 8 □ 안에 들어갈 수 있는 수 구하기

1부터 9까지의 자연수 중에서 □ 안에 들어갈 수 있는 수를 모두 구해 보세요.

$$\frac{\square}{4} < \frac{7}{10}$$

(　　　　　　　　)

Tip 먼저 두 분수를 통분한 다음 분자의 크기를 비교해요.

**8-1** 1부터 9까지의 자연수 중에서 □ 안에 들어갈 수 있는 수를 모두 구해 보세요.

$$\frac{5}{8} > \frac{\square}{6}$$

(　　　　　　　　)

**8-2** □ 안에 들어갈 수 있는 자연수 중에서 가장 작은 수를 구해 보세요.

$$\frac{4}{9} < \frac{\square}{15}$$

(　　　　　　　　)

**8-3** 1부터 9까지의 자연수 중에서 □ 안에 들어갈 수 있는 수는 모두 몇 개인지 구해 보세요.

$$\frac{\square}{5} < 0.84$$

(　　　　　　　　)

4 단원

2회 19번 4회 17번

## 유형 9 $\frac{1}{2}$을 이용하여 분수의 크기 비교하기

$\frac{1}{2}$보다 작은 분수를 모두 찾아 써 보세요.

$\frac{4}{7}$ $\frac{5}{11}$ $\frac{13}{25}$ $\frac{7}{15}$

( )

Tip • (분자)×2>(분모) → $\frac{1}{2}$보다 큰 분수
• (분자)×2<(분모) → $\frac{1}{2}$보다 작은 분수

**9-1** $\frac{1}{2}$보다 큰 분수를 모두 찾아 써 보세요.

$\frac{11}{21}$ $\frac{6}{13}$ $\frac{8}{17}$ $\frac{5}{9}$

( )

**9-2** $\frac{1}{2}$보다 작은 분수는 모두 몇 개인지 구해 보세요.

$\frac{5}{8}$ $\frac{3}{10}$ $\frac{7}{15}$ $\frac{14}{27}$ $\frac{9}{19}$

( )

**9-3** $\frac{1}{2}$보다 크고 $\frac{7}{8}$보다 작은 분수를 모두 찾아 써 보세요.

$\frac{5}{12}$ $\frac{9}{16}$ $\frac{19}{20}$ $\frac{17}{32}$ $\frac{8}{9}$

( )

1회 20번 3회 18번

## 유형 10 범위에 알맞은 분수 구하기

$\frac{1}{2}$보다 크고 $\frac{3}{5}$보다 작은 분수 중에서 분모가 20인 분수를 구해 보세요.

( )

Tip 먼저 $\frac{1}{2}$과 $\frac{3}{5}$을 각각 분모가 20인 분수로 만든 다음 범위에 알맞은 분수를 구해요.

**10-1** $\frac{3}{4}$보다 크고 $\frac{5}{6}$보다 작은 분수 중에서 분모가 36인 분수를 모두 구해 보세요.

( )

**10-2** $\frac{5}{8}$보다 크고 $\frac{11}{12}$보다 작은 분수 중에서 분모가 24인 분수는 모두 몇 개인지 구해 보세요.

( )

**10-3** $\frac{2}{5}$보다 크고 $\frac{7}{10}$보다 작은 분수 중에서 분모가 20인 기약분수는 모두 몇 개인지 구해 보세요.

( )

3회 19번

## 유형 11 수 카드로 만든 분수를 소수로 나타내기

수 카드 4장 중에서 3장을 골라 한 번씩만 사용하여 대분수를 만들려고 합니다. 만들 수 있는 대분수 중에서 가장 큰 수를 소수로 나타내어 보세요.

2 3 4 6

( )

Tip 가장 큰 대분수를 만들려면 자연수 부분에 가장 큰 수를 놓고, 나머지 수 카드로 가장 큰 진분수를 만들어야 해요.

**11-1** 수 카드 4장 중에서 2장을 골라 한 번씩만 사용하여 진분수를 만들려고 합니다. 만들 수 있는 진분수 중에서 가장 큰 수를 소수로 나타내어 보세요.

1 3 5 8

( )

**11-2** 수 카드 4장 중에서 2장을 골라 한 번씩만 사용하여 진분수를 만들려고 합니다. 만들 수 있는 진분수 중에서 가장 큰 수를 소수로 나타내어 보세요.

1 4 5 9

( )

4회 20번

## 유형 12 크기가 같은 분수를 만들 때 더해야(빼야) 하는 수 구하기

$\frac{9}{14}$의 분모에 42를 더하여 크기가 같은 분수를 만들려고 합니다. 분자에 얼마를 더해야 하는지 구해 보세요.

( )

Tip 먼저 $\frac{9}{14}$와 크기가 같은 분수 중에서 분모가 $14+42=56$인 분수를 찾아요.

**12-1** $\frac{4}{9}$의 분자에 16을 더하여 크기가 같은 분수를 만들려고 합니다. 분모에 얼마를 더해야 하는지 구해 보세요.

( )

**12-2** $\frac{24}{30}$의 분자에서 16을 빼서 크기가 같은 분수를 만들려고 합니다. 분모에서 얼마를 빼야 하는지 구해 보세요.

( )

**12-3** $\frac{21}{36}$의 분모와 분자에 같은 수를 더하여 $\frac{5}{8}$와 크기가 같은 분수를 만들려고 합니다. 분모와 분자에 각각 얼마를 더해야 하는지 구해 보세요.

( )

4 단원

# 분수의 덧셈과 뺄셈



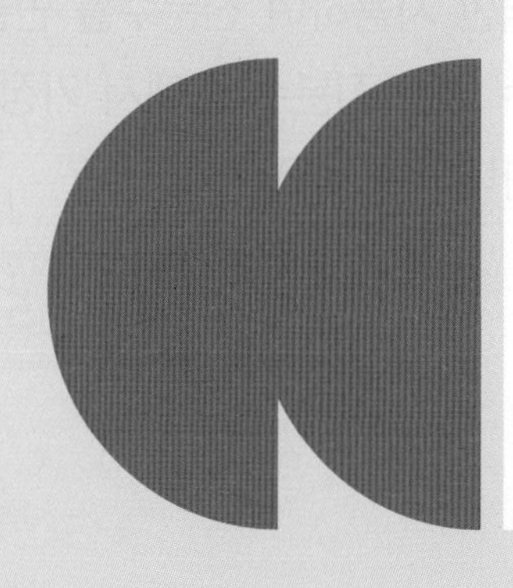

# 개념 정리 5단원 분수의 덧셈과 뺄셈

## 개념 1 진분수의 덧셈

◆ $\frac{2}{3}+\frac{7}{9}$의 계산

방법 1 분모의 곱을 공통분모로 하여 통분하기

$$\frac{2}{3}+\frac{7}{9}=\frac{2\times9}{3\times9}+\frac{7\times3}{9\times3}=\frac{18}{27}+\frac{21}{27}=\frac{39}{27}=1\frac{12}{27}=1\frac{4}{9}$$

방법 2 분모의 최소공배수를 공통분모로 하여 통분하기

$$\frac{2}{3}+\frac{7}{9}=\frac{2\times3}{3\times3}+\frac{7}{9}=\frac{6}{9}+\frac{7}{9}=\frac{13}{9}=1\frac{\square}{9}$$

## 개념 2 대분수의 덧셈

◆ $1\frac{1}{2}+1\frac{3}{5}$의 계산

방법 1 자연수는 자연수끼리, 분수는 분수끼리 계산하기

$$1\frac{1}{2}+1\frac{3}{5}=1\frac{5}{10}+1\frac{6}{10}=(1+1)+\left(\frac{5}{10}+\frac{6}{10}\right)=2+\frac{11}{10}=2+1\frac{1}{10}=\square\frac{1}{10}$$

방법 2 대분수를 가분수로 나타내어 계산하기

$$1\frac{1}{2}+1\frac{3}{5}=\frac{3}{2}+\frac{8}{5}=\frac{15}{10}+\frac{16}{10}=\frac{31}{10}=3\frac{1}{10}$$

## 개념 3 진분수의 뺄셈

◆ $\frac{3}{8}-\frac{1}{6}$의 계산

방법 1 분모의 곱을 공통분모로 하여 통분하기

$$\frac{3}{8}-\frac{1}{6}=\frac{3\times6}{8\times6}-\frac{1\times8}{6\times8}=\frac{18}{48}-\frac{8}{48}=\frac{10}{48}=\frac{5}{24}$$

방법 2 분모의 최소공배수를 공통분모로 하여 통분하기

$$\frac{3}{8}-\frac{1}{6}=\frac{3\times3}{8\times3}-\frac{1\times4}{6\times4}=\frac{9}{24}-\frac{4}{24}=\frac{\square}{24}$$

## 개념 4 대분수의 뺄셈

◆ $3\frac{1}{3}-1\frac{1}{2}$의 계산

방법 1 자연수는 자연수끼리, 분수는 분수끼리 계산하기

자연수에서 1만큼을 가분수로 바꾸기

$$3\frac{1}{3}-1\frac{1}{2}=3\frac{2}{6}-1\frac{3}{6}=2\frac{8}{6}-1\frac{3}{6}=(2-1)+\left(\frac{8}{6}-\frac{3}{6}\right)=1+\frac{5}{6}=1\frac{5}{6}$$

방법 2 대분수를 가분수로 나타내어 계산하기

$$3\frac{1}{3}-1\frac{1}{2}=\frac{10}{3}-\frac{3}{2}=\frac{20}{6}-\frac{9}{6}=\frac{11}{6}=1\frac{\square}{6}$$

정답 ❶ 4 ❷ 3 ❸ 5 ❹ 5

5 단원

점수

98~103쪽에서 같은 유형의 문제를 더 풀 수 있어요.

01 그림을 보고 □ 안에 알맞은 수를 써넣으세요.

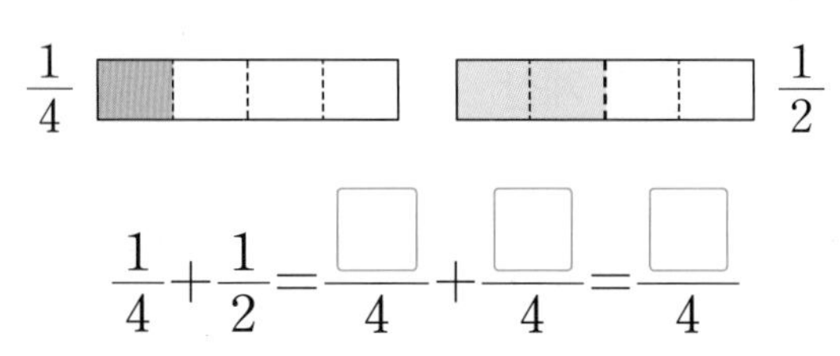

$\frac{1}{4}+\frac{1}{2}=\frac{\square}{4}+\frac{\square}{4}=\frac{\square}{4}$

02~03 $2\frac{4}{5}-1\frac{1}{4}$을 두 가지 방법으로 계산하려고 합니다. □ 안에 알맞은 수를 써넣으세요.

02 $2\frac{4}{5}-1\frac{1}{4}=2\frac{\square}{20}-1\frac{\square}{20}$

$=(2-1)+\left(\frac{\square}{20}-\frac{\square}{20}\right)$

$=1+\frac{\square}{20}=\square\frac{\square}{20}$

03 $2\frac{4}{5}-1\frac{1}{4}=\frac{\square}{5}-\frac{\square}{4}$

$=\frac{\square}{20}-\frac{\square}{20}=\frac{\square}{20}$

$=\square\frac{\square}{20}$

04 계산해 보세요.

$1\frac{5}{6}+2\frac{2}{3}$

05 $\frac{5}{9}-\frac{1}{4}$을 계산할 때 공통분모가 될 수 있는 수를 모두 찾아 ○표 해 보세요.

| 18 | 36 | 54 | 72 |
|---|---|---|---|

06 빈칸에 알맞은 수를 써넣으세요.

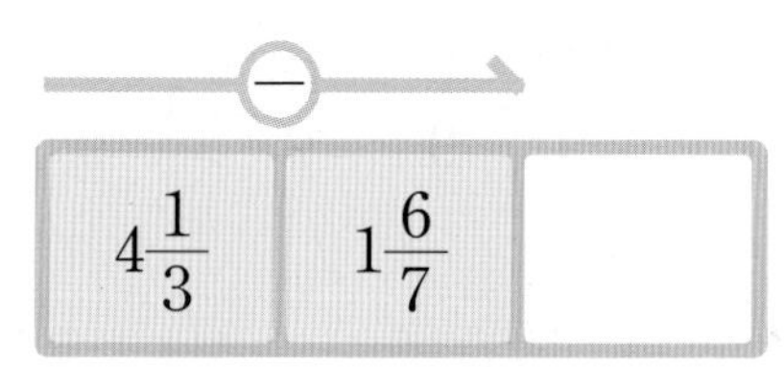

AI가 뽑은 정답률 낮은 문제

07 잘못 계산한 곳을 찾아 바르게 계산해 보세요.

98쪽 유형 1

$\frac{3}{4}+\frac{7}{10}=\frac{3\times5}{4\times5}+\frac{7\times2}{10\times2}$

$=\frac{15}{20}+\frac{14}{20}=\frac{29}{40}$

→ $\frac{3}{4}+\frac{7}{10}$ ______

08 다음이 나타내는 수를 구해 보세요.

$1\frac{1}{3}$보다 $3\frac{3}{8}$만큼 더 큰 수

( )

09 ☐ 안에 알맞은 수를 써넣으세요.

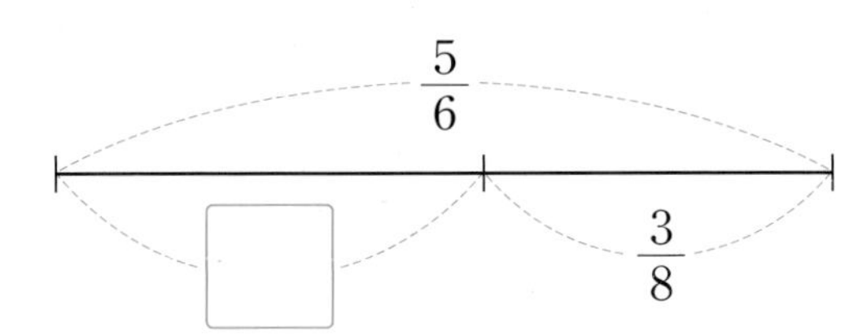


10 계산 결과가 대분수인 것에 ○표 해 보세요.

$4\frac{9}{14}-3\frac{3}{7}$    $5\frac{1}{2}-4\frac{5}{9}$

( ) ( )

AI가 뽑은 정답률 낮은 문제

11 빈칸에 알맞은 수를 써넣으세요.

99쪽 유형 3

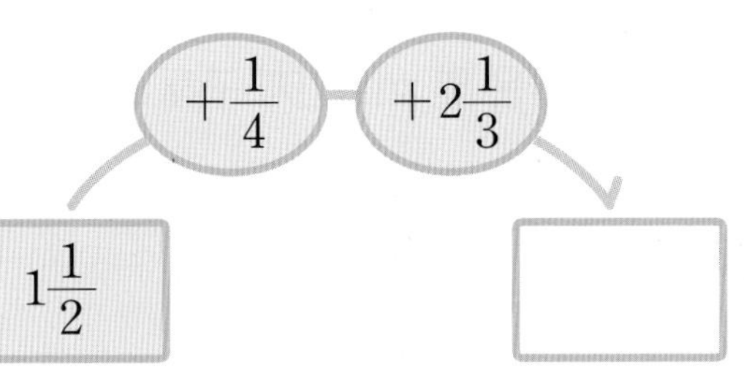


서술형

12 계산 결과가 1보다 큰 것의 기호를 쓰려고 합니다. 풀이 과정을 쓰고 답을 구해 보세요.

㉠ $\frac{5}{16}+\frac{1}{4}$    ㉡ $\frac{5}{8}+\frac{5}{12}$

풀이

답

13 승우는 찰흙 $\frac{7}{10}$ kg 중에서 $\frac{8}{15}$ kg을 사용했습니다. 사용하고 남은 찰흙은 몇 kg인지 구해 보세요.

( )

14 철사를 서현이는 $1\frac{2}{5}$ m, 재준이는 $1\frac{2}{3}$ m 사용했습니다. 서현이와 재준이가 사용한 철사는 모두 몇 m인지 구해 보세요.

( )

5 단원

서술형

**15** 건영이는 밤을 $\frac{9}{10}$ kg 주웠고, 여진이는 건영이보다 $\frac{3}{8}$ kg 더 적게 주웠습니다. 건영이와 여진이가 주운 밤은 모두 몇 kg인지 풀이 과정을 쓰고 답을 구해 보세요.

풀이

답

AI가 뽑은 정답률 낮은 문제

**16** 100쪽 유형 5

□ 안에 들어갈 수 있는 가장 작은 자연수를 구해 보세요.

$3\frac{7}{10}+2\frac{3}{5}<\square$

(　　　　　　　)

**17** 집에서 학교까지 바로 가는 길은 집에서 문구점을 거쳐 학교까지 가는 길보다 몇 km 더 가까운지 구해 보세요.

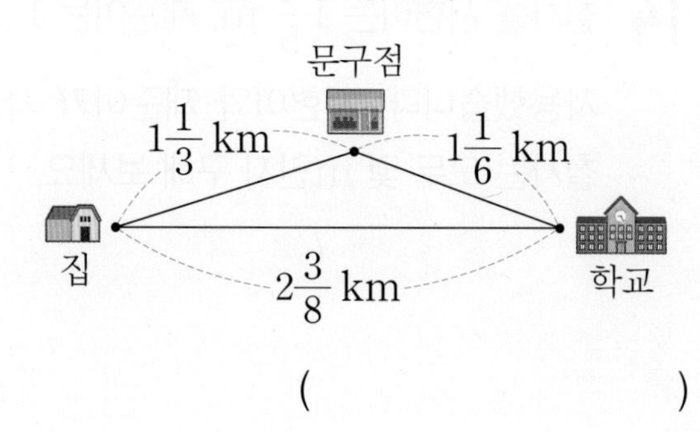


(　　　　　　　)

AI가 뽑은 정답률 낮은 문제

**18** 101쪽 유형 8

수 카드 3장을 한 번씩만 사용하여 만들 수 있는 가장 큰 대분수와 가장 작은 대분수의 차를 구해 보세요.

1　5　8

(　　　　　　　)

**19** 다음과 같이 약속할 때, $\frac{5}{6}★\frac{3}{7}$을 계산해 보세요.

가★나=가−나+$1\frac{1}{3}$

(　　　　　　　)

AI가 뽑은 정답률 낮은 문제

**20** 102쪽 유형 10

수연이는 물 한 병을 사서 오전에는 전체의 $\frac{3}{4}$만큼 마셨고, 오후에는 전체의 $\frac{2}{9}$만큼 마셨습니다. 남은 물이 25 mL라면 처음에 있던 물은 몇 mL인지 구해 보세요.

(　　　　　　　)

점수

98~103쪽에서 같은 유형의 문제를 더 풀 수 있어요.

01 그림을 보고 □ 안에 알맞은 수를 써넣으세요.

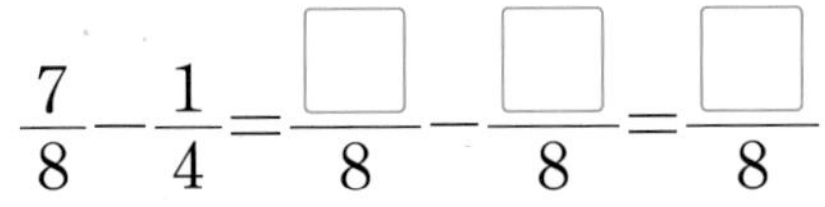

$\frac{7}{8}-\frac{1}{4}=\frac{\square}{8}-\frac{\square}{8}=\frac{\square}{8}$

02~03 □ 안에 알맞은 수를 써넣으세요.

02 $\frac{3}{5}+\frac{2}{3}=\frac{\square}{15}+\frac{\square}{15}$
$=\frac{\square}{15}=\square\frac{\square}{15}$

03 $2\frac{1}{6}-1\frac{1}{2}=2\frac{1}{6}-1\frac{\square}{6}$
$=1\frac{\square}{6}-1\frac{\square}{6}$
$=\frac{\square}{6}=\frac{\square}{3}$

04 계산해 보세요.

$3\frac{8}{15}-2\frac{1}{5}$

05 분모의 최소공배수를 공통분모로 하여 통분하는 방법으로 계산해 보세요.

$\frac{3}{10}+\frac{1}{6}$ ______

______

06 두 수의 합을 구해 보세요.

$2\frac{5}{12}$ $2\frac{5}{8}$

( )

07 빈칸에 알맞은 수를 써넣으세요.

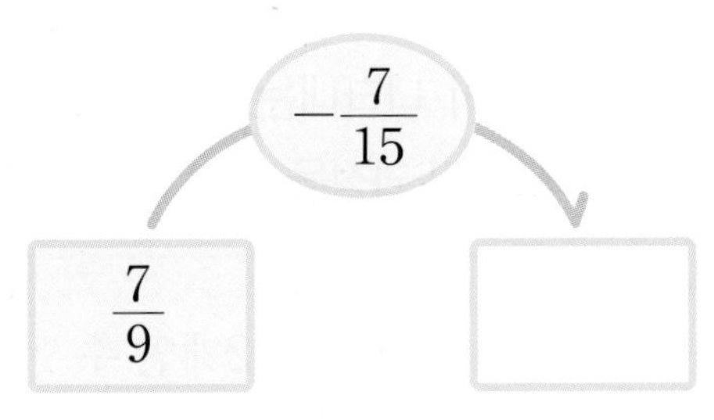


08 계산 결과를 찾아 선으로 이어 보세요.

| | |
|---|---|
| $2\frac{4}{9}+1\frac{1}{2}$ | $3\frac{1}{18}$ |
| $4\frac{2}{9}-1\frac{1}{6}$ | $3\frac{11}{18}$ |
| | $3\frac{17}{18}$ |

5 단원

AI가 뽑은 정답률 낮은 문제

09 계산 결과의 크기를 비교하여 ○ 안에 $>$, $=$, $<$를 알맞게 써넣으세요.

98쪽 유형 2

$$\frac{2}{5}+\frac{1}{3} \bigcirc \frac{4}{5}-\frac{4}{15}$$

10 바르게 계산한 것에 ○표 해 보세요.

$1\frac{6}{7}+2\frac{4}{21}=3\frac{1}{21}$ (      )

$5\frac{1}{4}-3\frac{5}{6}=1\frac{5}{12}$ (      )

서술형

11 ㉠과 ㉡이 나타내는 수의 합을 구하려고 합니다. 풀이 과정을 쓰고 답을 구해 보세요.

㉠ $\frac{1}{3}$이 2개인 수

㉡ $\frac{1}{7}$이 6개인 수

풀이

답

12 케이크를 만드는 데 같은 컵으로 밀가루는 $\frac{5}{8}$컵, 설탕은 $\frac{4}{5}$컵 사용했습니다. 사용한 밀가루와 설탕은 모두 몇 컵인지 구해 보세요.

(      )

13 하루 동안 물을 미연이는 $1\frac{7}{10}$ L 마셨고, 동생은 $1\frac{1}{4}$ L 마셨습니다. 하루 동안 미연이는 동생보다 물을 몇 L 더 많이 마셨는지 구해 보세요.

(      )

14 두 막대의 길이의 합을 구해 보세요.

$4\frac{11}{18}$ m

$3\frac{1}{3}$ m

(      )

AI가 뽑은 정답률 낮은 문제

**15** □ 안에 알맞은 수를 구해 보세요.

99쪽 유형 4

$\square + 3\frac{13}{16} = 6\frac{1}{12}$

(　　　　　　　　　)

**16** 삼각형의 세 변의 길이의 합은 몇 cm인지 구해 보세요.

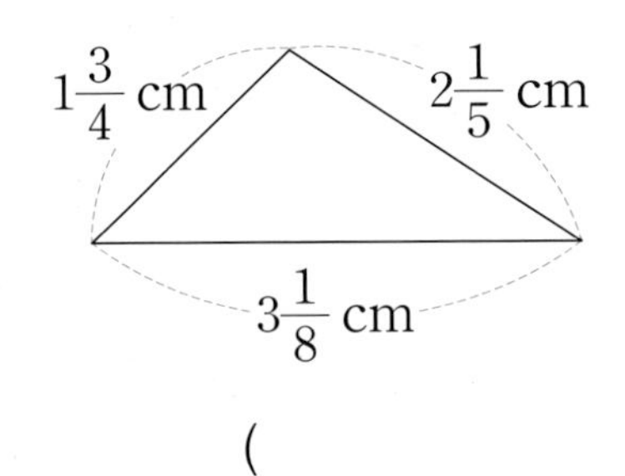


(　　　　　　　　　)

AI가 뽑은 정답률 낮은 문제 　서술형

**17** 세 수 중에서 두 수를 골라 차를 구하려고 합니다. 차가 가장 클 때의 값은 얼마인지 풀이 과정을 쓰고 답을 구해 보세요.

100쪽 유형 6

$3\frac{1}{2}$　$1\frac{2}{15}$　$3\frac{1}{3}$

풀이

답

AI가 뽑은 정답률 낮은 문제

**18** 길이가 $2\frac{1}{6}$ m인 색 테이프 2장을 $\frac{4}{5}$ m가 겹치게 이어 붙였습니다. 이어 붙인 색 테이프의 전체 길이는 몇 m인지 구해 보세요.

102쪽 유형 9

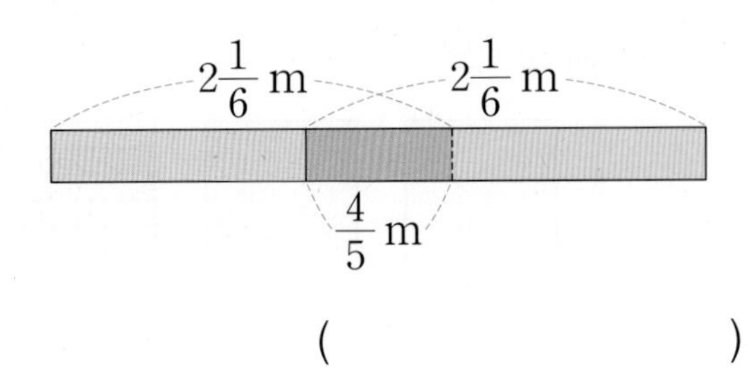


(　　　　　　　　　)

**19** 분수를 규칙에 따라 늘어놓았습니다. 일곱째 분수와 여덟째 분수의 합을 구해 보세요.

$\frac{1}{2}, \frac{2}{3}, \frac{3}{4}, \frac{4}{5}, \frac{5}{6}$……

(　　　　　　　　　)

AI가 뽑은 정답률 낮은 문제

**20** 무게가 같은 사과 3개의 무게를 재었더니 $\frac{4}{5}$ kg이었습니다. 같은 사과 9개가 들어 있는 바구니의 무게가 $2\frac{7}{8}$ kg이라면 빈 바구니의 무게는 몇 kg인지 구해 보세요.

103쪽 유형 11

(　　　　　　　　　)

점수

98~103쪽에서 같은 유형의 문제를 더 풀 수 있어요.

**01** $1\frac{5}{12}$만큼 ×로 지우고, $2\frac{5}{6}-1\frac{5}{12}$를 계산해 보세요.

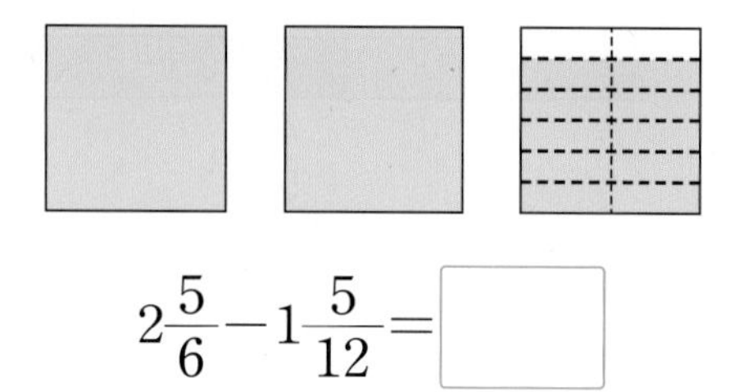

$2\frac{5}{6}-1\frac{5}{12}=$ □

**02** □ 안에 알맞은 수를 써넣으세요.

$\frac{1}{3}+\frac{3}{8}=\frac{□}{24}+\frac{□}{24}=\frac{□}{24}$

**03~04** 계산해 보세요.

**03** $\frac{7}{10}+\frac{5}{6}$

**04** $5\frac{2}{5}-2\frac{3}{4}$

**05** 보기와 같은 방법으로 계산해 보세요.

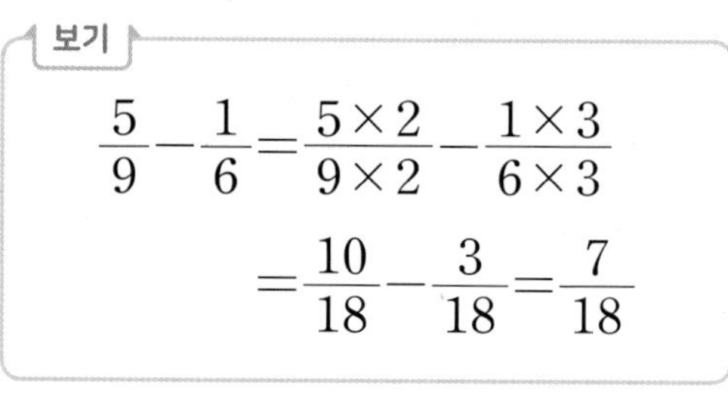


$\frac{14}{15}-\frac{5}{6}$ ________________

________________

**06** 빈칸에 두 수의 차를 써넣으세요.

| $1\frac{3}{4}$ | $3\frac{4}{5}$ |
|---|---|
| | |

**07** 대분수를 찾아 합을 구해 보세요.

$2\frac{3}{10}$ $\frac{11}{8}$ $2\frac{4}{15}$

(                )

**08** □ 안에 알맞은 수를 써넣으세요.

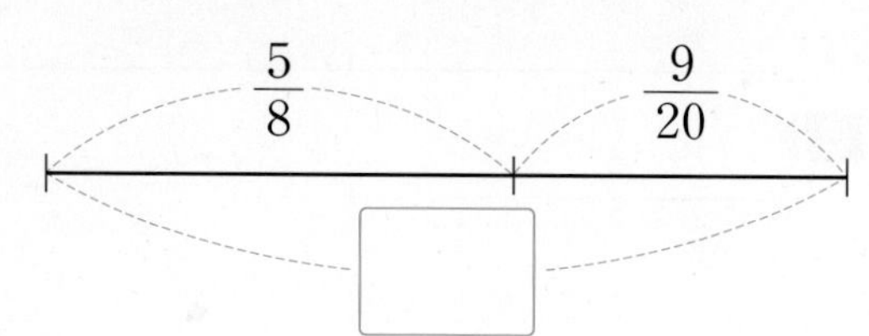

09 ◯ 안에 >, =, <를 알맞게 써넣으세요.

$$\frac{11}{15}-\frac{4}{9} \bigcirc \frac{14}{45}$$

AI가 뽑은 정답률 낮은 문제

10 계산해 보세요.

99쪽 유형 3

$$3\frac{3}{7}-1\frac{1}{4}+2\frac{1}{2}$$

(　　　　　　　　)

AI가 뽑은 정답률 낮은 문제

11 잘못 계산한 곳을 찾아 이유를 쓰고 바르게 계산해 보세요.

98쪽 유형 1

$$5\frac{1}{9}-2\frac{1}{3}=\frac{51}{9}-\frac{7}{3}=\frac{51}{9}-\frac{21}{9}$$
$$=\frac{30}{9}=3\frac{3}{9}=3\frac{1}{3}$$

이유

→ $5\frac{1}{9}-2\frac{1}{3}$

12 물이 $\frac{19}{20}$ L 들어 있는 물통에서 물을 $\frac{1}{5}$ L 사용했습니다. 물통에 남은 물의 양은 몇 L인지 구해 보세요.

(　　　　　　　　)

13 책상의 무게는 $5\frac{7}{9}$ kg이고, 의자의 무게는 책상의 무게보다 $2\frac{1}{6}$ kg 더 가볍습니다. 의자의 무게는 몇 kg인지 구해 보세요.

(　　　　　　　　)

14 직사각형의 가로와 세로의 길이의 합은 몇 cm인지 구해 보세요.

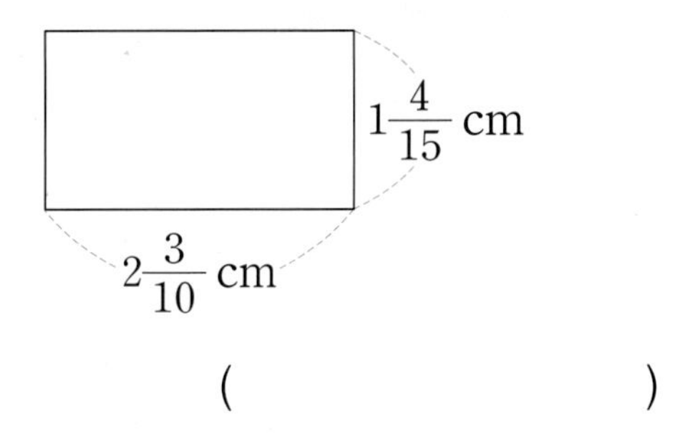


(　　　　　　　　)

AI가 뽑은 정답률 낮은 문제

**15** □ 안에 들어갈 수 있는 자연수는 모두 몇 개인지 구해 보세요.

100쪽 유형 5

$$\frac{\square}{6}<\frac{4}{9}+\frac{1}{2}$$

(　　　　　　　　)

**16** 미술 시간에 유진이는 노란색 끈 $3\frac{5}{6}$ m와 초록색 끈 $1\frac{1}{10}$ m를 사용했고, 선우는 노란색 끈 $2\frac{2}{5}$ m와 초록색 끈 $2\frac{2}{3}$ m를 사용했습니다. 누가 끈을 몇 m 더 많이 사용했는지 구해 보세요.

(　　　　　　,　　　　　　)

AI가 뽑은 정답률 낮은 문제

**17** 수 카드 3장을 한 번씩만 사용하여 만들 수 있는 가장 큰 대분수와 가장 작은 대분수의 합을 구하려고 합니다. 풀이 과정을 쓰고 답을 구해 보세요.

101쪽 유형 8

풀이 ▶

답 ▶

AI가 뽑은 정답률 낮은 문제

**18** 어떤 수에서 $2\frac{2}{3}$를 빼야 할 것을 잘못하여 어떤 수에 $2\frac{2}{3}$를 더했더니 $5\frac{5}{9}$가 되었습니다. 바르게 계산한 값을 구해 보세요.

99쪽 유형 4

(　　　　　　　　)

**19** $\frac{14}{45}$를 서로 다른 두 단위분수의 합으로 나타내어 보세요.

$$\frac{14}{45}=\square+\square$$

AI가 뽑은 정답률 낮은 문제

**20** 준혁이는 줄넘기를 오후 4시에 시작하여 $\frac{5}{12}$시간 동안 줄넘기한 다음 10분을 쉬고 다시 $\frac{1}{4}$시간 동안 줄넘기했습니다. 준혁이가 줄넘기를 마친 시각은 오후 몇 시 몇 분인지 구해 보세요.

101쪽 유형 7

(　　　　　　　　)

점수

# AI 가 추천한 단원 평가 4회

98~103쪽에서 같은 유형의 문제를 더 풀 수 있어요.

**01~02** $\frac{3}{8}+\frac{9}{10}$를 두 가지 방법으로 계산하려고 합니다. □ 안에 알맞은 수를 써넣으세요.

**01** $\frac{3}{8}+\frac{9}{10}=\frac{\square}{80}+\frac{\square}{80}=\frac{\square}{80}$

$=\square\frac{\square}{80}=\square\frac{\square}{40}$

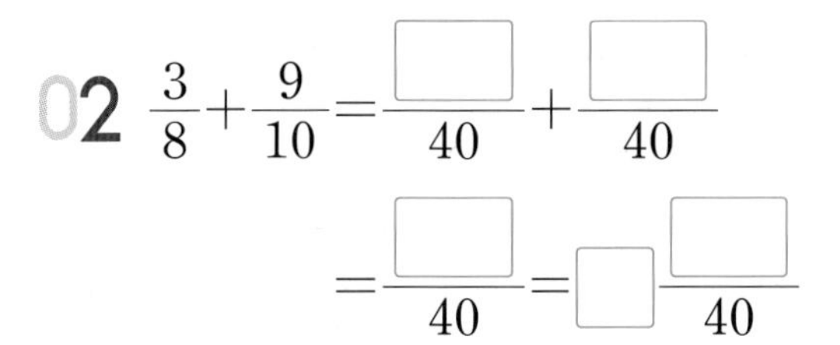

**02** $\frac{3}{8}+\frac{9}{10}=\frac{\square}{40}+\frac{\square}{40}$

$=\frac{\square}{40}=\square\frac{\square}{40}$

**03~04** 계산해 보세요.

**03** $\frac{8}{9}-\frac{5}{6}$

**04** $2\frac{1}{2}+1\frac{7}{8}$

**05** 왼쪽 식의 계산 결과에 ○표 해 보세요.

| $\frac{3}{5}-\frac{3}{7}$ | $\frac{6}{35}$ $\frac{9}{35}$ |
|---|---|

**06** 분모의 곱을 공통분모로 하여 통분하는 방법으로 계산해 보세요.

$\frac{1}{10}+\frac{4}{7}$ ________________

**07** 두 수의 차를 구해 보세요.

$4\frac{5}{9}$ $1\frac{1}{3}$

(　　　　　)

**08** 빈칸에 알맞은 수를 써넣으세요.

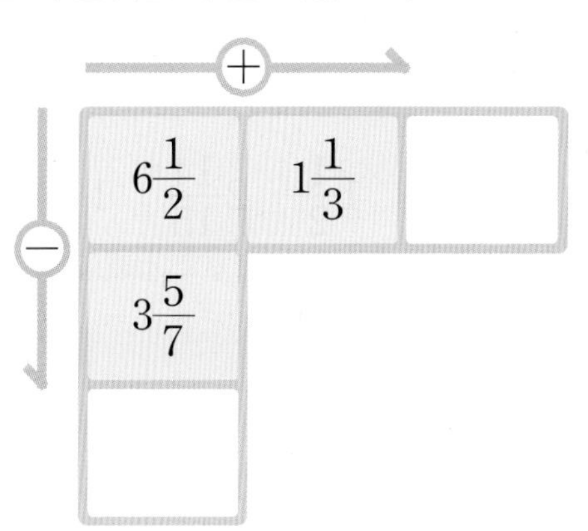


5 단원

**09** 다음이 나타내는 수보다 $\frac{10}{27}$ 더 작은 수를 구해 보세요.

$\frac{1}{9}$이 7개인 수

(　　　　　　　　)

서술형

**10** $3\frac{1}{6}-1\frac{8}{9}$을 서로 다른 두 가지 방법으로 계산해 보세요.

방법1

방법2

**11** 가장 큰 분수와 가장 작은 분수의 합을 구해 보세요.

$1\frac{1}{2}$　$2\frac{14}{15}$　$1\frac{3}{4}$

(　　　　　　　　)

**12** 서진이는 흰색 페인트 $\frac{2}{3}$ L와 빨간색 페인트 $\frac{4}{5}$ L를 섞어서 분홍색 페인트를 만들었습니다. 서진이가 만든 분홍색 페인트는 몇 L인지 구해 보세요.

(　　　　　　　　)

**13** 집에서 병원까지의 거리는 집에서 시장까지의 거리보다 몇 km 더 먼지 구해 보세요.

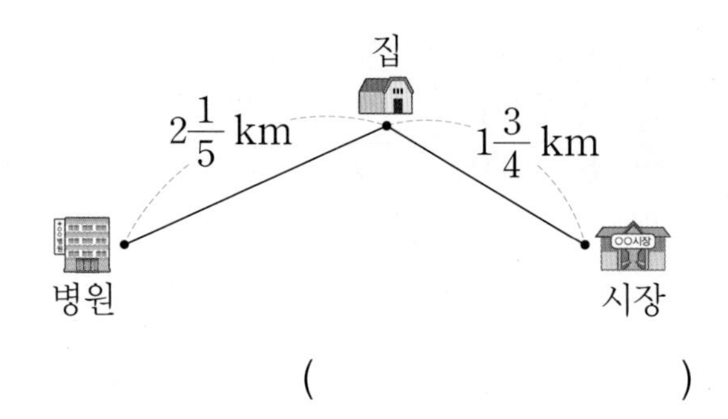


(　　　　　　　　)

AI가 뽑은 정답률 낮은 문제

**14** 계산 결과의 크기가 가장 큰 것을 찾아 기호를 써 보세요.

98쪽 유형 2

㉠ $3\frac{2}{5}+2\frac{2}{15}$　㉡ $7\frac{1}{9}-1\frac{5}{6}$

㉢ $1\frac{3}{4}+4\frac{3}{5}$　㉣ $8\frac{5}{7}-2\frac{1}{8}$

(　　　　　　　　)

AI가 뽑은 정답률 낮은 문제

**15** □ 안에 들어갈 수 있는 자연수는 모두 몇 개인지 구해 보세요.

100쪽 유형 5

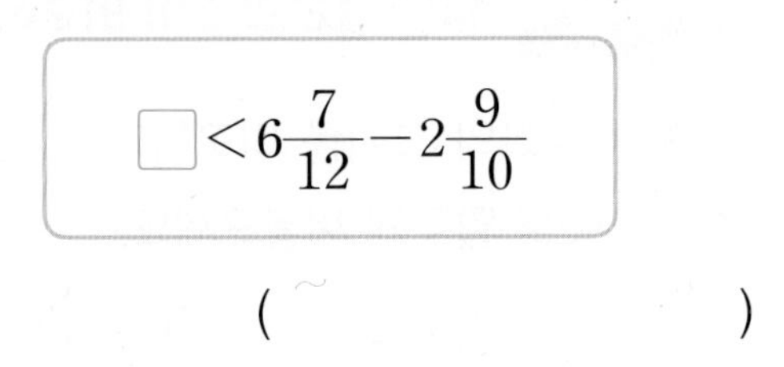


(　　　　　　　)

서술형

**16** 우유 한 병을 사서 정아는 전체의 $\frac{3}{8}$을 마셨고, 동생은 전체의 $\frac{1}{6}$을 마셨습니다. 정아와 동생이 마시고 남은 우유는 전체의 얼마인지 풀이 과정을 쓰고 답을 구해 보세요.

풀이

답

**17** ㉠에 알맞은 수를 구해 보세요.

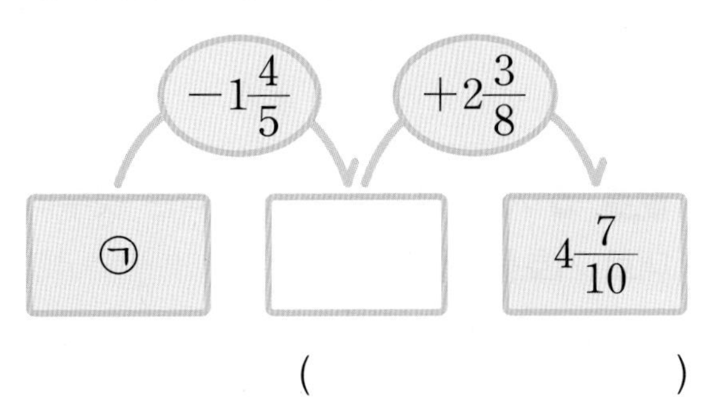


(　　　　　　　)

**18** 다음 이등변삼각형의 세 변의 길이의 합은 몇 cm인지 구해 보세요.

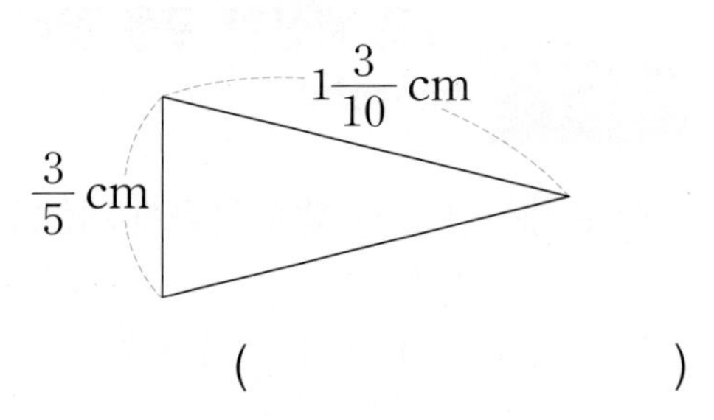


(　　　　　　　)

AI가 뽑은 정답률 낮은 문제

**19** 길이가 $1\frac{7}{8}$ m인 색 테이프 2장을 겹치게 이어 붙였더니 전체 길이가 $3\frac{7}{12}$ m가 되었습니다. 겹쳐진 부분의 길이는 몇 m인지 구해 보세요.

102쪽 유형 9

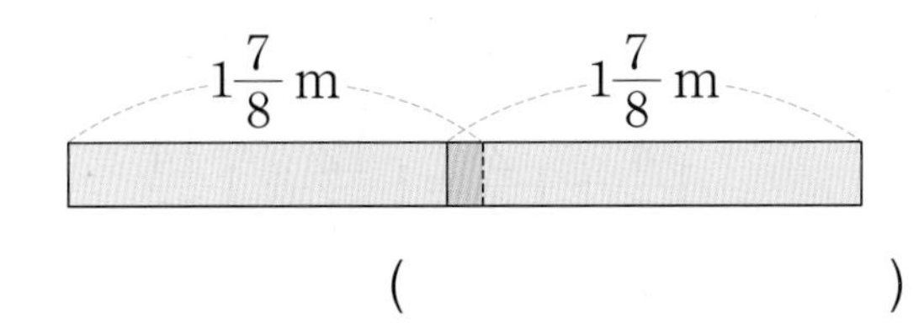


(　　　　　　　)

AI가 뽑은 정답률 낮은 문제

**20** 어떤 일을 하는 데 하루 동안 은재는 전체의 $\frac{1}{8}$만큼, 승민이는 전체의 $\frac{1}{24}$만큼 일을 합니다. 이 일을 은재와 승민이가 함께 한다면 일을 끝내는 데 며칠이 걸리는지 구해 보세요.

103쪽 유형 12

(　　　　　　　)

1회 7번 3회 11번

## 유형 1 잘못 계산한 곳을 찾아 바르게 계산하기

잘못 계산한 곳을 찾아 바르게 계산해 보세요.

$$\frac{1}{6}+\frac{1}{3}=\frac{1}{6}+\frac{1\times1}{3\times2}$$
$$=\frac{1}{6}+\frac{1}{6}=\frac{2}{6}=\frac{1}{3}$$

→ $\frac{1}{6}+\frac{1}{3}$ ______

Tip 분수를 통분할 때에는 분모와 분자에 같은 수를 곱해야 해요.

**1-1** 잘못 계산한 곳을 찾아 바르게 계산해 보세요.

$$1\frac{4}{7}+1\frac{2}{3}=1\frac{12}{21}+1\frac{14}{21}$$
$$=2\frac{26}{21}=2\frac{5}{21}$$

→ $1\frac{4}{7}+1\frac{2}{3}$ ______

**1-2** 잘못 계산한 곳을 찾아 바르게 계산해 보세요.

$$3\frac{2}{5}-1\frac{3}{4}=3\frac{8}{20}-1\frac{15}{20}$$
$$=3\frac{28}{20}-1\frac{15}{20}=2\frac{13}{20}$$

→ $3\frac{2}{5}-1\frac{3}{4}$ ______

______

2회 9번 4회 14번

## 유형 2 계산 결과의 크기 비교하기

계산 결과의 크기를 비교하여 ○ 안에 >, =, <를 알맞게 써넣으세요.

$$\frac{3}{4}+\frac{2}{3} \bigcirc \frac{5}{6}+\frac{11}{12}$$

Tip 각각의 계산 결과를 구한 다음 크기를 비교해요.

**2-1** 계산 결과의 크기를 비교하여 ○ 안에 >, =, <를 알맞게 써넣으세요.

$$\frac{4}{5}-\frac{4}{15} \bigcirc \frac{9}{10}-\frac{5}{6}$$

**2-2** 계산 결과의 크기가 더 큰 것의 기호를 써 보세요.

㉠ $1\frac{7}{9}+3\frac{1}{2}$ ㉡ $5\frac{5}{6}-1\frac{4}{9}$

( )

**2-3** 계산 결과의 크기가 작은 것부터 차례대로 기호를 써 보세요.

㉠ $3\frac{7}{10}-1\frac{3}{4}$ ㉡ $1\frac{3}{8}+1\frac{17}{20}$

㉢ $4\frac{5}{8}-2\frac{3}{10}$ ㉣ $1\frac{1}{5}+1\frac{1}{4}$

( )

1회 11번 3회 10번

## 유형 3 세 분수의 계산

계산해 보세요.

$$\frac{3}{10}+\frac{1}{4}+\frac{1}{2}$$

(  )

Tip 세 분수의 덧셈과 뺄셈은 앞에서부터 차례대로 계산해요.

**3-1** 계산해 보세요.

$$\frac{5}{6}-\frac{5}{18}-\frac{1}{3}$$

(  )

**3-2** 빈칸에 알맞은 수를 써넣으세요.

$2\frac{2}{5}$ → $+1\frac{1}{2}$ → $-1\frac{1}{3}$ → □

**3-3** 가장 큰 수에서 나머지 두 수를 뺀 값을 구해 보세요.

$1\frac{2}{5}$ $4\frac{3}{4}$ $1\frac{1}{10}$

(  )

2회 15번 3회 18번

## 유형 4 어떤 수 구하기

□ 안에 알맞은 수를 구해 보세요.

$$4\frac{5}{8}-\square=1\frac{1}{4}$$

(  )

Tip 덧셈과 뺄셈의 관계를 이용하여 어떤 수를 구해요.

**4-1** □ 안에 알맞은 수를 구해 보세요.

$$\square-\frac{3}{7}=\frac{3}{4}$$

(  )

**4-2** 어떤 수에 $1\frac{1}{9}$을 더했더니 $3\frac{5}{12}$가 되었습니다. 어떤 수를 구해 보세요.

(  )

**4-3** $4\frac{2}{5}$에 어떤 수를 더해야 할 것을 잘못하여 $4\frac{2}{5}$에서 어떤 수를 뺐더니 $1\frac{7}{15}$이 되었습니다. 바르게 계산한 값을 구해 보세요.

(  )

5 단원

1회 16번 3회 15번 4회 15번

## 유형 5 □ 안에 들어갈 수 있는 자연수 구하기

□ 안에 들어갈 수 있는 가장 작은 자연수를 구해 보세요.

$$1\frac{7}{12}+2\frac{5}{8}<\square$$

( )

Tip 먼저 $1\frac{7}{12}+2\frac{5}{8}$를 계산하여 식을 간단하게 만들어요.

**5-1** □ 안에 들어갈 수 있는 가장 큰 자연수를 구해 보세요.

$$6\frac{2}{3}-2\frac{3}{7}>\square$$

( )

**5-2** □ 안에 들어갈 수 있는 자연수를 모두 구해 보세요.

$$\square<1\frac{5}{6}+1\frac{3}{4}$$

( )

**5-3** □ 안에 들어갈 수 있는 자연수는 모두 몇 개인지 구해 보세요.

$$\frac{1}{6}+\frac{3}{4}<\square<7\frac{5}{9}-2\frac{3}{5}$$

( )

2회 17번

## 유형 6 합 또는 차가 가장 큰 식을 만들고, 계산하기

세 수 중에서 두 수를 골라 차가 가장 큰 뺄셈식을 만들고, 계산해 보세요.

$$4\frac{9}{10} \quad 3\frac{2}{3} \quad 2\frac{5}{6}$$

$\square - \square = \square$

Tip 차가 가장 큰 뺄셈식을 만들려면 가장 큰 수에서 가장 작은 수를 빼야 해요.

**6-1** 세 수 중에서 두 수를 골라 합이 가장 큰 덧셈식을 만들고, 계산해 보세요.

$$5\frac{3}{8} \quad 1\frac{4}{5} \quad 3\frac{2}{7}$$

**6-2** 세 수 중에서 두 수를 골라 차가 가장 큰 뺄셈식을 만들고, 계산해 보세요.

$$3\frac{1}{4} \quad 3\frac{2}{5} \quad 4\frac{5}{7}$$

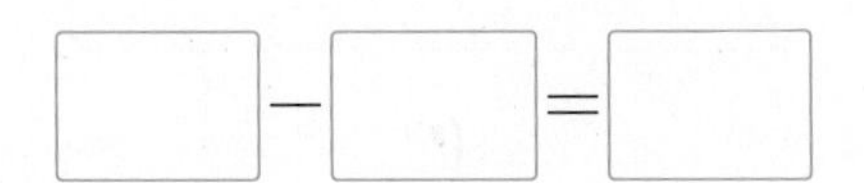

3회 20번

## 유형 7 분수를 이용하여 시간 구하기

연주는 오늘 운동을 오전에 $\frac{3}{4}$시간 동안 했고, 오후에 $\frac{7}{12}$시간 동안 했습니다. 연주가 오늘 운동한 시간은 몇 시간 몇 분인지 구해 보세요.

(　　　　　　　　　)

Tip 60분=1시간 → ■분=$\frac{■}{60}$시간

**7-1** 수학 공부를 민주는 $2\frac{1}{4}$시간 동안 했고, 성우는 $1\frac{3}{5}$시간 동안 했습니다. 민주는 성우보다 수학 공부를 몇 분 더 오래 했는지 구해 보세요.

(　　　　　　　　　)

**7-2** 주호와 서아가 달리기를 했습니다. 주호의 기록은 $7\frac{7}{10}$분, 서아의 기록은 $7\frac{8}{15}$분입니다. 달리기 기록은 누가 몇 초 더 빠른지 구해 보세요.

(　　　　　,　　　　　)

**7-3** 영아는 할머니 댁에 가는 데 $2\frac{2}{3}$시간 동안 기차를 탄 다음 10분을 기다린 후 $\frac{1}{4}$시간 동안 버스를 타서 도착했습니다. 영아가 할머니 댁에 가는 데 걸린 시간은 모두 몇 시간 몇 분인지 구해 보세요.

(　　　　　　　　　)

1회 18번 3회 17번

## 유형 8 수 카드로 만든 분수의 합 또는 차 구하기

수 카드 3장을 한 번씩만 사용하여 만들 수 있는 가장 큰 대분수와 가장 작은 대분수의 합을 구해 보세요.

1 3 7

(　　　　　　　　　)

Tip ■>●>▲일 때
가장 큰 대분수: ■$\frac{▲}{●}$, 가장 작은 대분수: ▲$\frac{●}{■}$

**8-1** 수 카드 3장을 한 번씩만 사용하여 만들 수 있는 가장 큰 대분수와 가장 작은 대분수의 차를 구해 보세요.

2 5 6

(　　　　　　　　　)

**8-2** 수 카드 4장 중에서 3장을 골라 한 번씩만 사용하여 만들 수 있는 가장 큰 대분수와 가장 작은 대분수의 합을 구해 보세요.

2 4 7 9

(　　　　　　　　　)

**8-3** 수 카드 4장 중에서 3장을 골라 한 번씩만 사용하여 만들 수 있는 가장 큰 대분수와 가장 작은 대분수의 차를 구해 보세요.

1 3 5 8

(　　　　　　　　　)

2회 18번 4회 19번

## 유형 9 이어 붙인 색 테이프의 전체 길이 구하기

길이가 $\frac{4}{5}$ m인 색 테이프 2장을 $\frac{3}{10}$ m가 겹치게 이어 붙였습니다. 이어 붙인 색 테이프의 전체 길이는 몇 m인지 구해 보세요.

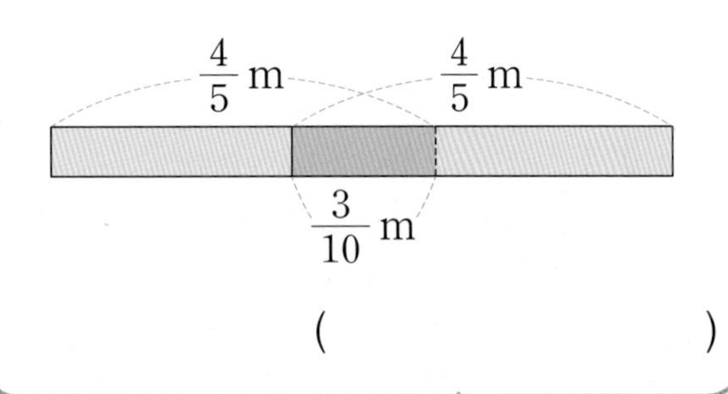


( )

Tip (이어 붙인 색 테이프의 전체 길이)
=(색 테이프 2장의 길이의 합)
−(겹쳐진 부분의 길이)

**9-1** 길이가 $2\frac{7}{9}$ m인 색 테이프 2장을 $\frac{2}{3}$ m가 겹치게 이어 붙였습니다. 이어 붙인 색 테이프의 전체 길이는 몇 m인지 구해 보세요.

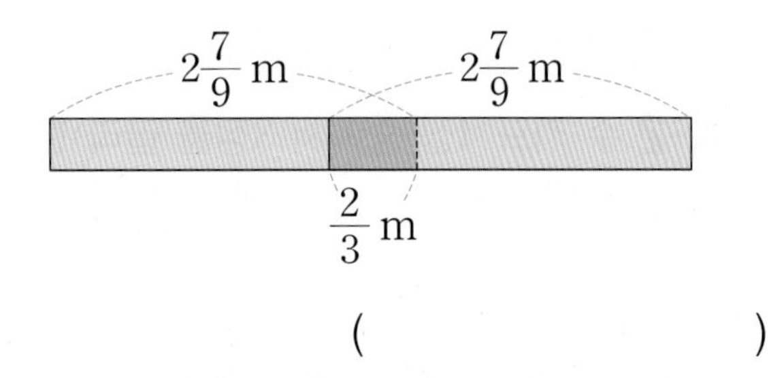


( )

**9-2** 길이가 $1\frac{5}{6}$ m인 색 테이프 2장을 겹치게 이어 붙였더니 전체 길이가 $3\frac{1}{4}$ m가 되었습니다. 겹쳐진 부분의 길이는 몇 m인지 구해 보세요.

$1\frac{5}{6}$ m $1\frac{5}{6}$ m

( )

1회 20번

## 유형 10 전체의 양 구하기

주은이는 주스 한 병을 사서 어제는 전체의 $\frac{2}{5}$만큼 마셨고, 오늘은 전체의 $\frac{4}{7}$만큼 마셨습니다. 남은 주스가 20 mL라면 처음에 있던 주스는 몇 mL인지 구해 보세요.

( )

Tip 먼저 전체를 1이라 하고, 남은 주스의 양은 전체의 얼마인지 분수로 나타내요.

**10-1** 민재는 동화책을 어제는 전체의 $\frac{1}{2}$을 읽었고, 오늘은 전체의 $\frac{1}{3}$을 읽었습니다. 남은 쪽수가 15쪽이라면 동화책의 전체 쪽수는 몇 쪽인지 구해 보세요.

( )

**10-2** 철사를 은주는 전체의 $\frac{1}{3}$을 사용했고, 선우는 전체의 $\frac{3}{5}$을 사용했습니다. 남은 철사가 5 cm라면 처음에 있던 철사는 몇 cm인지 구해 보세요.

( )

**10-3** 미술 시간에 찰흙을 준서는 전체의 $\frac{5}{8}$만큼, 서희는 전체의 $\frac{3}{20}$만큼, 우재는 전체의 $\frac{1}{5}$만큼 사용했습니다. 남은 찰흙이 25 g이라면 처음에 있던 찰흙은 몇 g인지 구해 보세요.

( )

2회 20번

## 유형 11 빈 상자의 무게 구하기

고구마가 가득 들어 있는 상자의 무게를 재었더니 $5\frac{3}{20}$ kg이었습니다. 고구마의 절반을 먹은 다음 다시 상자의 무게를 재었더니 $2\frac{31}{40}$ kg이 되었습니다. 빈 상자의 무게는 몇 kg인지 구해 보세요.

(　　　　　　　　)

Tip (빈 상자의 무게)
=(고구마가 들어 있는 상자의 무게)
−(고구마의 무게)

**11-1** 보리쌀이 가득 들어 있는 통의 무게를 재었더니 $3\frac{17}{30}$ kg이었습니다. 보리쌀 절반을 먹은 다음 다시 통의 무게를 재었더니 $1\frac{13}{15}$ kg이 되었습니다. 빈 통의 무게는 몇 kg인지 구해 보세요.

(　　　　　　　　)

**11-2** 무게가 같은 동화책 2권의 무게를 재었더니 $\frac{5}{6}$ kg이었습니다. 같은 동화책 6권이 들어 있는 상자의 무게가 $2\frac{13}{18}$ kg이라면 빈 상자의 무게는 몇 kg인지 구해 보세요.

(　　　　　　　　)

4회 20번

## 유형 12 일을 끝내는 데 걸리는 날수 구하기

어떤 일을 하는 데 하루 동안 수호는 전체의 $\frac{1}{6}$만큼, 예진이는 전체의 $\frac{1}{12}$만큼 일을 합니다. 이 일을 수호와 예진이가 함께 한다면 일을 끝내는 데 며칠이 걸리는지 구해 보세요.

(　　　　　　　　)

Tip 먼저 두 사람이 함께 하루 동안 하는 일의 양은 전체의 얼마인지 구해요.

**12-1** 어떤 일을 하는 데 하루 동안 도현이는 전체의 $\frac{1}{18}$만큼, 지유는 전체의 $\frac{1}{9}$만큼 일을 합니다. 이 일을 도현이와 지유가 함께 한다면 일을 끝내는 데 며칠이 걸리는지 구해 보세요.

(　　　　　　　　)

**12-2** 어떤 일을 하는 데 하루 동안 명선이는 전체의 $\frac{1}{10}$만큼, 희주는 전체의 $\frac{1}{15}$만큼, 선아는 전체의 $\frac{1}{30}$만큼 일을 합니다. 이 일을 세 사람이 함께 한다면 일을 끝내는 데 며칠이 걸리는지 구해 보세요.

(　　　　　　　　)

**12-3** 어떤 일을 하는 데 민주 혼자서 하면 24일이 걸리고, 은호 혼자서 하면 12일이 걸립니다. 이 일을 민주와 은호가 함께 한다면 일을 끝내는 데 며칠이 걸리는지 구해 보세요.

(　　　　　　　　)

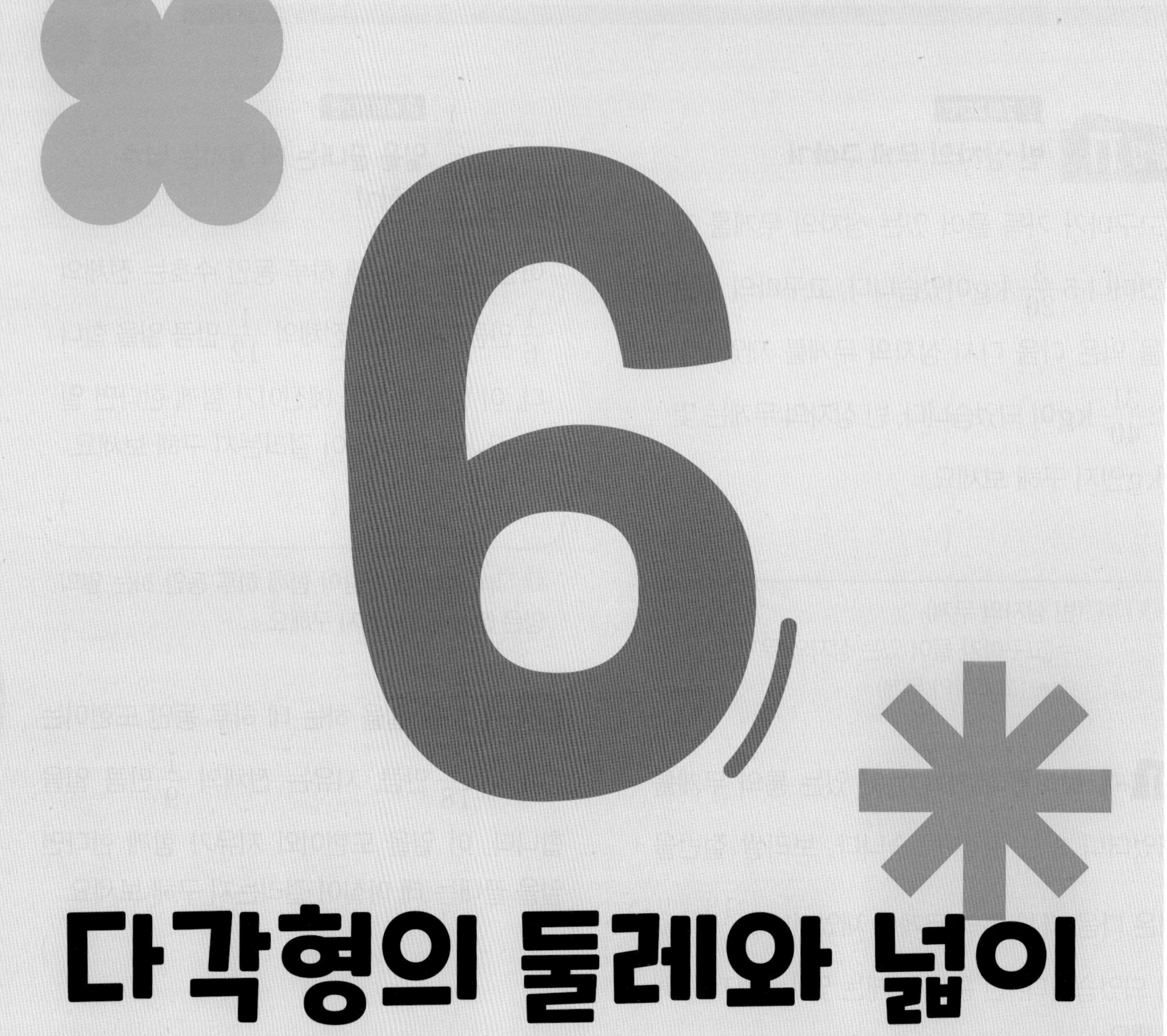

# 6 다각형의 둘레와 넓이

# 개념정리 6단원 다각형의 둘레와 넓이

## 개념 1 정다각형과 사각형의 둘레

- (정다각형의 둘레)
  =(한 변의 길이)×(변의 수)
- (직사각형의 둘레)=(가로+세로)×□
- (평행사변형의 둘레)
  =(한 변의 길이+다른 한 변의 길이)×2
- (마름모의 둘레)=(한 변의 길이)×4

## 개념 2 1 $cm^2$ 알아보기

한 변의 길이가 □ cm인 정사각형의 넓이를 **1 $cm^2$**라 쓰고, **1 제곱센티미터**라고 읽습니다.

1 cm
1 $cm^2$ 1 cm

## 개념 3 직사각형의 넓이

- (직사각형의 넓이)=(가로)×(□)
- (정사각형의 넓이)
  =(한 변의 길이)×(한 변의 길이)

## 개념 4 1 $cm^2$보다 더 큰 넓이의 단위

- 한 변의 길이가 1 m인 정사각형의 넓이를 **1 $m^2$**라 쓰고, **1 제곱미터**라고 읽습니다.

  1 m
  1 $m^2$ 1 m

  1 $m^2$=□ $cm^2$
- 한 변의 길이가 1 km인 정사각형의 넓이를 **1 $km^2$**라 쓰고, **1 제곱킬로미터**라고 읽습니다.

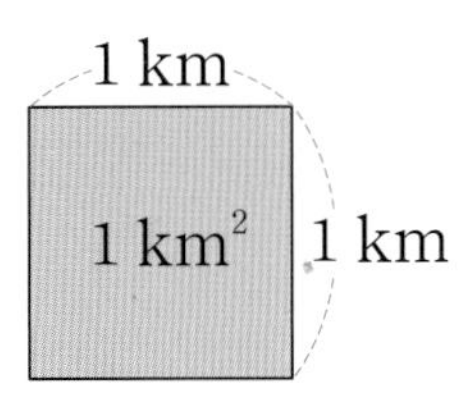


  1 $km^2$=1000000 $m^2$

## 개념 5 평행사변형의 넓이

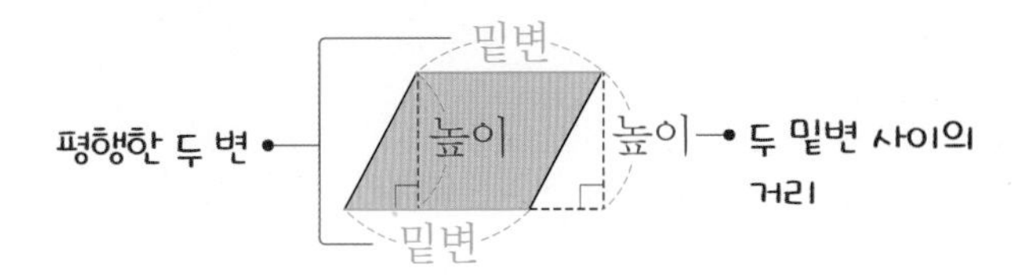


(평행사변형의 넓이)
=(밑변의 길이)×(□)

## 개념 6 삼각형의 넓이

밑변과 마주 보는 꼭짓점에서 밑변에 수직으로 그은 선분의 길이 — 높이
밑변

(삼각형의 넓이)
=(밑변의 길이)×(높이)÷□

## 개념 7 마름모의 넓이

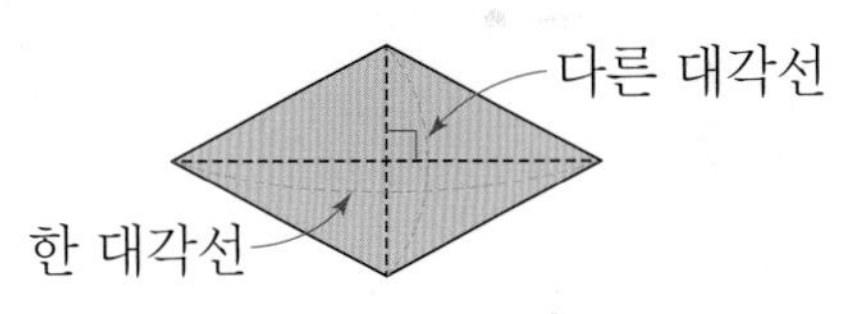


(마름모의 넓이)
=(한 대각선의 길이)
×(다른 대각선의 길이)÷□

## 개념 8 사다리꼴의 넓이

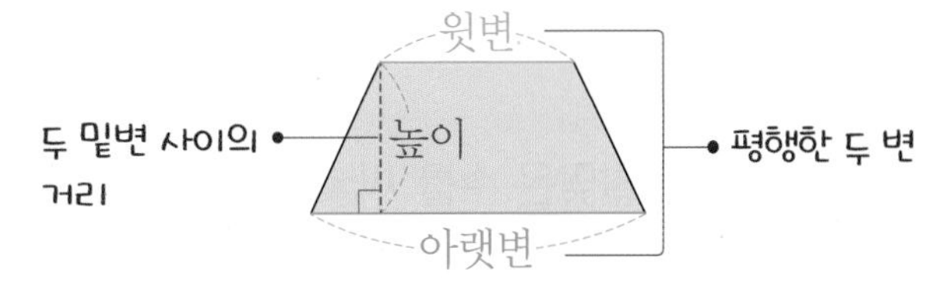


(사다리꼴의 넓이)
=(윗변의 길이+아랫변의 길이)×(높이)÷□

정답 ❶ 2 ❷ 1 ❸ 세로 ❹ 10000 ❺ 높이 ❻ 2 ❼ 2 ❽ 2

점수

118~123쪽에서 같은 유형의 문제를 더 풀 수 있어요.

01 **보기**와 같이 삼각형의 높이를 표시해 보세요.

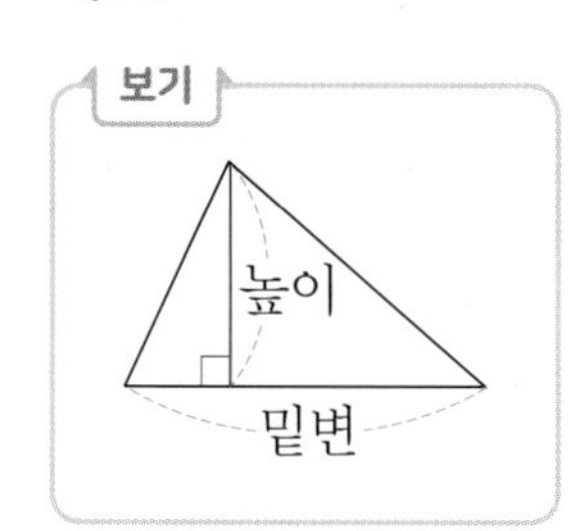

**02~03** 도형의 둘레를 구하려고 합니다. □ 안에 알맞은 수를 써넣으세요.

02 정오각형

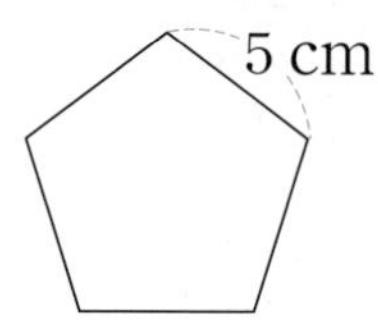


$5 \times \square = \square$(cm)

03 마름모

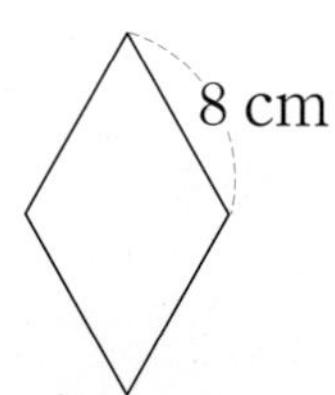


$8 \times \square = \square$(cm)

04 □ 안에 알맞은 수를 써넣으세요.

$7\ m^2 = \square\ cm^2$

AI가 뽑은 정답률 낮은 문제

05 모눈 한 칸의 넓이를 이용하여 평행사변형의 넓이는 몇 $cm^2$인지 구해 보세요.

118쪽 유형 1

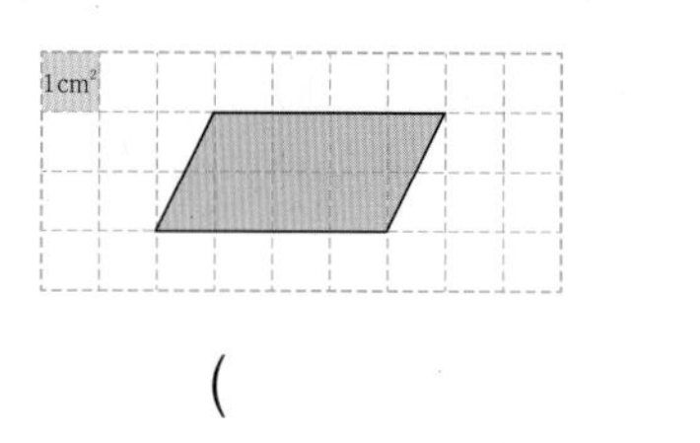


(　　　　　　)

06 넓이가 7 $cm^2$인 것을 찾아 써 보세요.

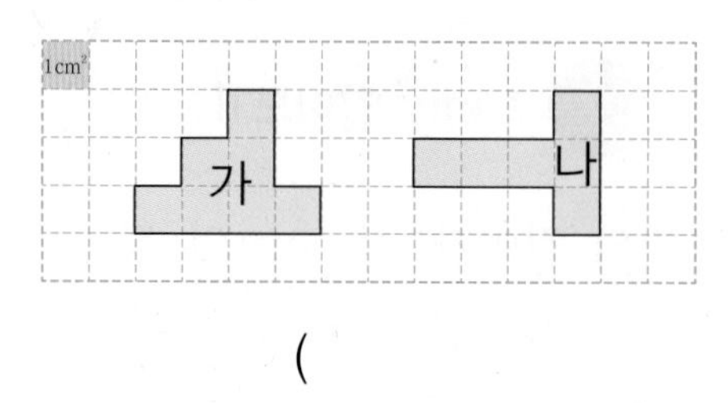


(　　　　　　)

07 직사각형의 넓이는 몇 $cm^2$인지 구해 보세요.

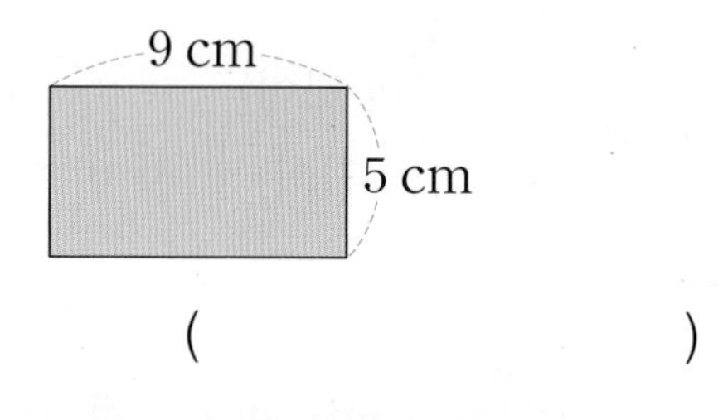


(　　　　　　)

08 마름모의 넓이는 몇 $cm^2$인지 구해 보세요.

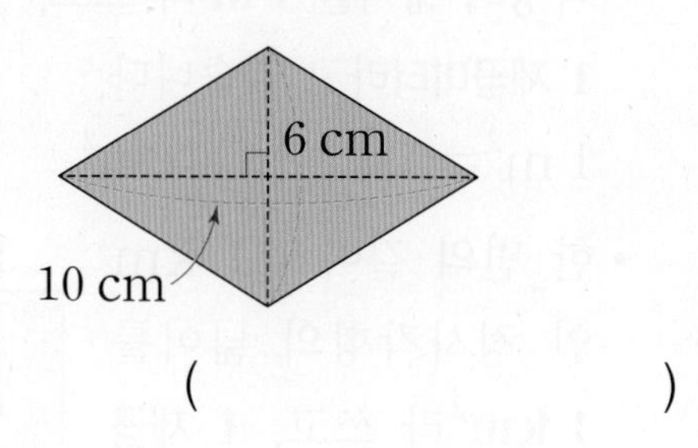


(　　　　　　)

**09** **보기**에서 알맞은 단위를 골라 □ 안에 써넣으세요.

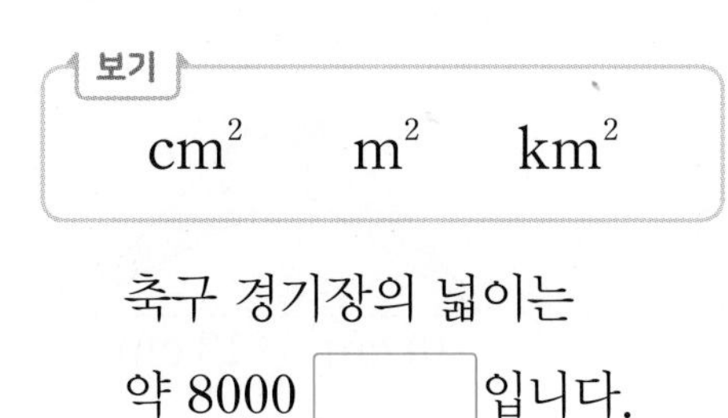


서술형

**10** 정사각형 모양의 땅의 넓이는 몇 $km^2$인지 풀이 과정을 쓰고 답을 구해 보세요.

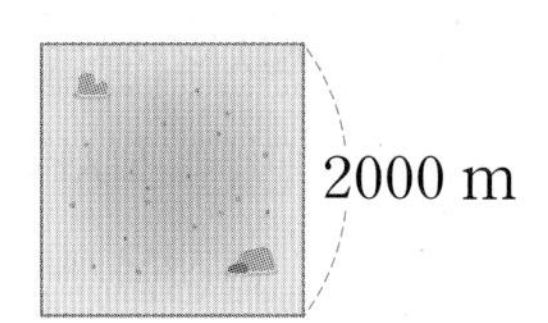


풀이

답

**11** 넓이가 다른 평행사변형을 찾아 써 보세요.

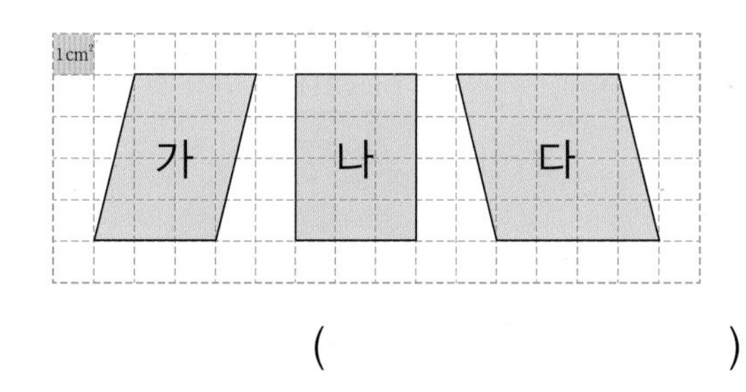


(　　　　　　　　)

AI가 뽑은 정답률 낮은 문제

**12** 정육각형의 둘레가 42 cm일 때, □ 안에 알맞은 수를 써넣으세요.

119쪽 유형 3

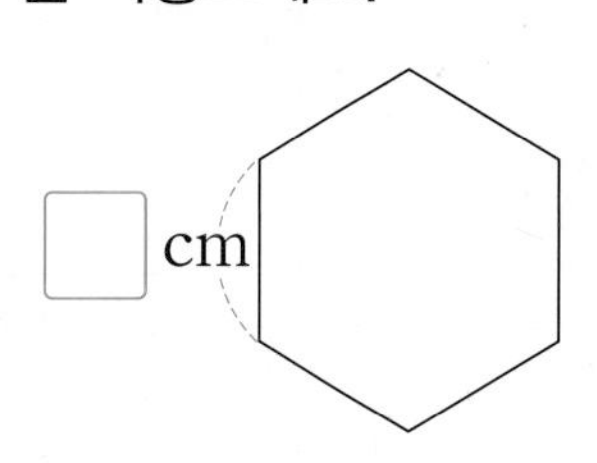


**13** 사다리꼴 모양의 땅의 윗변의 길이는 6 m, 아랫변의 길이는 12 m, 높이는 7 m입니다. 이 땅의 넓이는 몇 $m^2$인지 구해 보세요.

(　　　　　　　　)

**14** 넓이가 더 넓은 직사각형을 찾아 써 보세요.

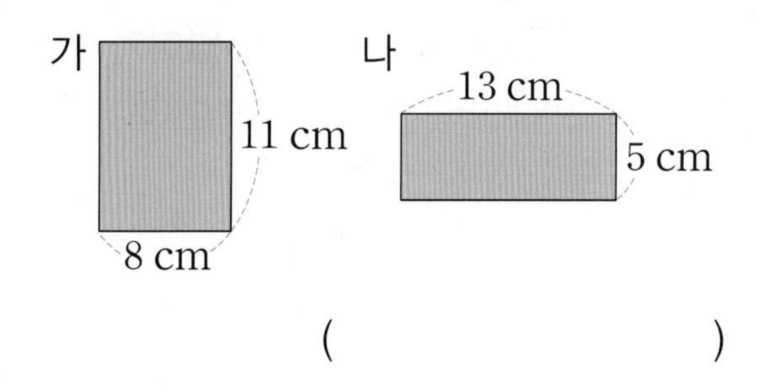


(　　　　　　　　)

6 단원

AI가 뽑은 정답률 낮은 문제

**15** 도형의 둘레는 몇 cm인지 구해 보세요.

120쪽 유형 6

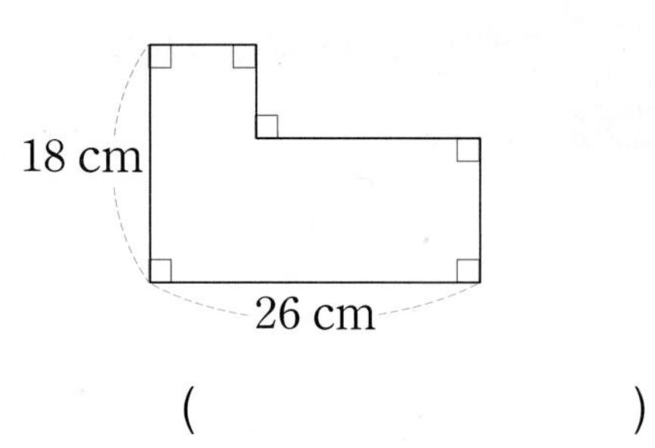


(                    )

**16** 주어진 삼각형과 넓이가 같고, 모양이 다른 삼각형을 1개 그려 보세요.

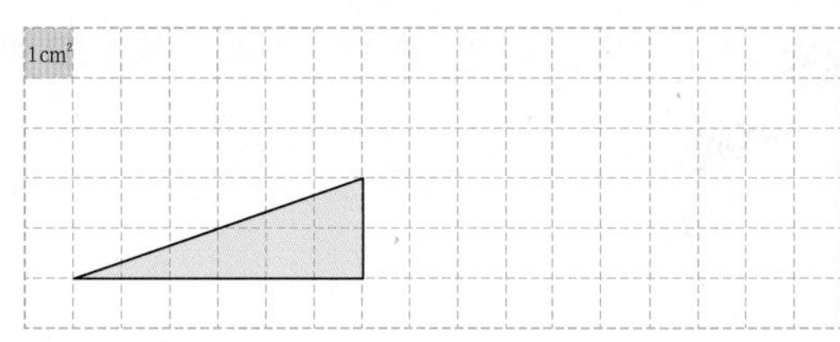


AI가 뽑은 정답률 낮은 문제

**17** 평행사변형과 삼각형의 넓이가 같을 때, □ 안에 알맞은 수를 써넣으세요.

121쪽 유형 7

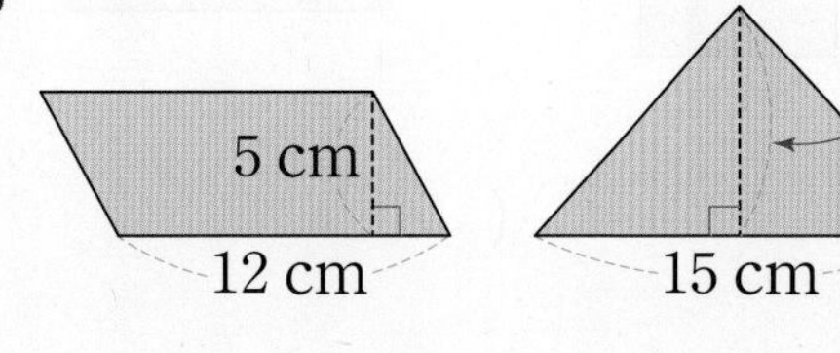


**18** 색칠한 부분의 넓이는 몇 $cm^2$인지 구해 보세요.

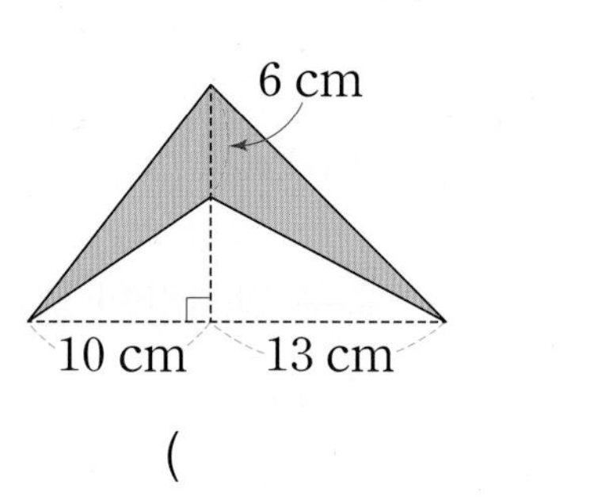


(                    )

서술형

**19** 오른쪽 정사각형의 가로를 2배로 늘이고, 세로를 3배로 늘여서 직사각형을 만들었습니다. 만든 직사각형의 넓이는 몇 $cm^2$인지 풀이 과정을 쓰고 답을 구해 보세요.

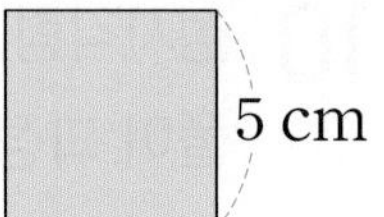


풀이

답

AI가 뽑은 정답률 낮은 문제

**20** 도형의 넓이는 몇 $cm^2$인지 구해 보세요.

122쪽 유형 10

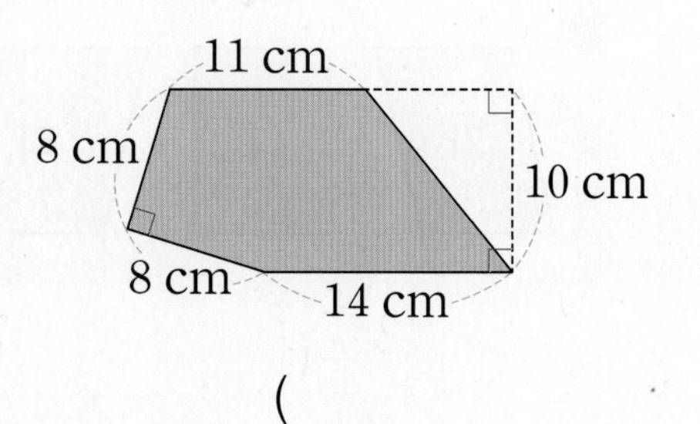


(                    )

점수

118~123쪽에서 같은 유형의 문제를 더 풀 수 있어요.

01 주어진 넓이를 쓰고, 읽어 보세요.

$3\ \text{cm}^2$

쓰기

읽기 (                )

02 사다리꼴의 □ 안에 알맞은 말을 써넣으세요.

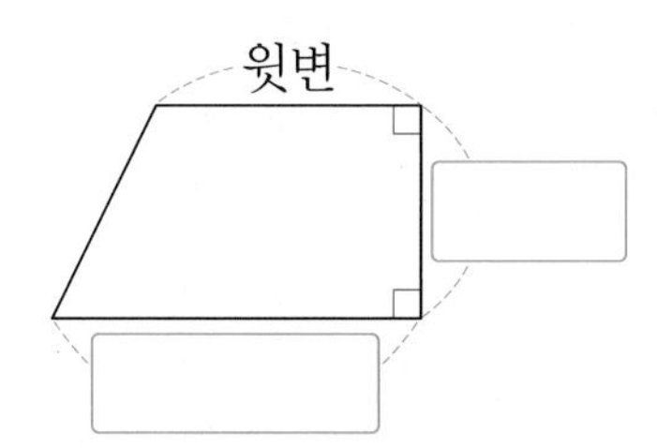


03 직사각형의 넓이를 구하려고 합니다. □ 안에 알맞은 수를 써넣으세요.

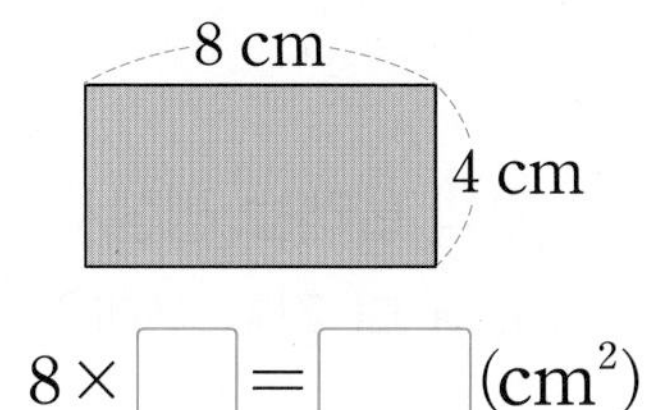


$8 \times \square = \square (\text{cm}^2)$

04 도형의 넓이는 몇 $\text{cm}^2$인지 구해 보세요.

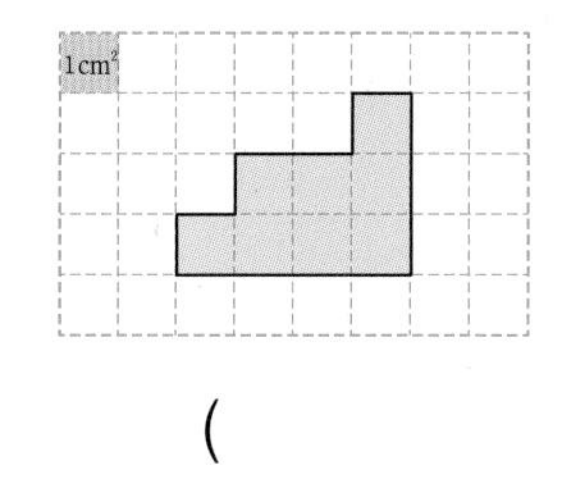


(                )

05~06 직사각형을 이용하여 평행사변형의 넓이를 구하려고 합니다. 물음에 답해 보세요.

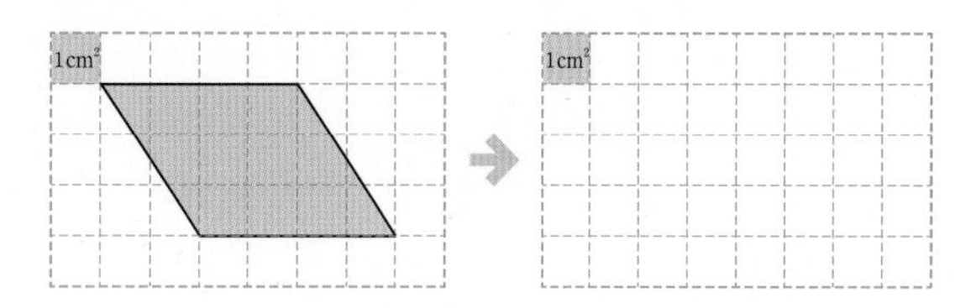


05 주어진 평행사변형을 한 번만 잘라서 직사각형으로 바꾸어 오른쪽에 그려 보세요.

06 평행사변형의 넓이는 몇 $\text{cm}^2$인지 구해 보세요.

(                )

07 정팔각형의 둘레는 몇 cm인지 구해 보세요.

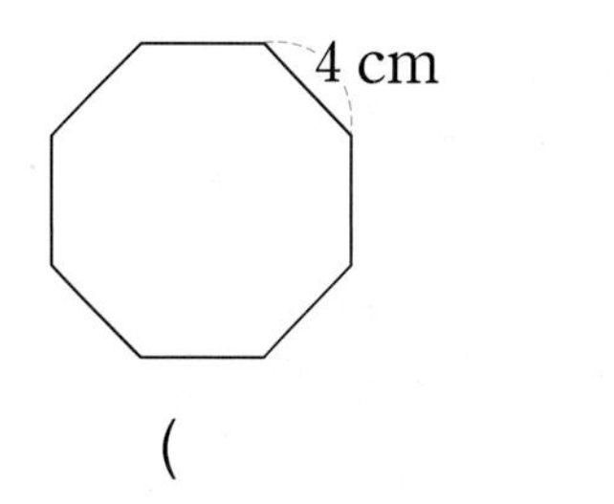


(                )

08 삼각형의 넓이는 몇 $\text{cm}^2$인지 구해 보세요.

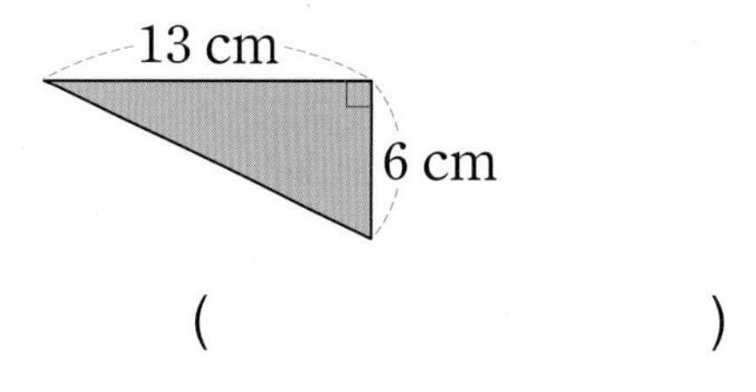


(                )

6 단원

AI가 뽑은 정답률 낮은 문제

09 넓이를 비교하여 ◯ 안에 >, =, <를 알맞게 써넣으세요.

118쪽 유형 2

$7\ m^2$ ◯ $70000\ cm^2$

10 넓이가 넓은 도형부터 차례대로 써 보세요.

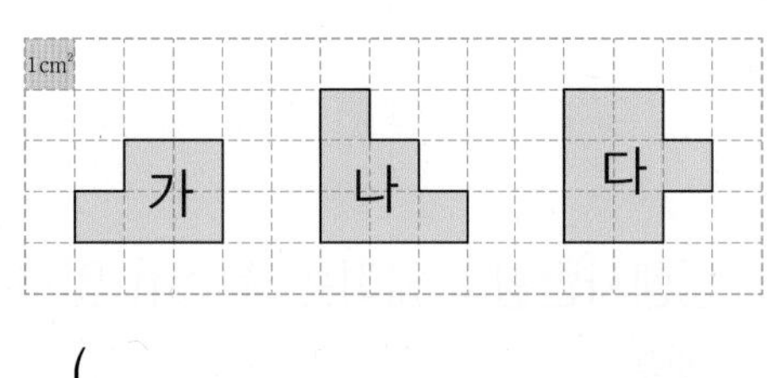


(　　　　　　　　　　)

서술형

11 한 변의 길이가 5 km인 정사각형 모양의 땅을 한 부분이 $100\ m^2$가 되도록 똑같이 나누려고 합니다. 몇 부분으로 나눌 수 있는지 풀이 과정을 쓰고 답을 구해 보세요.

풀이

답

12 둘레가 12 cm인 정사각형을 1개 그려 보세요.

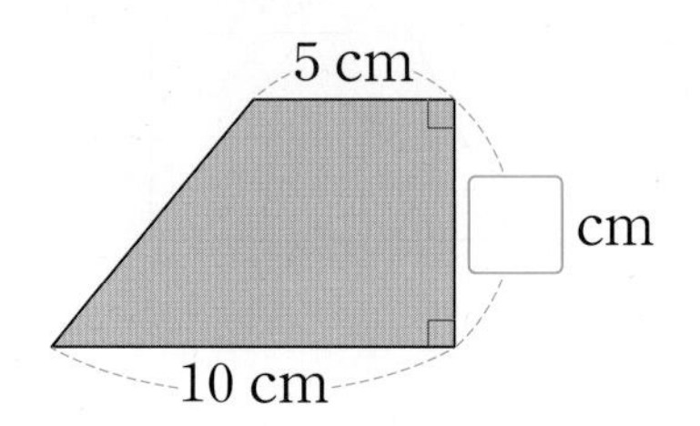


AI가 뽑은 정답률 낮은 문제

13 사다리꼴의 넓이가 $45\ cm^2$일 때, □ 안에 알맞은 수를 써넣으세요.

119쪽 유형 4

5 cm

□ cm

10 cm

14 마름모 가의 둘레는 평행사변형 나의 둘레보다 몇 cm 더 긴지 구해 보세요.

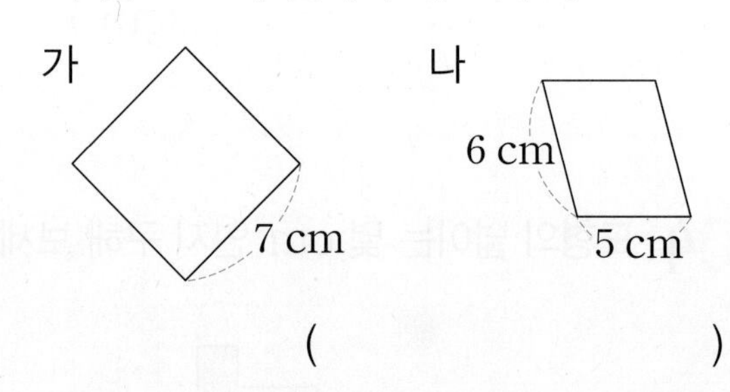


(　　　　　　　　　　)

AI가 뽑은 정답률 낮은 문제 

**15** 직사각형의 둘레가 40 cm일 때, 넓이는 몇 $cm^2$인지 풀이 과정을 쓰고 답을 구해 보세요.

120쪽 유형 5

풀이

답

**16** 반지름이 20 cm인 원 안에 가장 큰 마름모를 그렸습니다. 그린 마름모의 넓이는 몇 $cm^2$인지 구해 보세요.

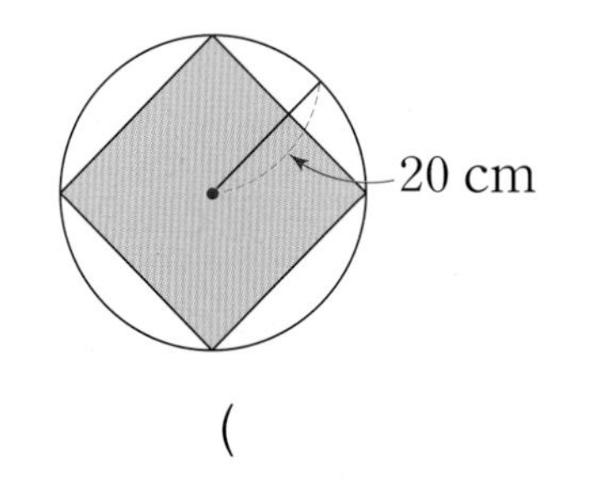


(　　　　　　　　)

**17** 직선 가와 직선 나는 서로 평행합니다. 삼각형의 넓이가 33 $cm^2$일 때, 평행사변형의 넓이는 몇 $cm^2$인지 구해 보세요.

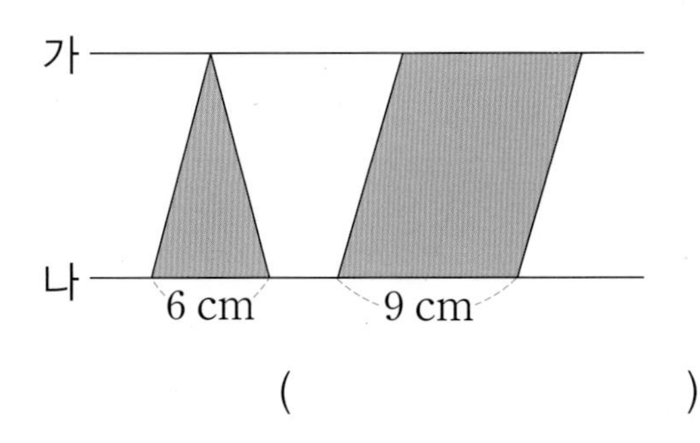


(　　　　　　　　)

**18** 평행사변형 ㄱㄴㄷㄹ의 둘레는 60 cm입니다. 변 ㄱㄴ의 길이가 변 ㄴㄷ의 길이보다 2 cm 더 짧을 때, 변 ㄴㄷ의 길이는 몇 cm인지 구해 보세요.

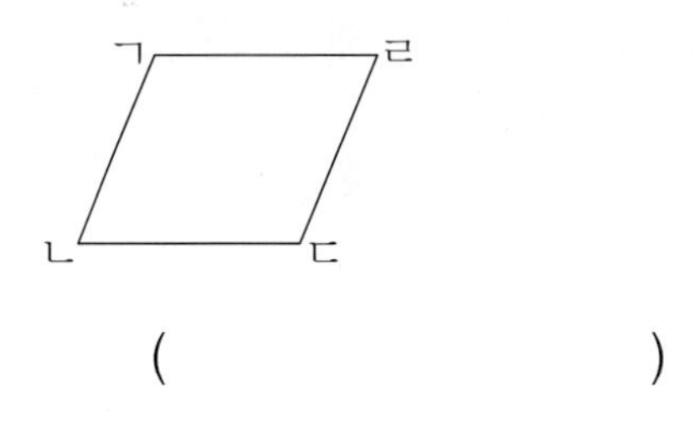


(　　　　　　　　)

**19** 색칠한 부분의 넓이는 몇 $m^2$인지 구해 보세요.

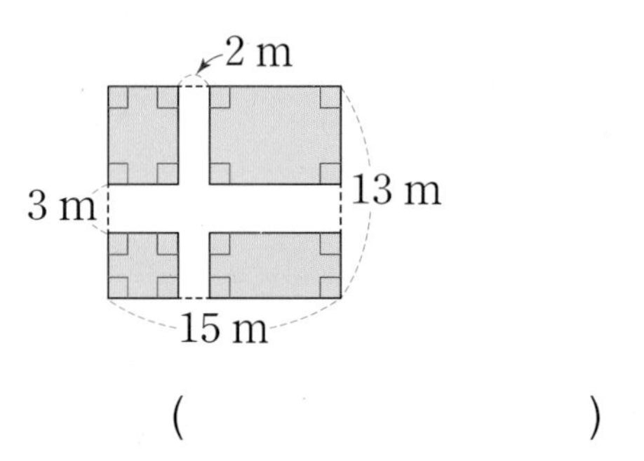


(　　　　　　　　)

AI가 뽑은 정답률 낮은 문제

**20** 정사각형 ㄱㄴㄷㅅ과 직사각형 ㅂㄷㄹㅁ을 겹치지 않게 이어 붙여 만든 도형입니다. 도형의 넓이가 86 $cm^2$일 때, 도형의 둘레는 몇 cm인지 구해 보세요.

123쪽 유형 12

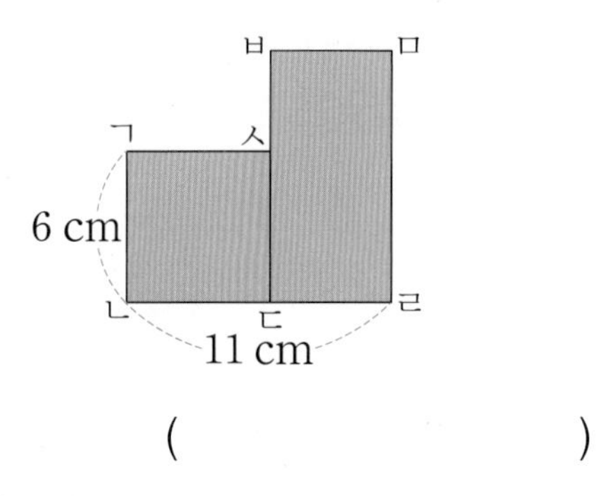


(　　　　　　　　)

6 단원

점수

118~123쪽에서 같은 유형의 문제를 더 풀 수 있어요.

01 오른쪽 정삼각형의 둘레를 구하는 식으로 옳은 것에 ○표 해 보세요.

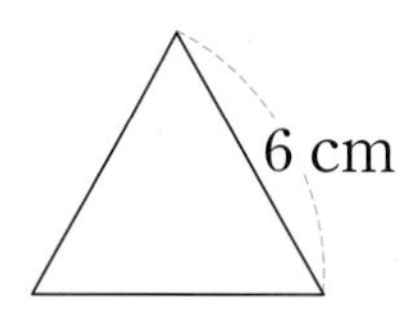


$6\times3$ ( )　　$6\times6$ ( )

02 높이를 파란색으로 표시한 평행사변형에서 밑변의 길이는 몇 cm인지 구해 보세요.

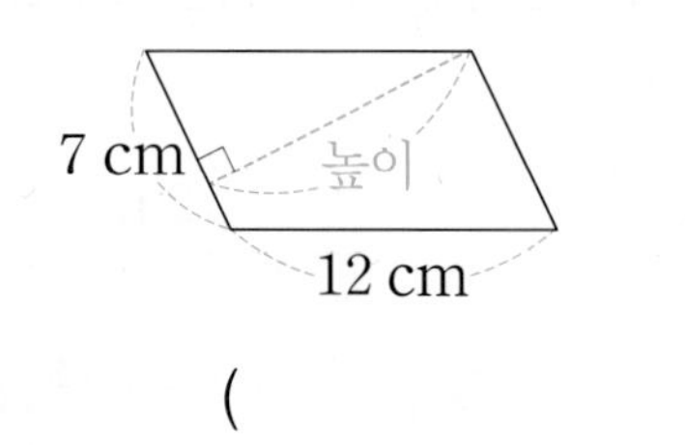


( )

03 직사각형의 둘레를 구하려고 합니다. □ 안에 알맞은 수를 써넣으세요.

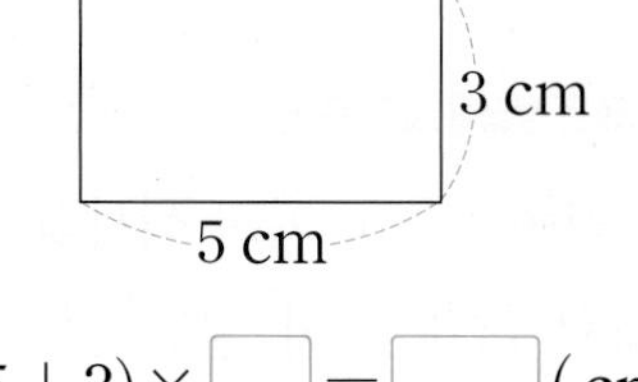


$(5+3)\times$ □ $=$ □ (cm)

04 정사각형의 넓이를 구하려고 합니다. □ 안에 알맞은 수를 써넣으세요.

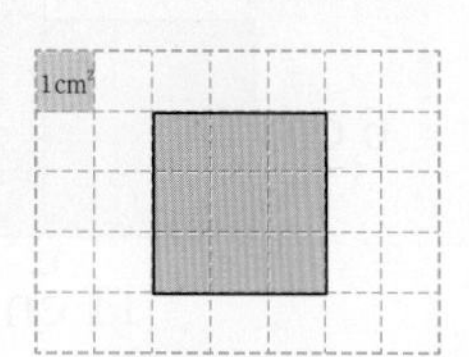


$1\text{ cm}^2$가 □ 개 있으므로 정사각형의 넓이는 □ $\text{cm}^2$입니다.

05~06 도형을 보고 물음에 답해 보세요.

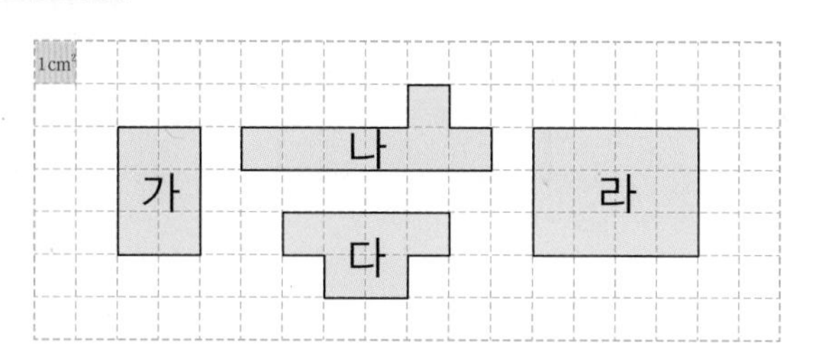


05 도형 가의 넓이는 몇 $\text{cm}^2$인지 구해 보세요.

( )

06 도형 가와 넓이가 같은 도형을 찾아 써 보세요.

( )

07 마름모의 둘레는 몇 cm인지 구해 보세요.

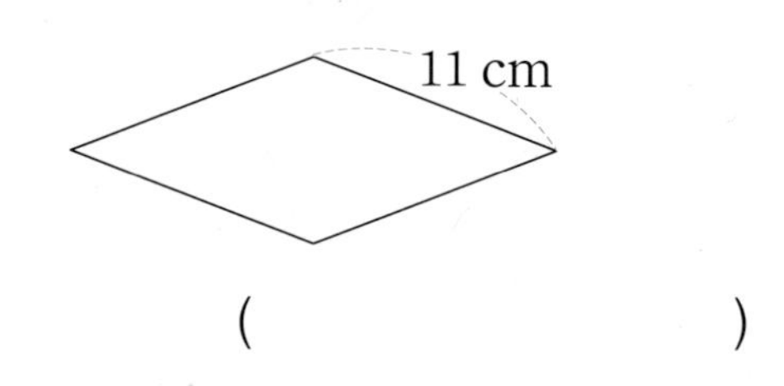


( )

08 평행사변형의 넓이는 몇 $\text{cm}^2$인지 구해 보세요.

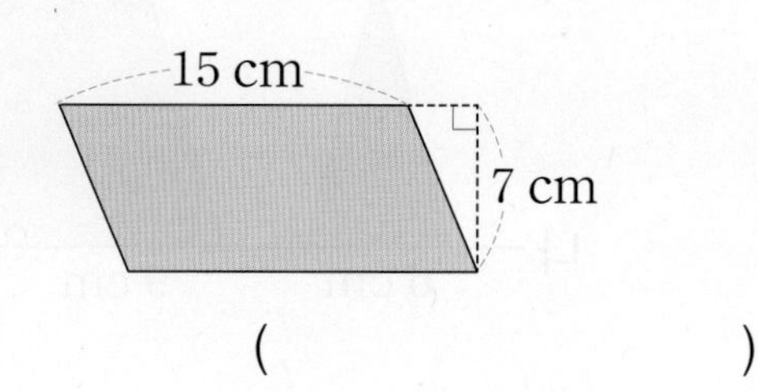


( )

09 색칠한 삼각형 ㄱㄴㄹ의 넓이가 63 $cm^2$일 때, 마름모 ㄱㄴㄷㄹ의 넓이는 몇 $cm^2$인지 구해 보세요.

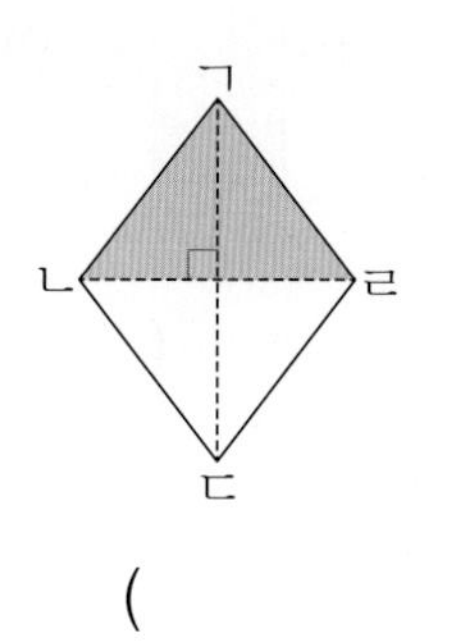


(　　　　　　　　　　)

10 직사각형의 넓이는 몇 $m^2$인지 구해 보세요.

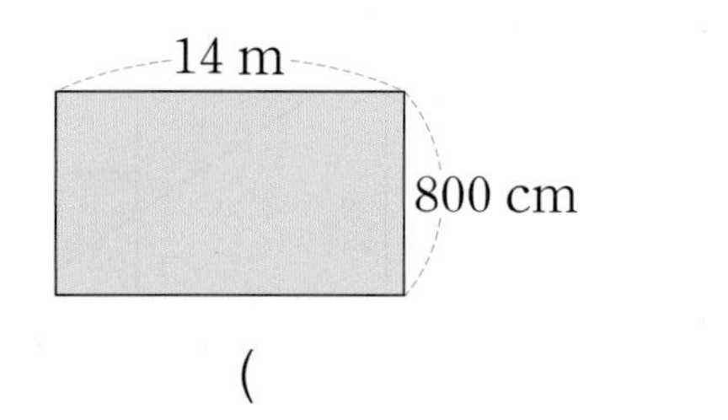


(　　　　　　　　　　)

서술형

11 삼각형 가, 나, 다의 넓이는 모두 같습니다. 그 이유를 설명해 보세요.

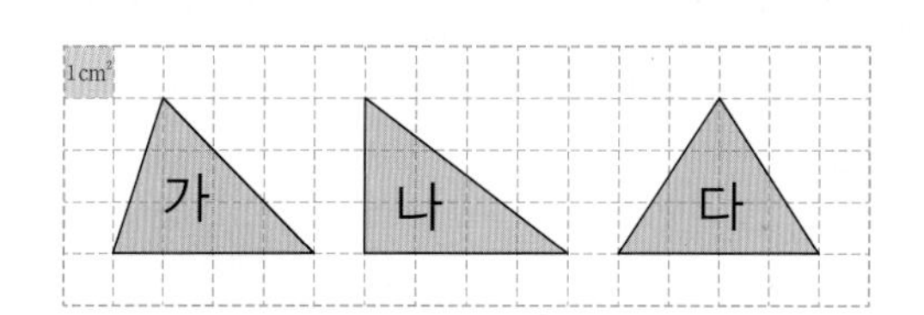


이유

AI가 뽑은 정답률 낮은 문제

12 넓이가 넓은 것부터 차례대로 기호를 써 보세요.

118쪽 유형 2

| | |
|---|---|
| ㉠ 13000000 $m^2$ | ㉡ 5 $km^2$ |
| ㉢ 9000000 $m^2$ | ㉣ 14 $km^2$ |

(　　　　　　　　　　)

AI가 뽑은 정답률 낮은 문제

13 삼각형의 넓이가 44 $cm^2$일 때, □ 안에 알맞은 수를 써넣으세요.

119쪽 유형 4

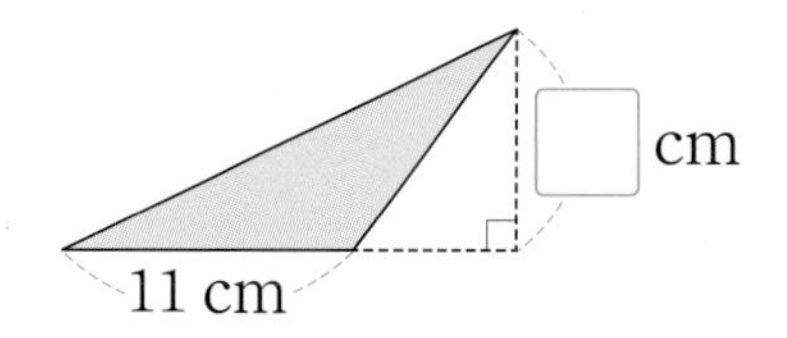


14 정육각형과 정칠각형의 둘레의 합은 몇 cm인지 구해 보세요.

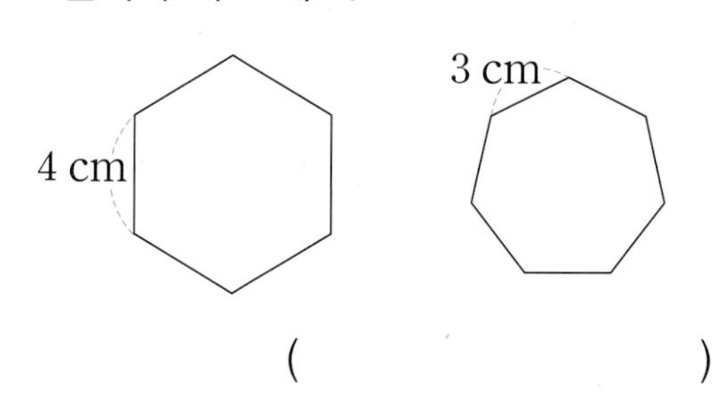


(　　　　　　　　　　)

6 단원

**15** 넓이가 12 $cm^2$인 서로 다른 평행사변형을 2개 그려 보세요.

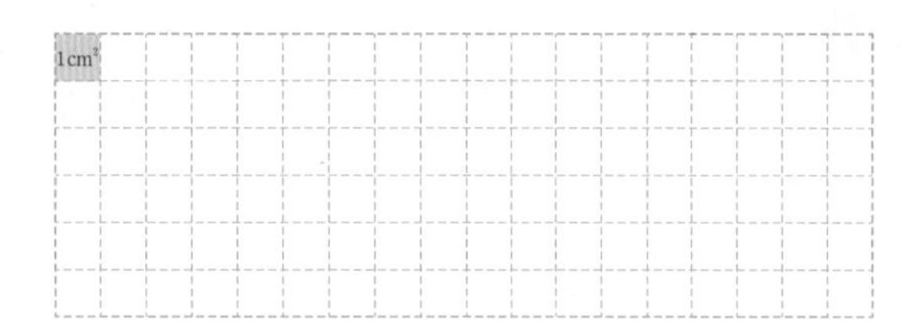


**16** 둘레가 24 cm인 직사각형을 만들려고 합니다. 만들 수 있는 가장 넓은 직사각형의 넓이는 몇 $cm^2$인지 구해 보세요. (단, 직사각형의 가로와 세로는 자연수입니다.)

( )

AI가 뽑은 정답률 낮은 문제 서술형

**17** 마름모와 평행사변형의 넓이가 같을 때, □ 안에 알맞은 수를 구하려고 합니다. 풀이 과정을 쓰고 답을 구해 보세요.

121쪽 유형 7

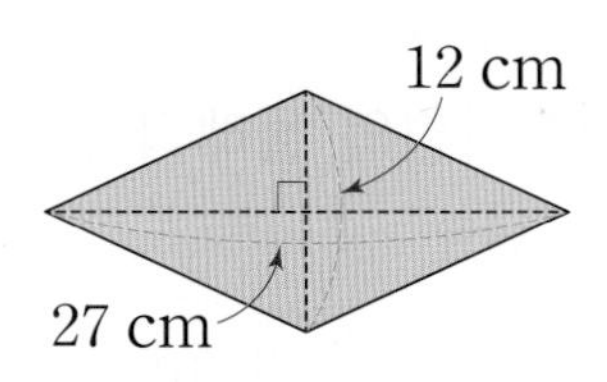


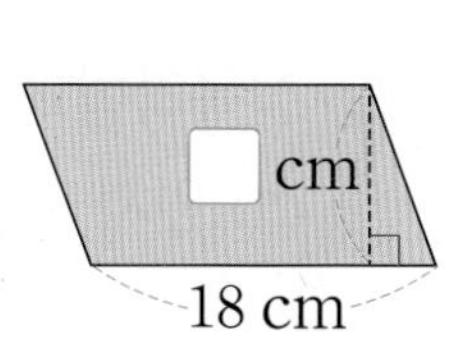

풀이

답

AI가 뽑은 정답률 낮은 문제

**18** 도형의 넓이는 몇 $cm^2$인지 구해 보세요.

122쪽 유형 9

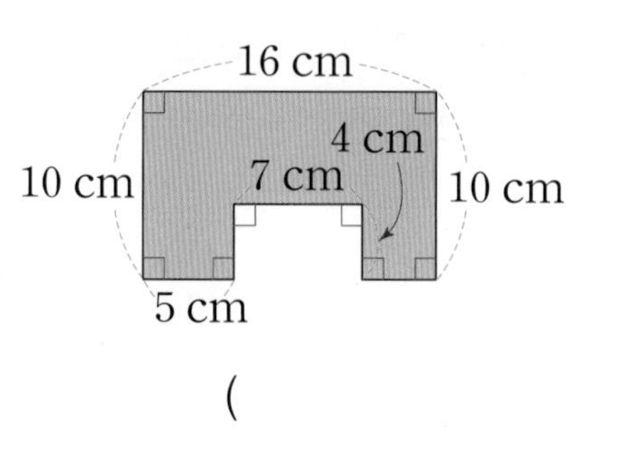


( )

**19** 크기가 다른 정사각형 2개를 겹치지 않게 이어 붙였습니다. 색칠한 부분의 넓이는 몇 $cm^2$인지 구해 보세요.

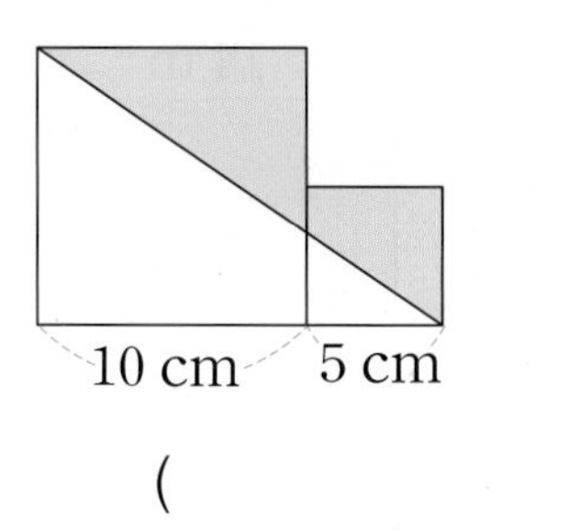


( )

AI가 뽑은 정답률 낮은 문제

**20** 사다리꼴 ㄱㄴㄷㄹ의 넓이는 몇 $cm^2$인지 구해 보세요.

123쪽 유형 11

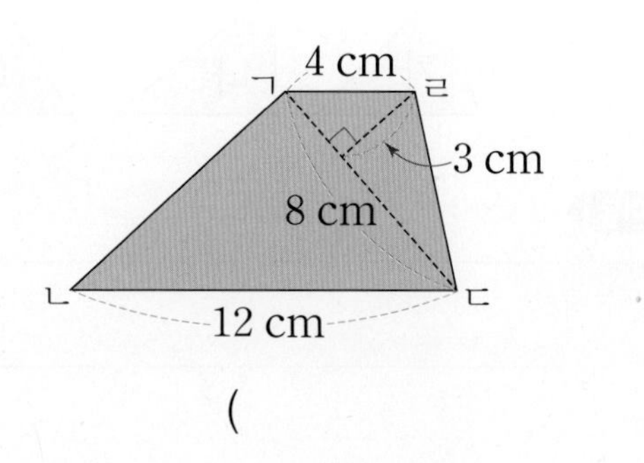


( )

118~123쪽에서 같은 유형의 문제를 더 풀 수 있어요.

**01~02** 오른쪽 정육각형의 둘레를 두 가지 방법으로 구하려고 합니다. □ 안에 알맞은 수를 써넣으세요.

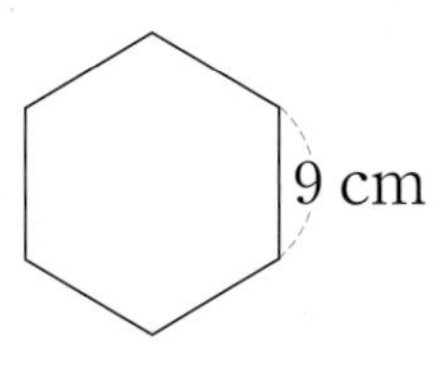


**01** (정육각형의 둘레)

$=9+9+9+\square+\square+\square$

$=\square$(cm)

**02** (정육각형의 둘레)$=9\times\square$

$=\square$(cm)

**03** 알맞은 단위를 찾아 ○표 해 보세요.

한 변의 길이가 1 km인
정사각형의 넓이

| $1\text{ cm}^2$ | $1\text{ m}^2$ | $1\text{ km}^2$ |
|---|---|---|
| (　　) | (　　) | (　　) |

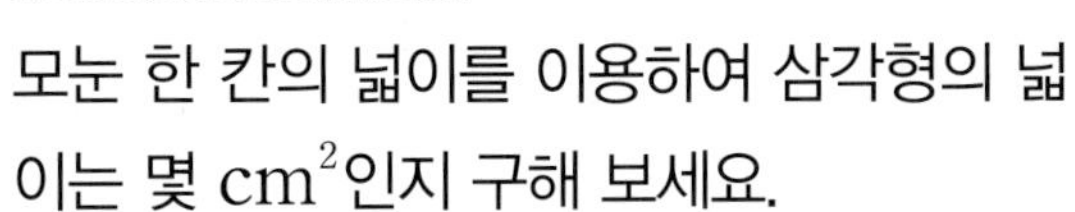

**04** 모눈 한 칸의 넓이를 이용하여 삼각형의 넓이는 몇 $\text{cm}^2$인지 구해 보세요.

118쪽 유형 1

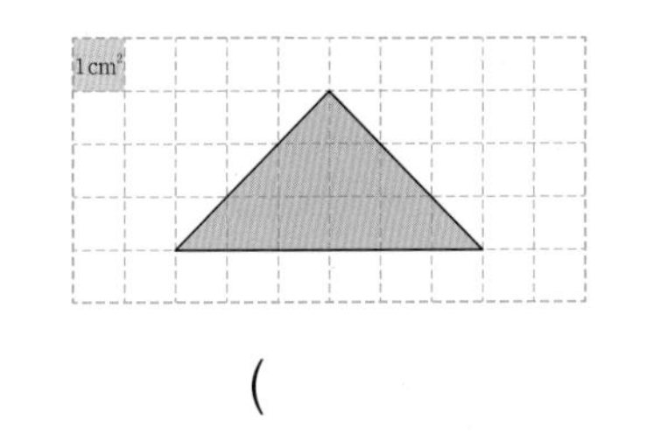


(　　　　　　　)

**05~06** 평행사변형의 넓이를 구하려고 합니다. 물음에 답해 보세요.

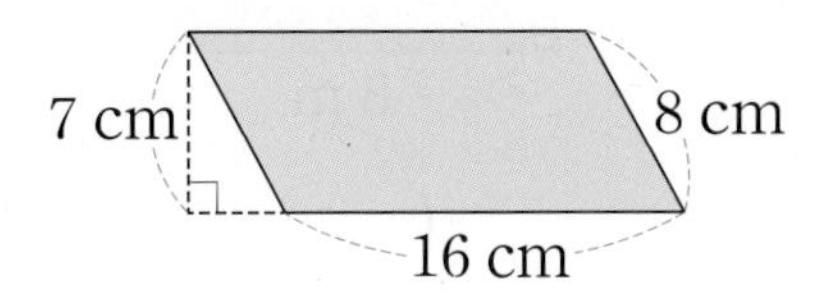


**05** 평행사변형의 넓이를 구하는 데 필요한 길이에 모두 ○표 해 보세요.

**06** 평행사변형의 넓이는 몇 $\text{cm}^2$인지 구해 보세요.

(　　　　　　　)

**07** 직사각형의 둘레는 몇 cm인지 구해 보세요.

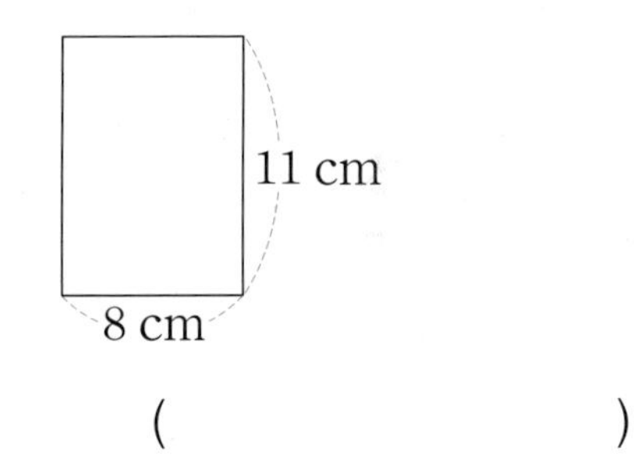


(　　　　　　　)

**08** 정사각형의 넓이는 몇 $\text{cm}^2$인지 구해 보세요.

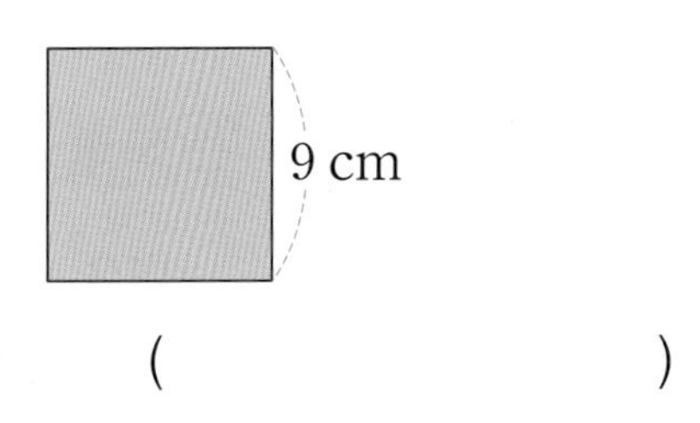


(　　　　　　　)

09 사다리꼴의 넓이는 몇 $m^2$인지 구해 보세요.

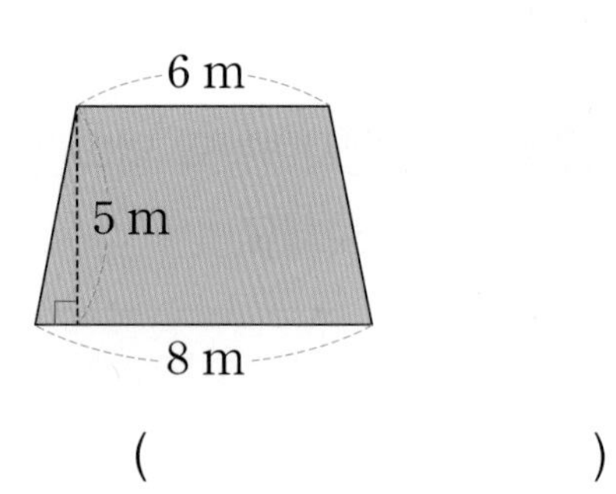


(　　　　　　　　)

서술형

10 단위가 잘못 쓰인 것의 기호를 쓰고 바르게 고쳐 보세요.

㉠ 대전광역시의 넓이는 약 500 $m^2$ 입니다.

㉡ 색도화지의 넓이는 약 200 $cm^2$입니다.

답

11 □ 안에 알맞은 기호나 수를 써넣으세요.

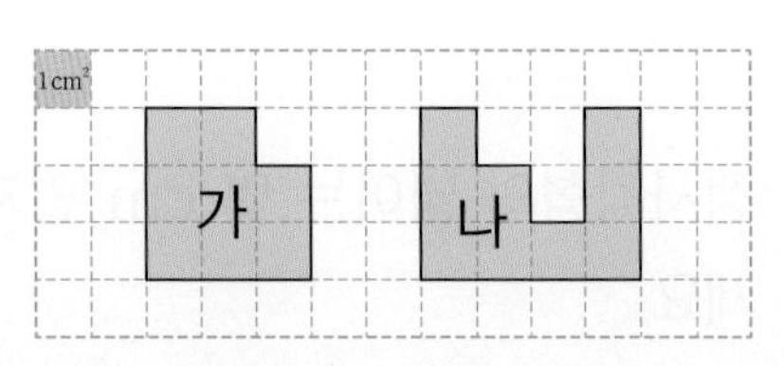


도형 □는 도형 □보다 넓이가 □ $cm^2$ 더 넓습니다.

12 마름모의 넓이는 몇 $cm^2$인지 구해 보세요.

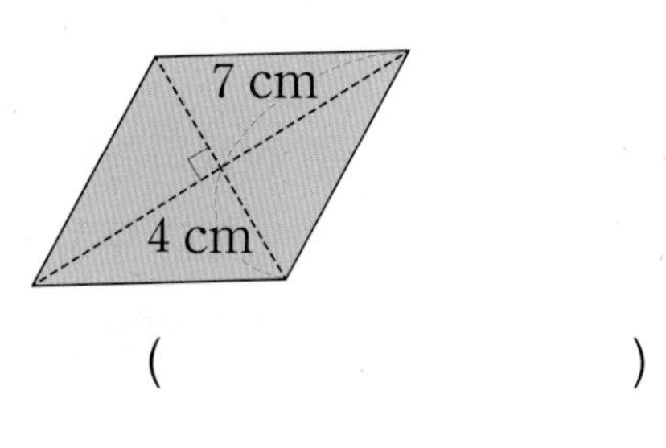


(　　　　　　　　)

13 길이가 40 m인 철사를 사용하여 다음과 같은 평행사변형 모양을 만들었습니다. 만들고 남은 철사의 길이는 몇 m인지 구해 보세요.

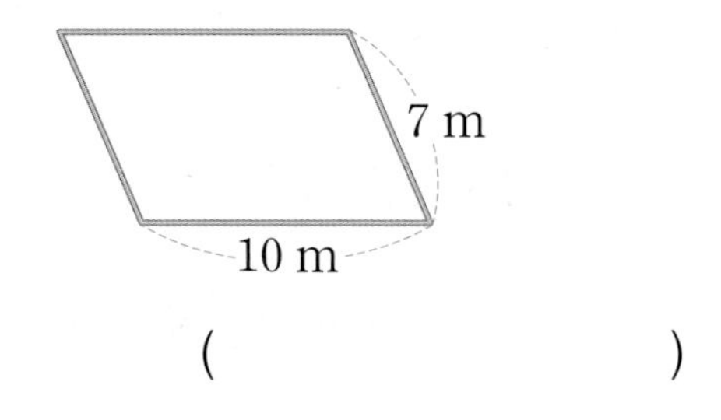


(　　　　　　　　)

AI가 뽑은 정답률 낮은 문제

14 정사각형과 직사각형의 둘레가 같을 때, □ 안에 알맞은 수를 써넣으세요.

119쪽 유형 3

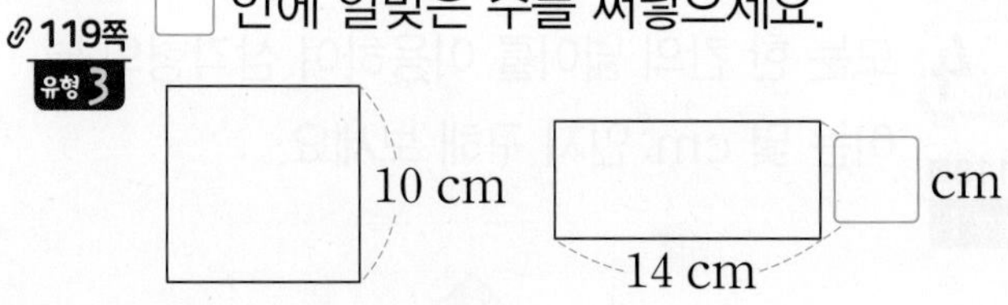

**15** 직사각형 안에 선분을 한 개 그어서 만들 수 있는 정사각형의 넓이는 몇 $cm^2$인지 풀이 과정을 쓰고 구해 보세요.

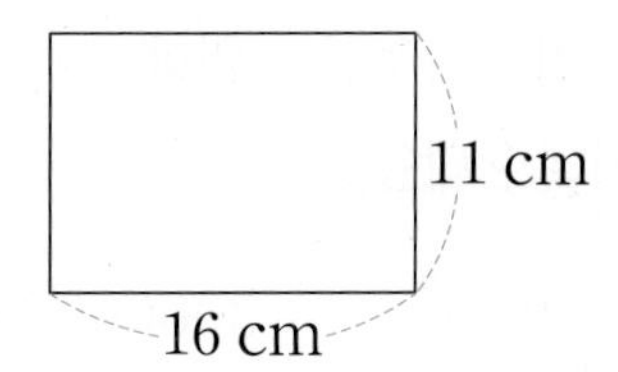


풀이

답

**16** 넓이를 1 $cm^2$씩 늘려가며 도형을 규칙에 따라 그리고 있습니다. 빈칸에 알맞은 도형을 그려 보세요.

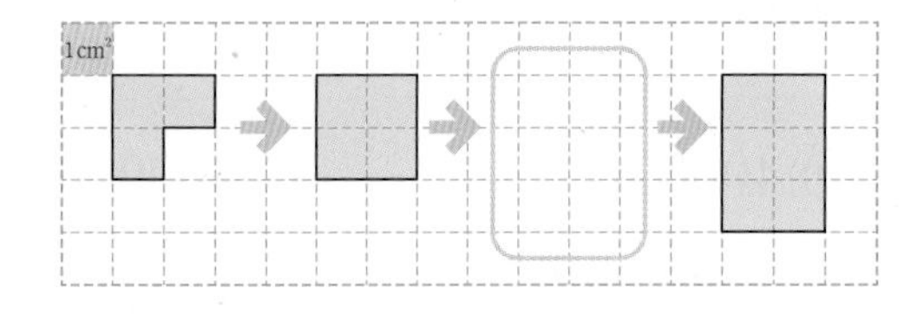


**17** □ 안에 알맞은 수를 써넣으세요.

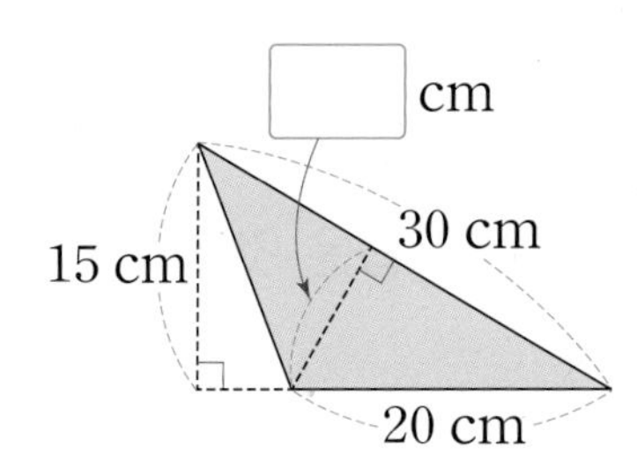


AI가 뽑은 정답률 낮은 문제

**18** 정사각형 한 개의 둘레는 24 cm입니다. 정사각형 4개를 그림과 같이 겹치지 않게 이어 붙였을 때, 이어 붙인 도형의 둘레는 몇 cm인지 구해 보세요.

121쪽 유형 8

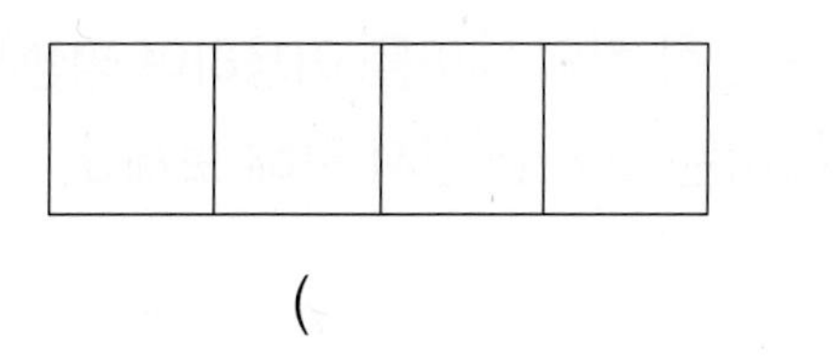

(　　　　　　　　)

AI가 뽑은 정답률 낮은 문제

**19** 도형의 넓이는 몇 $cm^2$인지 구해 보세요.

122쪽 유형 10

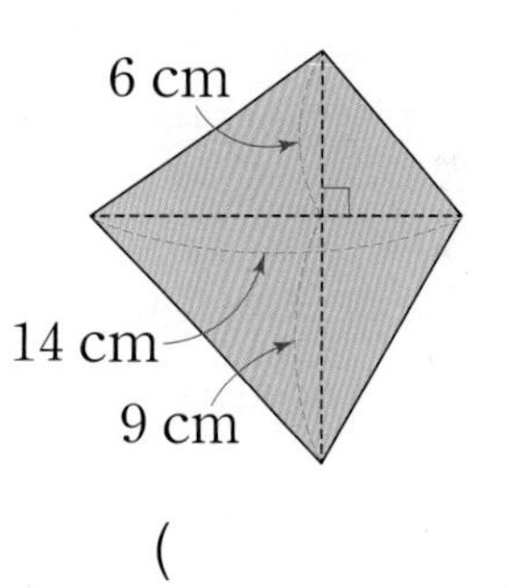


(　　　　　　　　)

**20** 직사각형 모양의 종이를 대각선 ㄱㄷ을 따라 접었습니다. 삼각형 ㄱㄷㅂ의 넓이는 몇 $cm^2$인지 구해 보세요.

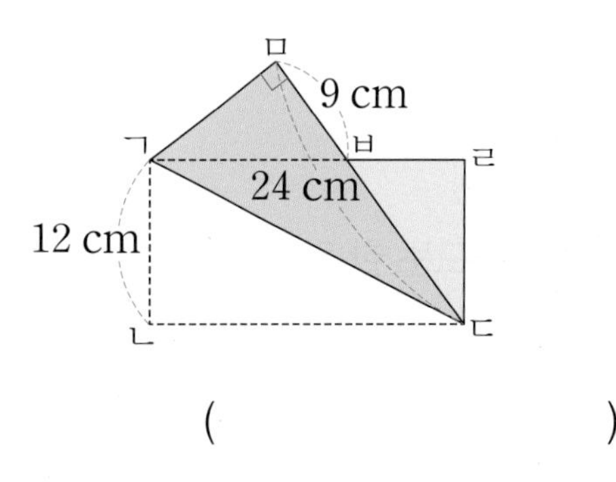


(　　　　　　　　)

6 단원

1회 5번 4회 4번

## 유형 1 모눈 한 칸의 넓이를 이용하여 도형의 넓이 구하기

모눈 한 칸의 넓이를 이용하여 평행사변형의 넓이는 몇 $cm^2$인지 구해 보세요.

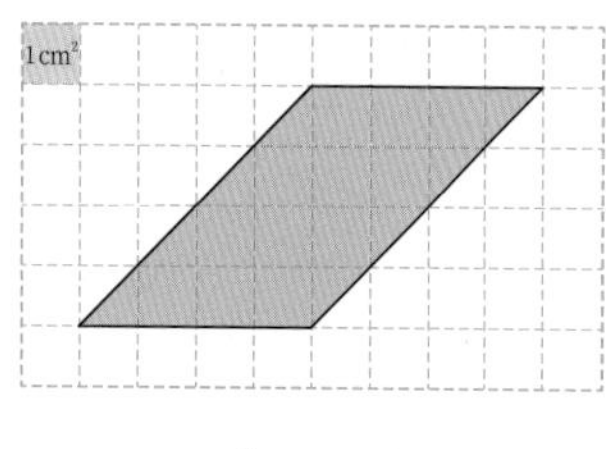


(　　　　　　　　　)

Tip 어떤 모양끼리 합치면 모눈 한 칸이 완성되는지 확인하고, 도형이 모눈 몇 칸인지 세어요.

**1-1** 모눈 한 칸의 넓이를 이용하여 사다리꼴의 넓이는 몇 $cm^2$인지 구해 보세요.

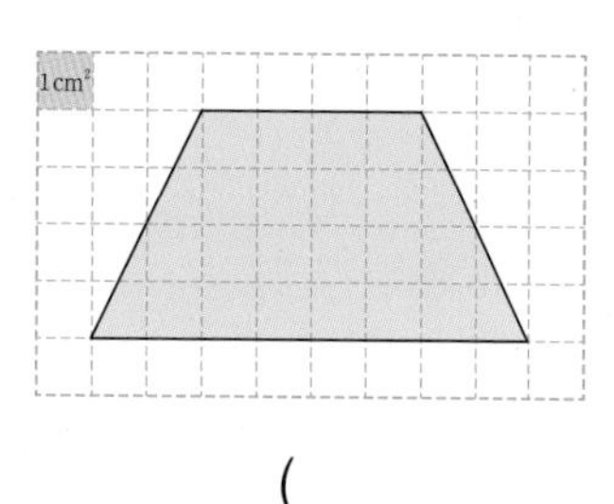


(　　　　　　　　　)

**1-2** 모눈 한 칸의 넓이를 이용하여 삼각형의 넓이는 몇 $cm^2$인지 구해 보세요.

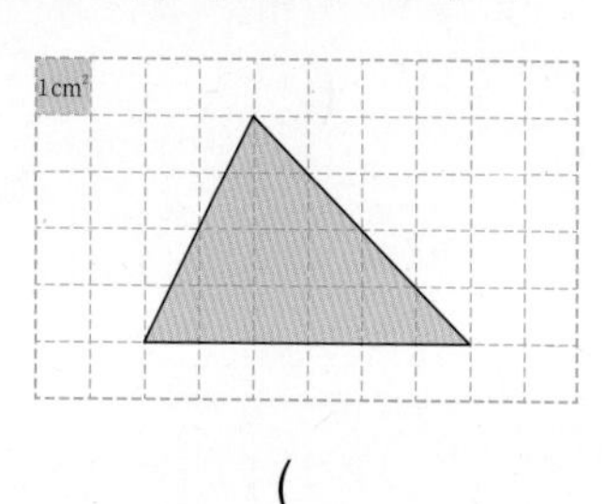


(　　　　　　　　　)

2회 9번 3회 12번

## 유형 2 단위가 다른 넓이 비교하기

넓이를 비교하여 ○ 안에 >, =, <를 알맞게 써넣으세요.

$30\ m^2$ ○ $3000000\ cm^2$

Tip $1\ m^2 = 10000\ cm^2$예요.

**2-1** 넓이를 비교하여 ○ 안에 >, =, <를 알맞게 써넣으세요.

$20000000\ m^2$ ○ $7\ km^2$

**2-2** 넓이가 가장 넓은 것을 찾아 기호를 써 보세요.

| | |
|---|---|
| ㉠ $4000\ m^2$ | ㉡ $400000\ cm^2$ |
| ㉢ $40000\ cm^2$ | ㉣ $400\ m^2$ |

(　　　　　　　　　)

**2-3** 넓이가 좁은 것부터 차례대로 기호를 써 보세요.

| | |
|---|---|
| ㉠ $8\ km^2$ | ㉡ $6000000\ m^2$ |
| ㉢ $10000000\ m^2$ | ㉣ $11\ km^2$ |

(　　　　　　　　　)

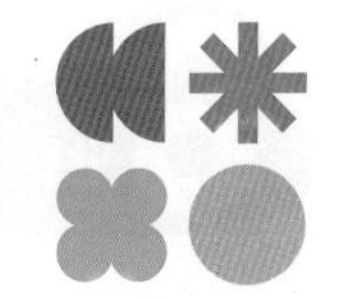

🔗 1회 12번 🔗 4회 14번

## 유형 3 둘레를 알 때 한 변의 길이 구하기

정오각형의 둘레가 30 cm일 때, □ 안에 알맞은 수를 써넣으세요.

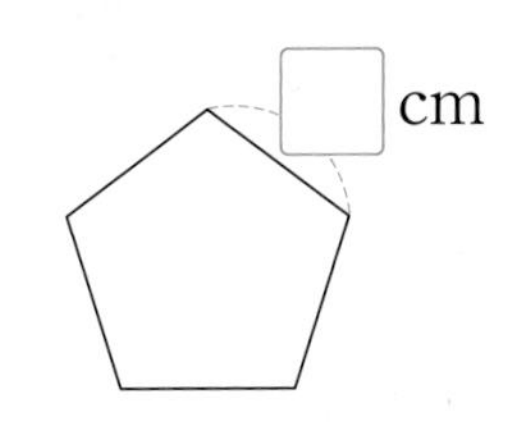


**Tip** (정다각형의 둘레)
=(한 변의 길이)×(변의 수)
→ (한 변의 길이)=(정다각형의 둘레)÷(변의 수)

**3-1** 평행사변형의 둘레가 28 cm일 때, □ 안에 알맞은 수를 써넣으세요.

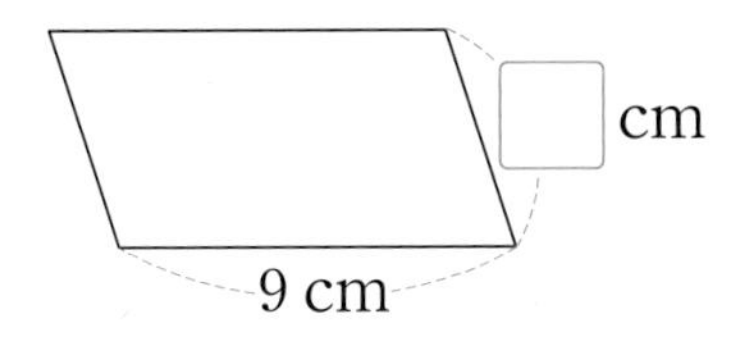


**3-2** 둘레가 48 m인 마름모의 한 변의 길이는 몇 m인지 구해 보세요.

(　　　　　　　　)

**3-3** 정사각형과 직사각형의 둘레가 같을 때, □ 안에 알맞은 수를 써넣으세요.

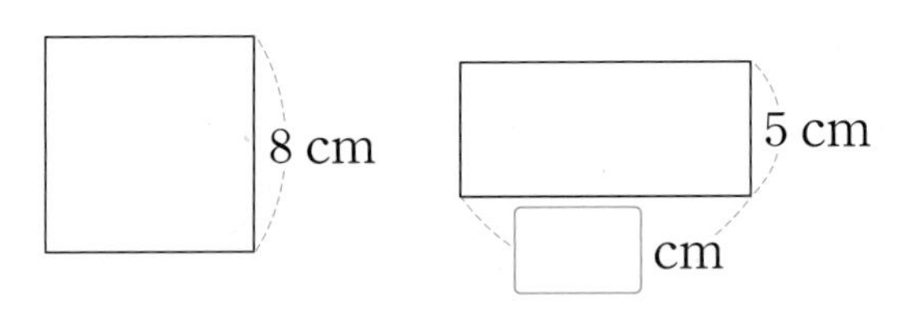


🔗 2회 13번 🔗 3회 13번

## 유형 4 넓이를 알 때 한 변의 길이 또는 높이 구하기

평행사변형의 넓이가 56 $cm^2$일 때, □ 안에 알맞은 수를 써넣으세요.

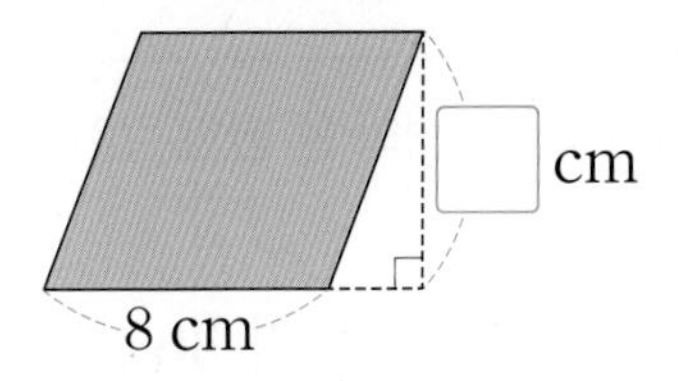


**Tip** (평행사변형의 넓이)
=(밑변의 길이)×(높이)
→ (높이)=(평행사변형의 넓이)÷(밑변의 길이)

**4-1** 직사각형의 넓이가 32 $m^2$일 때, □ 안에 알맞은 수를 써넣으세요.

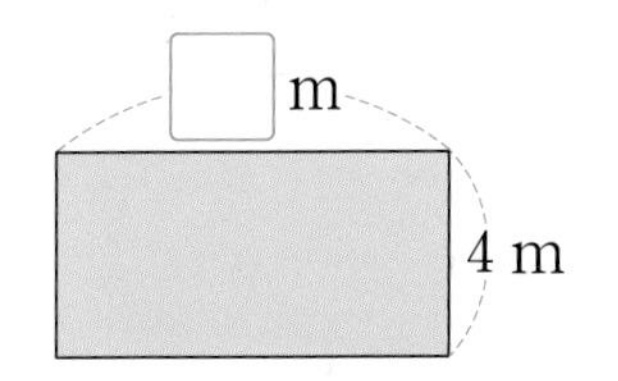


**4-2** 삼각형의 넓이가 42 $cm^2$일 때, □ 안에 알맞은 수를 써넣으세요.

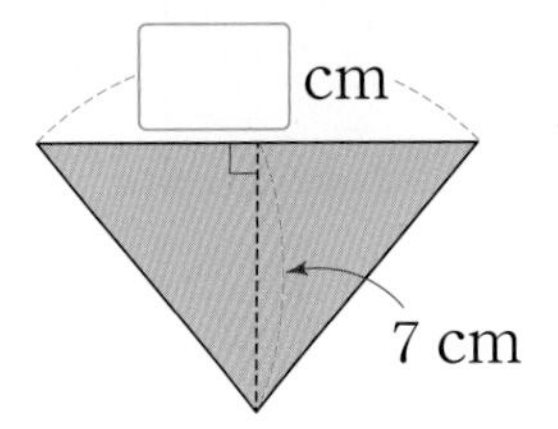


**4-3** 사다리꼴의 넓이가 51 $cm^2$일 때, □ 안에 알맞은 수를 써넣으세요.

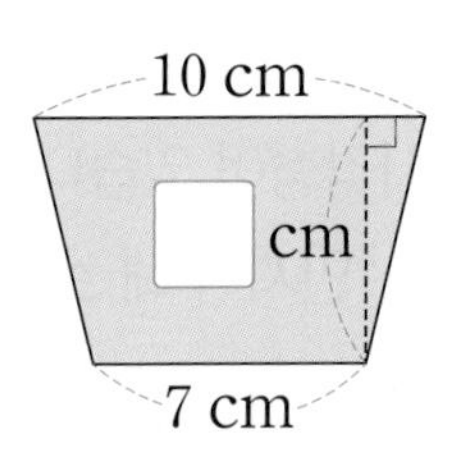

2회 15번

## 유형 5 둘레를 이용하여 넓이 구하기

둘레가 36 cm인 정사각형의 넓이는 몇 $cm^2$인지 구해 보세요.

(　　　　　　　　)

Tip 먼저 정사각형의 한 변의 길이를 구해요.

**5-1** 직사각형의 둘레가 30 cm일 때, 넓이는 몇 $cm^2$인지 구해 보세요.

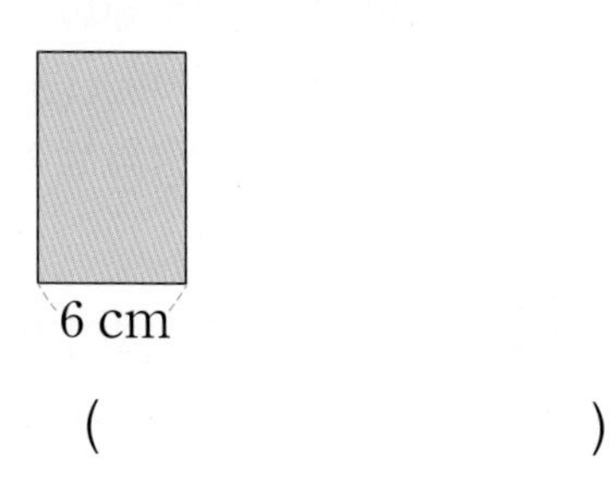


(　　　　　　　　)

**5-2** 직사각형의 둘레가 42 cm일 때, 넓이는 몇 $cm^2$인지 구해 보세요.

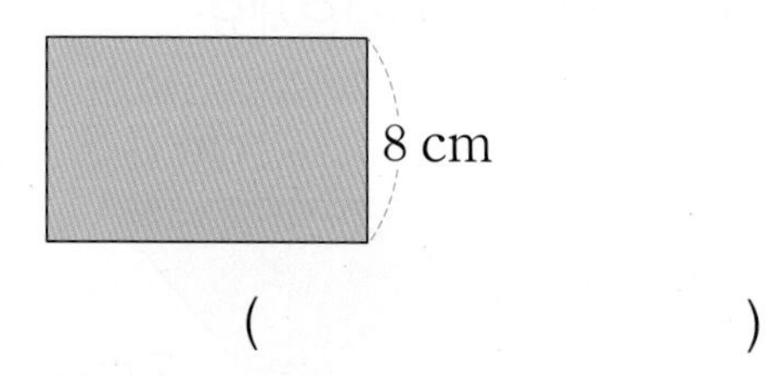


(　　　　　　　　)

**5-3** 둘레가 50 cm이고, 가로가 세로보다 5 cm 더 긴 직사각형이 있습니다. 이 직사각형의 넓이는 몇 $cm^2$인지 구해 보세요.

(　　　　　　　　)

1회 15번

## 유형 6 직각으로 이루어진 도형의 둘레 구하기

도형의 둘레는 몇 cm인지 구해 보세요.

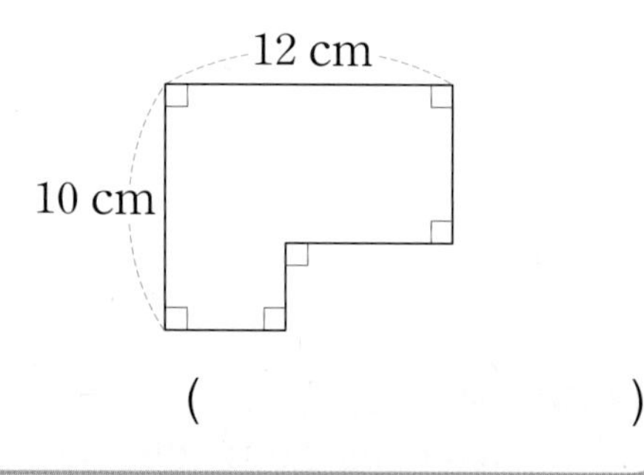


(　　　　　　　　)

Tip 직각으로 이루어진 도형은 변을 평행하게 옮겨 직사각형으로 만들어서 둘레를 구해요.

**6-1** 도형의 둘레는 몇 cm인지 구해 보세요.

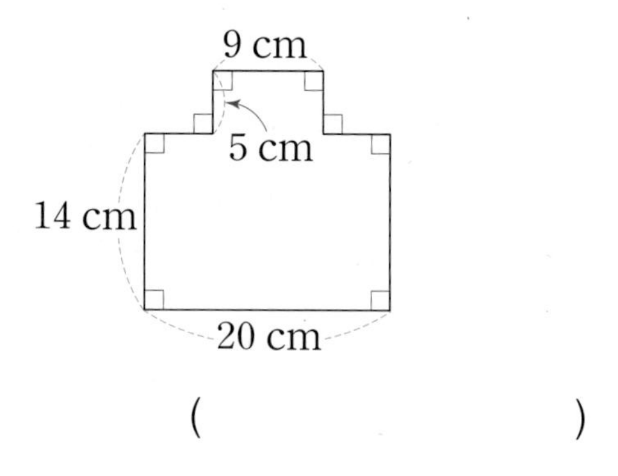


(　　　　　　　　)

**6-2** 도형의 둘레는 몇 cm인지 구해 보세요.

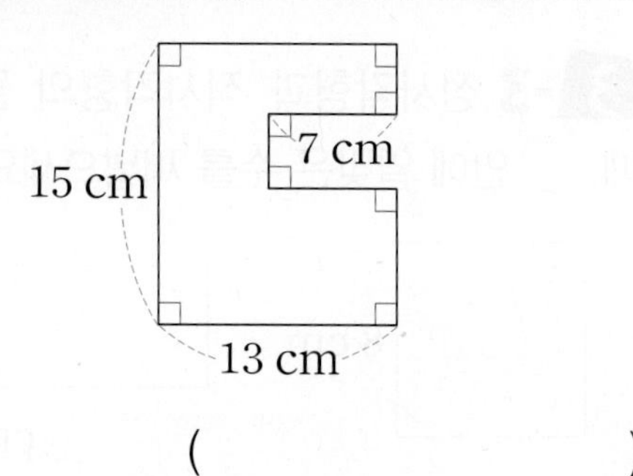


(　　　　　　　　)

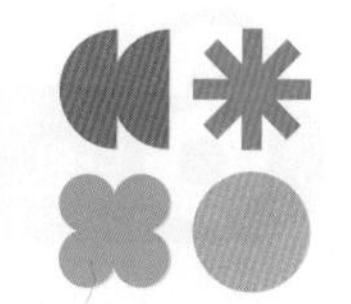

1회 17번 3회 17번

## 유형 7 넓이가 같음을 이용하여 한 변의 길이 또는 높이 구하기

평행사변형과 직사각형의 넓이가 같을 때, ☐ 안에 알맞은 수를 써넣으세요.

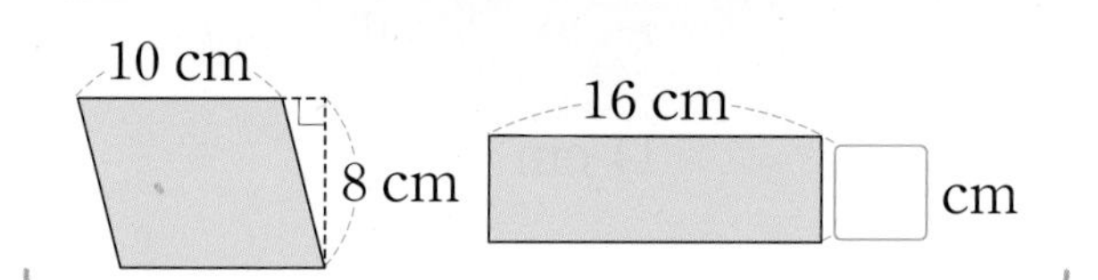


Tip 먼저 평행사변형의 넓이를 구해요.

**7-1** 직사각형과 정사각형의 넓이가 같을 때, ☐ 안에 알맞은 수를 써넣으세요.

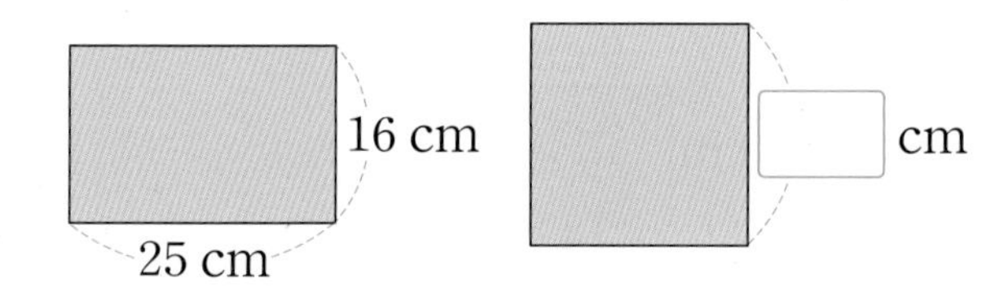


**7-2** 정사각형과 삼각형의 넓이가 같을 때, ☐ 안에 알맞은 수를 써넣으세요.

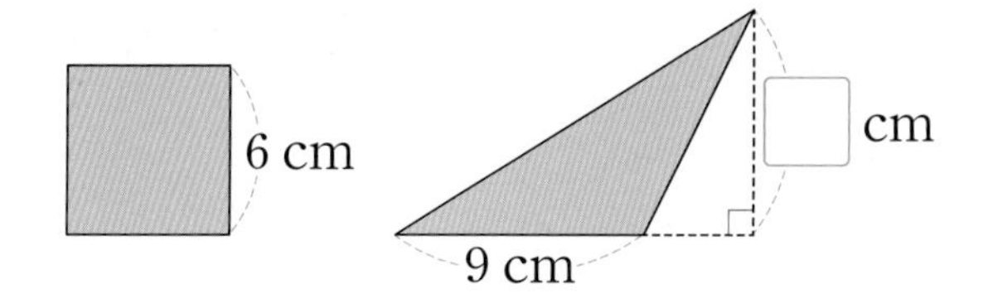


**7-3** 마름모와 사다리꼴의 넓이가 같을 때, ☐ 안에 알맞은 수를 써넣으세요.

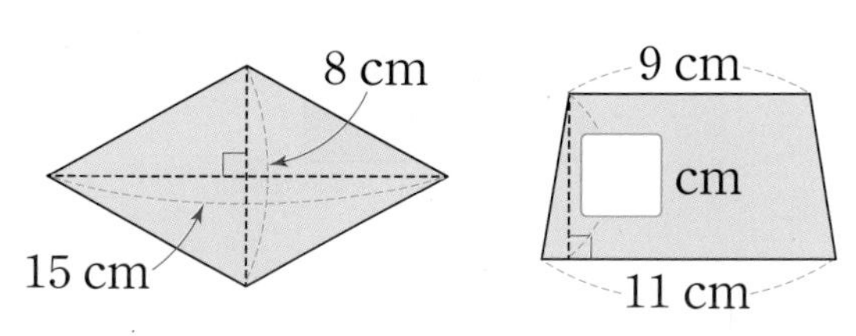


4회 18번

## 유형 8 이어 붙인 도형의 둘레 구하기

정사각형 한 개의 둘레는 20 cm입니다. 정사각형 2개를 그림과 같이 겹치지 않게 이어 붙였을 때, 이어 붙인 도형의 둘레는 몇 cm인지 구해 보세요.

( )

Tip 먼저 정사각형의 한 변의 길이를 구해요.

**8-1** 정사각형 한 개의 둘레는 28 cm입니다. 정사각형 3개를 그림과 같이 겹치지 않게 이어 붙였을 때, 이어 붙인 도형의 둘레는 몇 cm인지 구해 보세요.

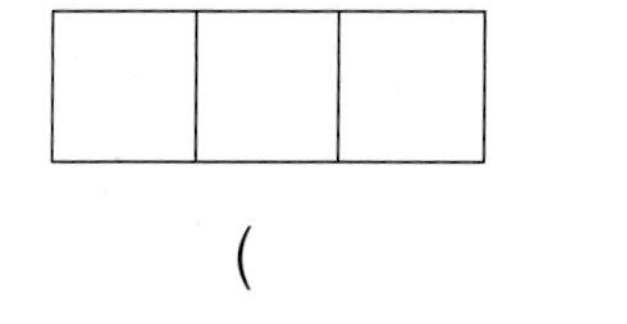

( )

**8-2** 정사각형 한 개의 둘레는 36 cm입니다. 정사각형 4개를 오른쪽 그림과 같이 겹치지 않게 이어 붙였을 때, 이어 붙인 도형의 둘레는 몇 cm인지 구해 보세요.

( )

**8-3** 정사각형 한 개의 둘레는 32 cm입니다. 정사각형 5개를 오른쪽 그림과 같이 겹치지 않게 이어 붙였을 때, 이어 붙인 도형의 둘레는 몇 cm인지 구해 보세요.

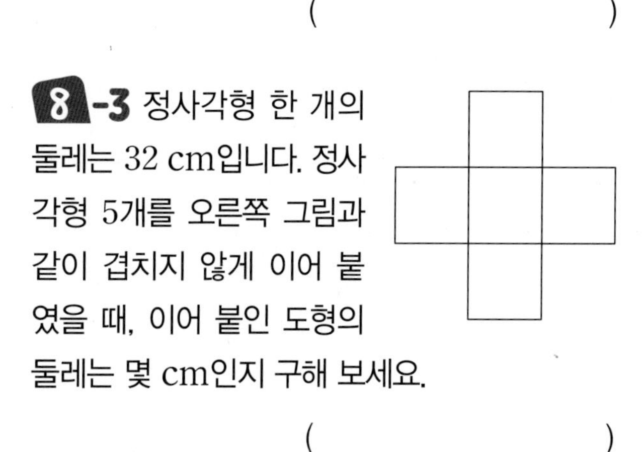

( )

3회 18번

## 유형 9 직각으로 이루어진 도형의 넓이 구하기

도형의 넓이는 몇 $cm^2$인지 구해 보세요.

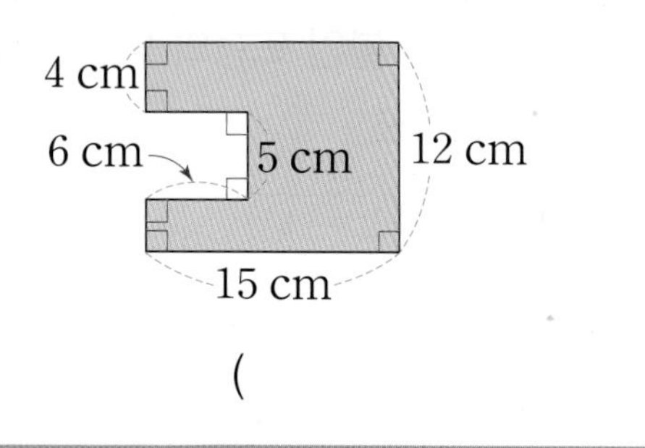


( )

Tip (도형의 넓이)
=(큰 직사각형의 넓이)
−(색칠하지 않은 직사각형의 넓이)

**9-1** 도형의 넓이는 몇 $cm^2$인지 구해 보세요.

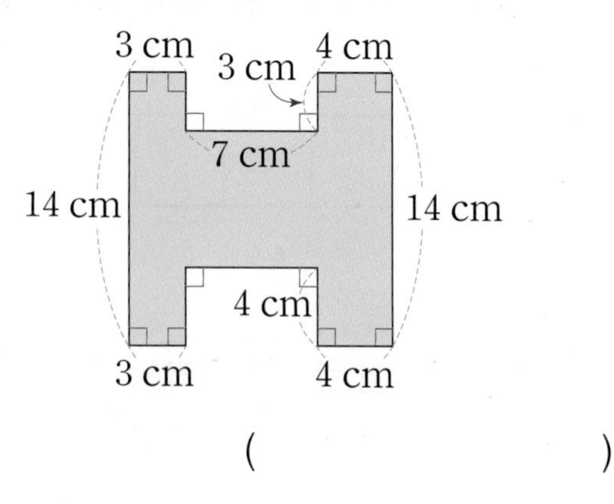


( )

**9-2** 도형의 넓이는 몇 $cm^2$인지 구해 보세요.

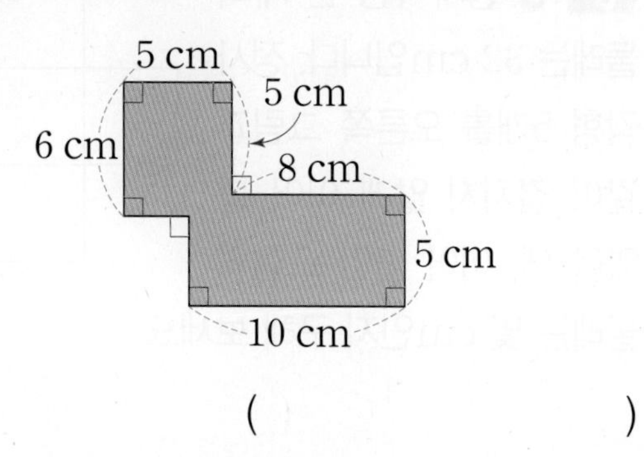


( )

1회 20번 4회 19번

## 유형 10 다각형의 넓이 구하기

도형의 넓이는 몇 $cm^2$인지 구해 보세요.

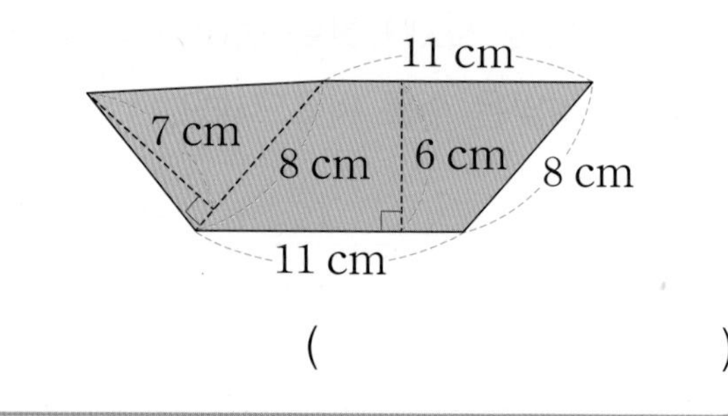


( )

Tip 다각형을 직사각형, 평행사변형, 삼각형, 마름모, 사다리꼴 등으로 나누어 넓이를 구해요.

**10-1** 도형의 넓이는 몇 $cm^2$인지 구해 보세요.

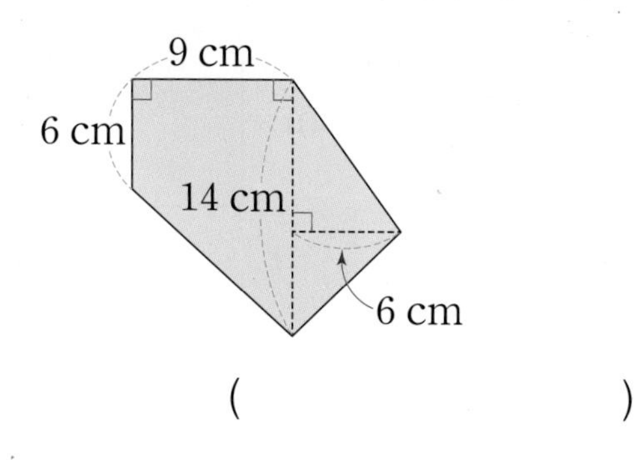


( )

**10-2** 도형의 넓이는 몇 $cm^2$인지 구해 보세요.

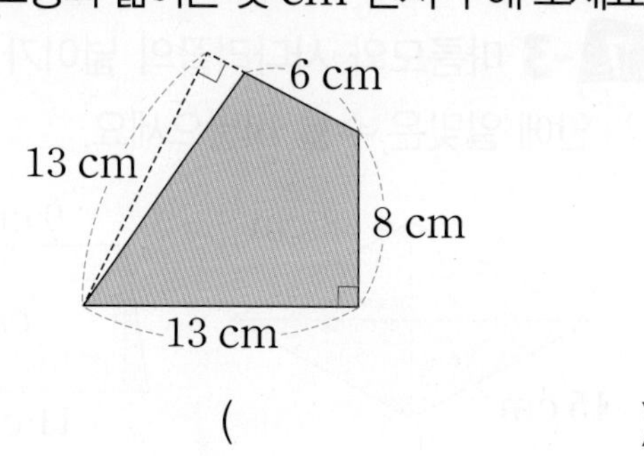


( )

3회 20번

## 유형 11 높이가 주어지지 않은 사다리꼴의 넓이 구하기

사다리꼴 ㄱㄴㄷㄹ의 넓이는 몇 $cm^2$인지 구해 보세요.

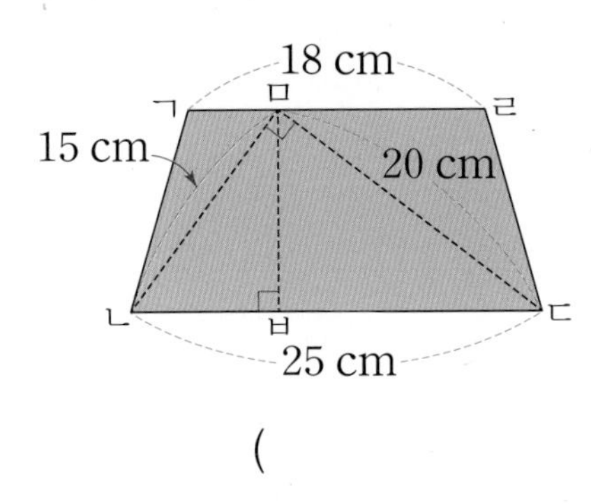


( )

**Tip** 삼각형의 넓이를 이용하여 사다리꼴의 높이를 구해요.

**11-1** 사다리꼴 ㄱㄴㄷㄹ의 넓이는 몇 $cm^2$인지 구해 보세요.

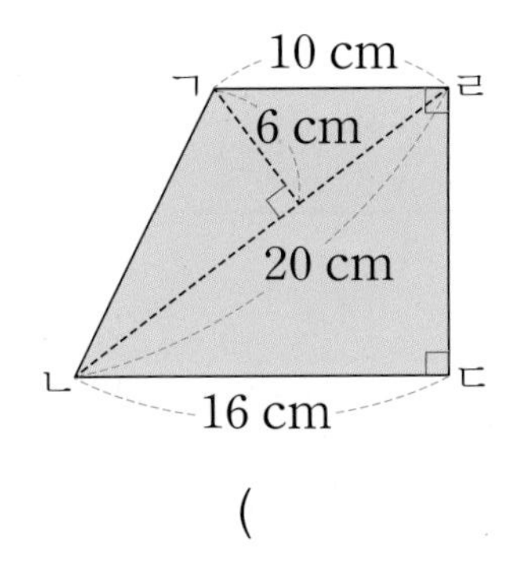


( )

**11-2** 사다리꼴 ㄱㄴㄷㄹ의 넓이는 몇 $cm^2$인지 구해 보세요.

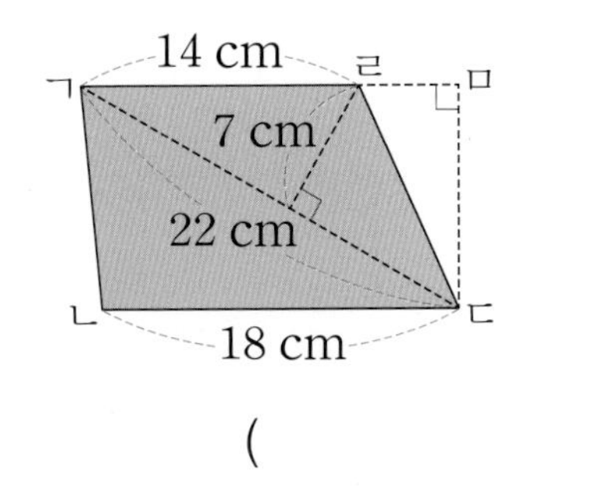


( )

2회 20번

## 유형 12 이어 붙여 만든 도형의 둘레 구하기

정사각형 2개를 겹치지 않게 이어 붙여 만든 도형입니다. 도형의 넓이가 106 $cm^2$일 때, 도형의 둘레는 몇 cm인지 구해 보세요.

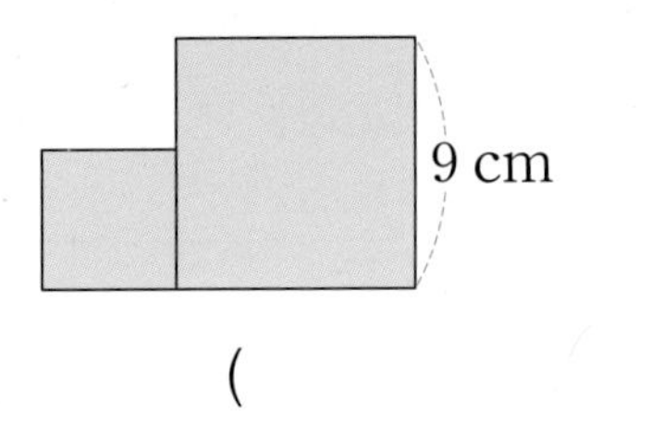


( )

**Tip** 변의 길이가 주어진 정사각형의 넓이를 이용해서 다른 정사각형의 한 변의 길이를 구해요.

**12-1** 정사각형 2개를 겹치지 않게 이어 붙여 만든 도형입니다. 도형의 넓이가 149 $cm^2$일 때, 도형의 둘레는 몇 cm인지 구해 보세요.

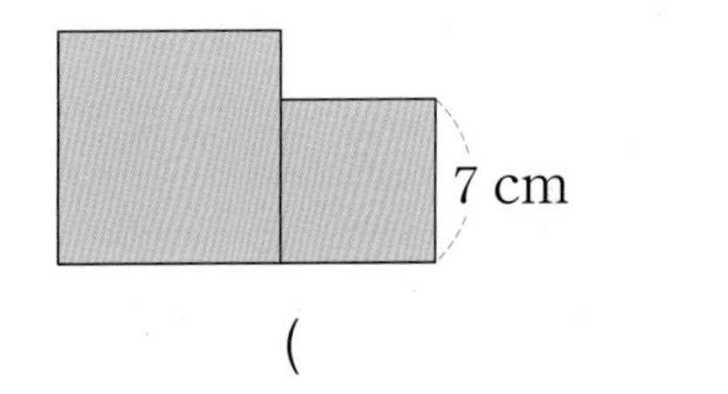


( )

**12-2** 정사각형 ㄱㄴㄷㅅ과 직사각형 ㅂㄷㄹㅁ을 겹치지 않게 이어 붙여 만든 도형입니다. 도형의 넓이가 141 $cm^2$일 때, 도형의 둘레는 몇 cm인지 구해 보세요.

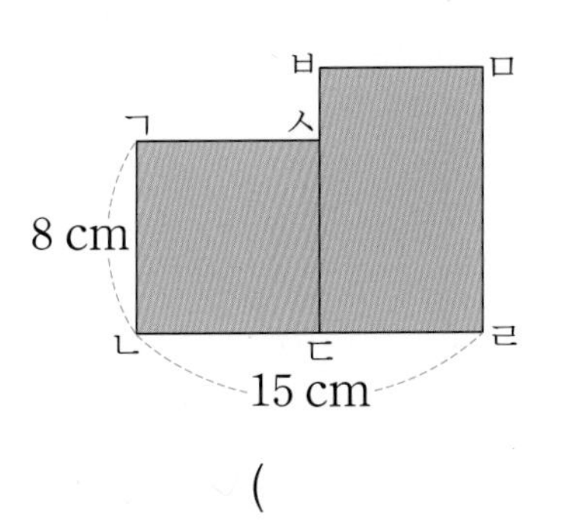


( )

# MEMO

# 아이와 평생 함께할 습관을 만듭니다.

아이스크림 홈런 2.0

**공부를 좋아하는 습관**

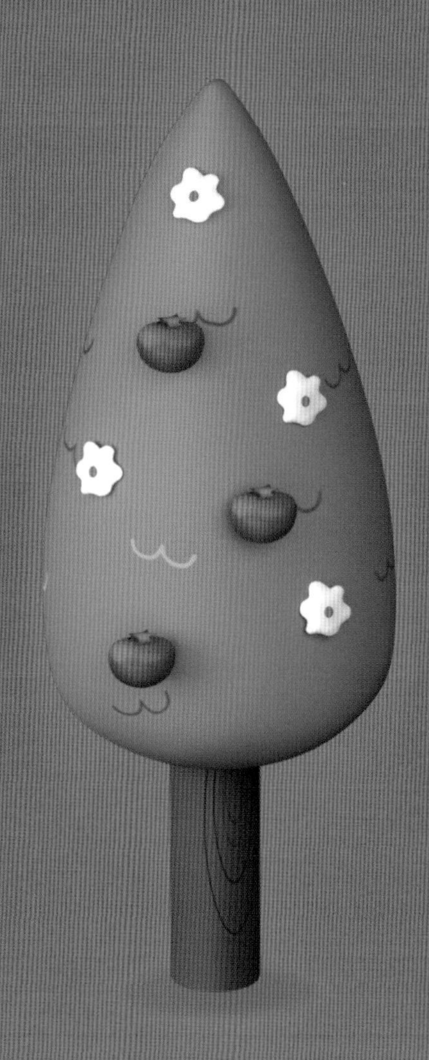

기본을 단단하게
나만의 속도로
무엇보다 재미있게

i-Scream edu

# 아이스크림 더 실전

# 정답 및 풀이

## 1단원 자연수의 혼합 계산

### 6~8쪽 AI가 추천한 단원 평가 

01 (　　)
(　○　)

02 4, 12

03 $54-(19+8)=54-27$
$=27$
(① $19+8$, ② $54-27$)

04 $72\div(6\times2)=72\div12$
$=6$
(① $6\times2$, ② $72\div12$)

05 78

06 5

07 (선 잇기)

08 $7+(10-2)\times8=7+8\times8$
$=7+64$
$=71$

09 (　　)(　○　)

10 $(15+17)\div8=4$

11 35

12 ③

13 풀이 참고, 21

14 $(83-8)\div5=15$, 15개

15 ㉡, ㉣, ㉢, ㉠

16 예 $5000-(800\times4+500)=1300$, 1300원

17 $42+30\div(3\times5)=44$

18 $(77-32)\times5\div9=25$, 25 ℃

19 풀이 참고, 33

20 4개

11 $52-(16+18)\div2=52-34\div2$
$=52-17=35$

12 ③ $(9+5)-21\div3=14-21\div3=14-7=7$,
$9+5-21\div3=9+5-7=14-7=7$

13 예 ㉠ $25-7+12\times2=25-7+24$
$=18+24=42$」 ❶
㉡ $9+6\times(11-3)\div4=9+6\times8\div4$
$=9+48\div4$
$=9+12=21$」 ❷
따라서 ㉠과 ㉡의 계산 결과의 차는
$42-21=21$입니다.」 ❸

| 채점 기준 | |
|---|---|
| ❶ ㉠의 계산 결과 구하기 | 2점 |
| ❷ ㉡의 계산 결과 구하기 | 2점 |
| ❸ ㉠과 ㉡의 계산 결과의 차 구하기 | 1점 |

14 (필요한 봉지 수)
=(버리고 남은 사과 수)÷(한 봉지에 담는 사과 수)
$=(83-8)\div5=75\div5=15$(개)

15 ㉠ $3+46-54\div9=3+46-6=49-6=43$
㉡ $20-4\times(9+5)\div8=20-4\times14\div8$
$=20-56\div8$
$=20-7=13$
㉢ $14+(12-6)\times3=14+6\times3$
$=14+18=32$
㉣ $7+77\div(11-4)\times2=7+77\div7\times2$
$=7+11\times2$
$=7+22=29$
➔ $\underset{㉡}{13}<\underset{㉣}{29}<\underset{㉢}{32}<\underset{㉠}{43}$

16 (거스름돈)=(낸 돈)−(연필과 지우개 값의 합)
$=5000-(800\times4+500)$
$=5000-(3200+500)$
$=5000-3700=1300$(원)

17 계산 순서가 달라지는 곳에 (　　)를 넣어 보며 식이 성립하는 경우를 찾습니다.
• $(42+30)\div3\times5=72\div3\times5$
$=24\times5=120$(×)
• $42+30\div(3\times5)=42+30\div15$
$=42+2=44$(○)
• $(42+30\div3)\times5=(42+10)\times5$
$=52\times5=260$(×)

18 $(77-32)\times5\div9=45\times5\div9$
$=225\div9=25$(℃)

19 예 어떤 수를 □라고 하면 □$\times7-5=51$이므로
□$\times7=56$, □$=8$입니다.」 ❶
따라서 바르게 계산하면
$8\times5-7=40-7=33$입니다.」 ❷

| 채점 기준 | |
|---|---|
| ❶ 어떤 수 구하기 | 3점 |
| ❷ 바르게 계산한 값 구하기 | 2점 |

20 $(12+18)\div6+9=30\div6+9=5+9=14$이고, $76\div4=19$이므로 식을 간단하게 만들면
$14<19-$□입니다.
따라서 □ 안에 들어갈 수 있는 자연수는 5보다 작아야 하므로 1, 2, 3, 4로 모두 4개입니다.

9~11쪽 **AI가 추천한 단원 평가 2회**

01 $25-(9\div3)+5$
02 (계산 순서대로) 18, 32, 32
03 (계산 순서대로) 6, 4, 27, 27
04 ㉢, ㉠, ㉡, ㉣
05 23
06 14
07 26, 71
08 다릅니다
09 58
10 <
11 $40-(3+4)\times2=$ 26, 26
12 $6\times(21-5)-35=61$
13 풀이 참고, ㉢
14 $26+18-7=37$, 37명
15 풀이 참고, 39 km
16 $520\div2+180-390=50$, 50 g
17 7
18 $75\times7-60\times(7-2)=225$, 225회
19 $60\div4+95\div5-6=28$, 28 cm
20 $\div$, $\times$, $+$

05 $50+35\div7-4\times8=50+5-4\times8$
$=50+5-32$
$=55-32=23$

06 $42\times2\div6=84\div6=14$

07 • $15+8\times4-21=15+32-21=47-21=26$
• $(15+8)\times4-21=23\times4-21$
$=92-21=71$

08 (　)가 있을 때와 없을 때의 식의 계산 순서가 달라져서 두 식의 계산 결과는 다릅니다.

09 $\square=46+75-63=121-63=58$

10 $72\div(8\times3)=72\div24=3$,
$72\div8\times3=9\times3=27$이고 $3<27$이므로
$72\div(8\times3)<72\div8\times3$입니다.

11 (남는 연필 수)
=(전체 연필 수)
－(남학생과 여학생에게 나누어 준 연필 수)
$=40-(3+4)\times2=40-7\times2$
$=40-14=26$(자루)

12 $6\times(21-5)-35=6\times16-35$
$=96-35=61$

13 예 ㉠ $14+(9-5)\times4=14+4\times4$
$=14+16=30$
㉡ $256\div(2+6)-2=256\div8-2$
$=32-2=30$
㉢ $66-(21+8)=66-29=37$」❶
따라서 계산 결과가 다른 하나는 ㉢입니다.」❷

| 채점 기준 | |
|---|---|
| ❶ ㉠, ㉡, ㉢의 계산 결과 각각 구하기 | 3점 |
| ❷ 계산 결과가 다른 하나 찾기 | 2점 |

14 (안경을 쓰지 않은 학생 수)
$=26+18-7=44-7=37$(명)

15 예 버스가 3시간 동안 달린 거리에서 트럭이 3시간 동안 달린 거리를 빼면 되므로 $85\times3-72\times3$을 계산합니다.」❶
따라서 버스는 트럭보다
$85\times3-72\times3$
$=255-72\times3=255-216=39$(km) 더 많이 달렸습니다.」❷

| 채점 기준 | |
|---|---|
| ❶ 문제에 알맞은 하나의 식 만들기 | 2점 |
| ❷ 버스는 트럭보다 몇 km 더 많이 달렸는지 구하기 | 3점 |

16 (사과 1개 무게)+(복숭아 1개 무게)－(배 1개 무게)
$=520\div2+180-390=260+180-390$
$=440-390=50$(g)

17 $(4+16)\times\square\div5=28$, $20\times\square\div5=28$,
$20\times\square=140$ ➜ $\square=140\div20=7$

18 (재호가 일주일 동안 한 줄넘기 횟수)
－(수연이가 일주일 동안 한 줄넘기 횟수)
$=75\times7-60\times(7-2)=75\times7-60\times5$
$=525-60\times5=525-300=225$(회)

19 (이어 붙인 색 테이프의 전체 길이)
$=60\div4+95\div5-6=15+95\div5-6$
$=15+19-6=34-6=28$(cm)

20 괄호 안을 먼저 계산하는 것에 의미가 생기도록 식을 만들고, 계산하여 식이 성립하는 경우를 찾습니다.
• $90\div(9+5)\times3=90\div14\times3$(×)
• $90\times(9+5)\div3=90\times14\div3$
$=1260\div3=420$(×)
• $90\div(9\times5)+3=90\div45+3$
$=2+3=5$(○)
• $90\times(9\div5)+3$(×)

## 12~14쪽 AI가 추천한 단원 평가 

01 (　　)( ○ )
02 63−(24+19)　　[①: 24+19, ②: 63−]
03 25, 25, 29
04 8, 40, 10, 19
05 4, 2, 1, 3
06 37
07 ( ○ )
( 　)
08 미주
09 ㉠
10 −, +, 20 / 20
11 ㉡
12 $40-35\div5\times4=12$
13 풀이 참고, 54
14 $8\times3\div4=6$, 6개
15 $20-2\times4+5=17$, 17장
16 풀이 참고, +
17 14
18 $120\div(15-7)+6=21$
19 예 $10000-(900\times2+2500+4800\div3)$
$=4100$, 4100원
20 75

08 • 경호: $42-13+19=29+19=48$
• 미주: $98\div7\times2=14\times2=28$
따라서 바르게 계산한 사람은 미주입니다.

09 ㉠ $40\div5\times3-7+11$

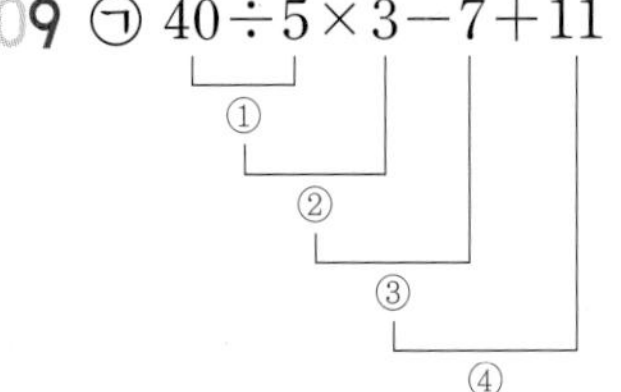

㉡ $6\times(13-9)\div4+29$
[①: 13−9, ②: 6×, ③: ÷4, ④: +29]

10 (지금 버스에 타고 있는 승객 수)
=(처음 승객 수)−(내린 승객 수)+(탄 승객 수)
$=22-7+5=15+5=20$(명)

11 • $42\div(3\times2)=42\div6=7$
• $42\div3\times2=14\times2=28$
두 식의 계산 순서가 달라서 계산 결과도 다릅니다.
따라서 잘못 설명한 것은 ㉡입니다.

12 두 식에서 공통인 수는 7이므로 오른쪽 식의 7 대신에 $35\div5$를 넣어 하나의 식으로 만듭니다.
➔ $40-35\div5\times4=12$

13 예 $(21-8)\times4+14\div7=13\times4+14\div7$
$=52+14\div7=52+2=54$이고,
$55-(34-28)\times3=55-6\times3=55-18=37$
입니다.」❶
따라서 $54>37$이므로 계산 결과가 더 큰 식의 계산 결과는 54입니다.」❷

채점 기준

| | |
|---|---|
| ❶ 두 식의 계산 결과 각각 구하기 | 4점 |
| ❷ 계산 결과가 더 큰 식의 계산 결과 구하기 | 1점 |

14 (접시 한 개에 놓는 빵의 수)
=(전체 빵의 수)÷(접시 수)
$=8\times3\div4=24\div4=6$(개)

15 (지금 예준이가 가지고 있는 딱지 수)
=(처음 딱지 수)−(친구들에게 준 딱지 수)
+(형에게 얻은 딱지 수)
$=20-2\times4+5=20-8+5=12+5=17$(장)

16 예 $45\div3=15$이므로 식을 간단하게 만들면
15○6=21입니다.」❶
따라서 $15+6=21$이므로 ○ 안에 알맞은 기호는 '+'입니다.」❷

채점 기준

| | |
|---|---|
| ❶ 식을 간단하게 만들기 | 3점 |
| ❷ ○ 안에 알맞은 기호 구하기 | 2점 |

17 어떤 수를 □라고 하면 $39-(16+□)+8=17$,
$39-(16+□)=9$, $16+□=30$, $□=14$입니다.

18 • $120\div(15-7)+6=120\div8+6$
$=15+6=21$(○)
• $120\div15-(7+6)=120\div15-13=8-13$(×)
• $120\div(15-7+6)=120\div14$(×)

19 (남는 돈)
=10000−(빵, 치즈, 계란 2인분의 가격의 합)
$=10000-(900\times2+2500+4800\div3)$
$=10000-(1800+2500+1600)$
$=10000-5900=4100$(원)

20 계산 결과가 가장 크게 되려면 7과 곱하는 수가 가장 커야 하므로 가장 큰 수와 두 번째로 큰 수를 괄호 안에 넣습니다.
➔ $7\times(6+5)-2=7\times11-2=77-2=75$

## 15~17쪽 AI가 추천한 단원 평가 4회

01 ( × )( ○ )

02 $41-3\times(4+7)=41-3\times11$
$=41-33$
$=8$
(계산 순서: ① $4+7$, ② $3\times11$, ③ $41-33$)

03 (계산 순서대로) 5, 18, 36, 18, 18

04 18　05 24　06 ㉢

07 ( )( )( ○ )　08 ㉡

09 풀이 참고　10 >　11 ( ○ ) ( )

12 $(10+5)\div3=5$　13 석주

14 $450+270-610=110$, 110 m

15 $12\times3\div2-7=11$, 11개

16 $(20\times4-2)\div6=13$, 13개

17 예 $1750-(1750-1110)\div2\times5=150$, 150 g

18 풀이 참고, 89　19 1, 2, 3

20 7

07 $26+14-3\times7=26+14-21=40-21=19$

08 ㉡ 덧셈, 뺄셈, 곱셈이 섞여 있는 식은 곱셈을 가장 먼저 계산해야 합니다.

09 예 ( )가 있는 식은 ( ) 안을 가장 먼저 계산해야 하고 뺄셈보다 나눗셈을 먼저 계산해야 하는데 앞에서부터 계산하여 잘못 계산했습니다.」❶
따라서 바르게 계산하면
$42-(16+12)\div7=42-28\div7$
$=42-4=38$입니다.」❷

채점 기준

| | |
|---|---|
| ❶ 잘못 계산한 곳을 찾아 이유 쓰기 | 2점 |
| ❷ 바르게 계산하기 | 3점 |

10 $7\times(3+5)=7\times8=56$이고 $56>30$이므로 $7\times(3+5)>30$입니다.

11 • $12\times(9\div3)=12\times3=36$,
$12\times9\div3=108\div3=36$
• $40\div(4\times2)=40\div8=5$,
$40\div4\times2=10\times2=20$

12 $(10+5)\div3=15\div3=5$

13 • 명희: $15-8+3\times4=15-8+12$
$=7+12=19$
• 석주: $56\div8-(2+1)=56\div8-3$
$=7-3=4$

14 (㉡~㉢)
=(㉠~㉢)+(㉡~㉣)−(㉠~㉣)
$=450+270-610=720-610=110$(m)

15 (남은 도넛 수)
=(언니와 나누어 가진 도넛 수)
−(친구에게 준 도넛 수)
$=12\times3\div2-7=36\div2-7$
$=18-7=11$(개)

16 (통 1개에 담은 달걀 수)
=(깨지지 않은 달걀 수)÷(통의 수)
$=(20\times4-2)\div6=(80-2)\div6$
$=78\div6=13$(개)

17 (빈 상자의 무게)
=(책 5권이 들어 있는 상자의 무게)
−(책 5권의 무게)
$=1750-(1750-1110)\div2\times5$
$=1750-640\div2\times5$
$=1750-320\times5=1750-1600=150$(g)

18 예 약속한 방법으로 5◈12를 나타내면
5◈12$=5+12\times(12-5)$입니다.」❶
따라서 5◈12$=5+12\times(12-5)$
$=5+12\times7$
$=5+84=89$입니다.」❷

채점 기준

| | |
|---|---|
| ❶ 약속한 방법으로 5◈12 나타내기 | 2점 |
| ❷ 5◈12 계산하기 | 3점 |

19 $96\div(7+5)=96\div12=8$이므로 식을 간단하게 만들면 $8<20-\square\times3$입니다.
$20-\square\times3=8$이라고 하면 $\square\times3=12$, $\square=4$입니다.
따라서 □ 안에 들어갈 수 있는 자연수는 4보다 작아야 하므로 1, 2, 3입니다.

20 계산 결과가 가장 작게 되려면 24를 나누는 수가 가장 커야 하므로 나누는 수를 8로 하고, 곱해서 더해지는 수가 가장 작아야 하므로 곱해지는 수를 2로 합니다.
→ $24\div8+2\times(6-4)=3+2\times2=3+4=7$

## 18~23쪽 틀린 유형 다시 보기

유형 1 ( )( ○ ) 1-1 ㉢

1-2 ㉠, ㉢, ㉡ 1-3 4, 1, 2, 3

유형 2 $56-21\div7+16=56-3+16$
$=53+16=69$

2-1 $(15+3)\times9-21$
$=18\times9-21$
$=162-21$
$=141$

2-2 $45-2\times(4+14)$
$=45-2\times18$
$=45-36$
$=9$

유형 3 $25-(9+4)=12$

3-1 $5\times12\div3=20$

3-2 $11+48\div8\times3=29$

3-3 $61-(26+16)\div6\times2=47$

유형 4 $>$ 4-1 $<$

4-2 ( ○ )
( )

4-3 ㉡, ㉠, ㉢

유형 5 $31-(16+7)=8$

5-1 $60\div(4\times5)=3$

5-2 $(22-8)\times3\div6=7$

5-3 $45-(19+9)\div7=41$

유형 6 $(12+3)\times3-1=44$, 44세

6-1 $7500\div3-9000\div5=700$, 700원

6-2 $(1300-150)\div5\times7=1610$, 1610 g

유형 7 19 7-1 6

7-2 25 7-3 45

유형 8 $72\div(4\times2)+1=10$

8-1 $42-3\times(5+2)=21$

8-2 $24+36\div(4-1)=36$

8-3 $14+56\div(7-3)\times2=42$

유형 9 45 9-1 10

9-2 70 9-3 16

유형 10 $-$, $\div$, $+$ 10-1 $-$, $\div$, $\times$

10-2 $\times$, $-$, $\div$ 10-3 $+$, $\times$, $-$

유형 11 1, 2, 3 11-1 1, 2, 3, 4

11-2 5 11-3 4개

유형 12 36 12-1 16

12-2 2

유형 1 ( )가 있는 식은 ( ) 안을 먼저 계산합니다.

1-1 덧셈, 뺄셈, 곱셈이 섞여 있는 식은 곱셈을 가장 먼저 계산합니다.

1-2 ( ) 안을 가장 먼저 계산하고 나눗셈, 덧셈의 순서로 계산합니다.

1-3 ( ) 안을 가장 먼저 계산하고 나눗셈, 곱셈, 뺄셈의 순서로 계산합니다.

---

유형 2 덧셈, 뺄셈, 나눗셈이 섞여 있는 식은 나눗셈을 가장 먼저 계산해야 하는데 앞에서부터 계산했습니다.

2-1 ( )가 있는 식은 ( ) 안을 가장 먼저 계산해야 하는데 곱셈을 먼저 계산했습니다.

2-2 ( )가 있는 식은 ( ) 안을 가장 먼저 계산해야 하는데 앞에서부터 계산했습니다.

---

유형 3 두 식에서 공통인 수는 13이므로 왼쪽 식의 13 대신에 $9+4$를 넣어 하나의 식으로 만듭니다.
→ $25-(9+4)=12$

3-1 두 식에서 공통인 수는 60이므로 오른쪽 식의 60 대신에 $5\times12$를 넣어 하나의 식으로 만듭니다.
→ $5\times12\div3=20$

3-2 두 식에서 공통인 수는 6이므로 왼쪽 식의 6 대신에 $48\div8$을 넣어 하나의 식으로 만듭니다.
→ $11+48\div8\times3=29$

3-3 두 식에서 공통인 수는 42이므로 왼쪽 식의 42 대신에 $26+16$을 넣어 하나의 식으로 만듭니다.
→ $61-(26+16)\div6\times2=47$

---

유형 4 $144\div9\times2=16\times2=32$,
$144\div(9\times2)=144\div18=8$이고, $32>8$이므로 $144\div9\times2>144\div(9\times2)$입니다.

4-1 $33-(14+7)=33-21=12$,
$33-14+7=19+7=26$이고, $12<26$이므로
$33-(14+7)<33-14+7$입니다.

4-2 $50+25-15\div5=50+25-3$
$=75-3=72$,
$50+(25-15)\div5=50+10\div5$
$=50+2=52$이고,
$72>52$이므로
$50+25-15\div5>50+(25-15)\div5$입니다.

**4-3** ㉠ $9+4\times12-8\div2=9+48-8\div2$
$=9+48-4$
$=57-4=53$

㉡ $(9+4)\times12-8\div2=13\times12-8\div2$
$=156-8\div2$
$=156-4=152$

㉢ $9+4\times(12-8)\div2=9+4\times4\div2$
$=9+16\div2$
$=9+8=17$

따라서 $152>53>17$이므로 계산 결과가 큰 것부터 차례대로 기호를 쓰면 ㉡, ㉠, ㉢입니다.

**유형 5** $31-(16+7)=31-23=8$

**5-1** $60\div(4\times5)=60\div20=3$

**5-2** $(22-8)\times3\div6=14\times3\div6$
$=42\div6=7$

**5-3** $45-(19+9)\div7=45-28\div7$
$=45-4=41$

**유형 6** (어머니의 연세)
=(지영이 언니의 나이)$\times3-1$
$=(12+3)\times3-1=15\times3-1$
$=45-1=44$(세)

**6-1** (사과 1개의 가격)−(귤 1개의 가격)
$=7500\div3-9000\div5$
$=2500-9000\div5$
$=2500-1800=700$(원)

**6-2** (공 7개의 무게)
=(공 1개의 무게)$\times7=(1300-150)\div5\times7$
$=1150\div5\times7=230\times7=1610$(g)

**유형 7** $7\times8-\square=37$, $56-\square=37$
➜ $\square=56-37=19$

**7-1** $\square+(12-3)\times4=42$, $\square+9\times4=42$,
$\square+36=42$ ➜ $\square=42-36=6$

**7-2** $21-(\square+5)\div6=16$, $(\square+5)\div6=5$,
$\square+5=30$ ➜ $\square=30-5=25$

**7-3** $33+2\times8-\square\div9=44$,
$33+16-\square\div9=44$,
$49-\square\div9=44$, $\square\div9=5$
➜ $\square=5\times9=45$

**유형 8** 계산 순서가 달라지는 곳에 (　　)를 넣어 보며 식이 성립하는 경우를 찾습니다.

• $72\div(4\times2)+1=72\div8+1$
$=9+1=10$(○)

• $72\div4\times(2+1)=72\div4\times3$
$=18\times3=54$(×)

• $72\div(4\times2+1)=72\div(8+1)$
$=72\div9=8$(×)

**8-1** • $(42-3)\times5+2=39\times5+2$
$=195+2=197$(×)

• $42-3\times(5+2)=42-3\times7$
$=42-21=21$(○)

• $42-(3\times5+2)=42-(15+2)$
$=42-17=25$(×)

**8-2** • $(24+36)\div4-1=60\div4-1$
$=15-1=14$(×)

• $24+36\div(4-1)=24+36\div3$
$=24+12=36$(○)

**8-3** • $(14+56)\div7-3\times2=70\div7-3\times2$
$=10-3\times2$
$=10-6=4$(×)

• $14+56\div(7-3)\times2=14+56\div4\times2$
$=14+14\times2$
$=14+28=42$(○)

• $14+(56\div7-3)\times2=14+(8-3)\times2$
$=14+5\times2$
$=14+10=24$(×)

• $14+56\div(7-3\times2)=14+56\div(7-6)$
$=14+56\div1$
$=14+56=70$(×)

• $(14+56\div7-3)\times2=(14+8-3)\times2$
$=(22-3)\times2$
$=19\times2=38$(×)

**유형 9** $12◆4=12\times4-12\div4=48-12\div4$
$=48-3=45$

**9-1** $9★15=(15-9)\times15\div9=6\times15\div9$
$=90\div9=10$

**9-2** $20♥8=20\times(20+8)\div8$
$=20\times28\div8=560\div8=70$

**9-3** $3◎7=3\times7-(7+8)\div3$
$=3\times7-15\div3=21-15\div3$
$=21-5=16$

---

**유형 10** 나누어떨어지는 나눗셈이 되어야 하므로 ÷를 어느 곳에 써넣어야 하는지 생각하여 식이 성립하는 경우를 찾습니다.

• $16+20\div4-7=16+5-7$
$=21-7=14$(×)

• $16-20\div4+7=16-5+7$
$=11+7=18$(○)

**10-1** 괄호 안을 먼저 계산하는 것에 의미가 생기도록 식을 만들고 계산하여 식이 성립하는 경우를 찾습니다.

$10-24\div(2\times4)+8=10-24\div8+8$
$=10-3+8$
$=7+8=15$(○)

**10-2** 나누어떨어지는 나눗셈이 되어야 하므로 ÷를 어느 곳에 써넣어야 하는지 생각하여 식이 성립하는 경우를 찾습니다.

• $31-4\times21\div3=31-84\div3$
$=31-28=3$(×)

• $31\times4-21\div3=124-21\div3$
$=124-7=117$(○)

**10-3** • $23+8-5\times13=23+8-65$
$=31-65$(×)

• $23+8\times5-13=23+40-13$
$=63-13=50$(○)

• $23-8+5\times13=23-8+65$
$=15+65=80$(×)

• $23-8\times5+13=23-40+13$(×)

• $23\times8+5-13=184+5-13$
$=189-13=176$(×)

• $23\times8-5+13=184-5+13$
$=179+13=192$(×)

---

**유형 11** $38-28\div2=38-14=24$이므로 식을 간단하게 만들면 $\square\times4+8<24$입니다.
$\square\times4+8=24$라고 하면 $\square\times4=16$,
$\square=4$입니다.
따라서 □ 안에 들어갈 수 있는 자연수는 4보다 작아야 하므로 1, 2, 3입니다.

**11-1** $25-8+28=17+28=45$이므로 식을 간단하게 만들면 $45>36\div4\times\square$입니다.
$36\div4\times\square=45$라고 하면 $9\times\square=45$,
$\square=5$입니다.
따라서 □ 안에 들어갈 수 있는 자연수는 5보다 작아야 하므로 1, 2, 3, 4입니다.

**11-2** $42\div6+3\times9=7+3\times9=7+27=34$이므로 식을 간단하게 만들면 $5\times8-\square>34$입니다.
$5\times8-\square=34$라고 하면 $40-\square=34$,
$\square=6$입니다.
따라서 □ 안에 들어갈 수 있는 자연수는 6보다 작아야 하므로 가장 큰 수는 5입니다.

**11-3** $5\times7-24\div6+10=35-24\div6+10$
$=35-4+10$
$=31+10=41$이므로
식을 간단하게 만들면 $41<23\times2-\square$입니다.
$23\times2-\square=41$이라고 하면 $46-\square=41$,
$\square=5$입니다.
따라서 □ 안에 들어갈 수 있는 자연수는 5보다 작아야 하므로 1, 2, 3, 4로 모두 4개입니다.

---

**유형 12** 계산 결과가 가장 크게 되려면 50에서 빼는 수가 작아야 합니다.
→ $50-(3+4)\times2=50-7\times2$
$=50-14=36$

**12-1** 계산 결과가 가장 크게 되려면 96을 나누는 수가 작아야 합니다.
→ $96\div(3\times4)+8=96\div12+8$
$=8+8=16$

**12-2** 계산 결과가 가장 작게 되려면 곱하는 수가 가장 작고 나누는 수가 가장 커야 합니다.
→ $(4+5)\times2\div9=9\times2\div9=18\div9=2$

## 2단원 약수와 배수

### 26~28쪽 AI가 추천한 단원 평가 1회

01 1, 2, 4, 8　02 24, 56　03 배수, 약수
04 1, 5 / 5　05 15, 30, 45　06 120
07 (수직선) 10　20　30
08 6개　09 $9\times6=54$ (또는 $6\times9=54$)
10 풀이 참고, 4개　11 52, 1
12 14, 168　13 1, 2, 4, 8, 16
14 1, 2, 5　15 ㉠　16 88
17 풀이 참고, 5자루　18 3월 22일
19 13　20 12

**09** 9가 54의 약수이므로 54는 9로 나누어떨어집니다.
따라서 $54\div9=6$이고, 이를 곱셈식으로 나타내면 $9\times6=54$ 또는 $6\times9=54$입니다.

**10** 예 $9\times3=27$, $9\times4=36$, $9\times5=45$, $9\times6=54$, $9\times7=63$, $9\times8=72$……이므로 35보다 크고 65보다 작은 수 중에서 9의 배수는 36, 45, 54, 63입니다.」❶
따라서 35보다 크고 65보다 작은 수 중에서 9의 배수는 모두 4개입니다.」❷

채점 기준

| 채점 기준 | 점수 |
|---|---|
| ❶ 35보다 크고 65보다 작은 수 중에서 9의 배수 구하기 | 4점 |
| ❷ 35보다 크고 65보다 작은 수 중에서 9의 배수의 개수 구하기 | 1점 |

**11** 어떤 수의 약수 중에서 가장 큰 수는 어떤 수 자신이고, 가장 작은 수는 1입니다.

**12**
2 ) 42　56 → 최대공약수: $2\times7=14$
7 ) 21　28　　최소공배수:
　　3　4　　$2\times7\times3\times4=168$

**13** 어떤 두 수의 공약수는 두 수의 최대공약수의 약수와 같습니다.
따라서 두 수의 공약수는 최대공약수인 16의 약수와 같으므로 1, 2, 4, 8, 16입니다.

**14** 10의 배수가 모두 □의 배수이므로 □는 10의 약수입니다.
따라서 1부터 9까지의 자연수 중에서 □ 안에 들어갈 수 있는 수는 1, 2, 5입니다.

**15**
㉠ 2 ) 24　28
　2 ) 12　14 → 최소공배수:
　　　6　7　　$2\times2\times6\times7=168$
㉡ 2 ) 44　66
　11 ) 22　33 → 최소공배수:
　　　2　3　　$2\times11\times2\times3=132$
따라서 두 수의 최소공배수가 더 큰 것은 ㉠입니다.

**16**
2 ) 4　22
　2　11 → 최소공배수: $2\times2\times11=44$
4와 22의 공배수는 두 수의 최소공배수인 44의 배수와 같으므로 44, 88, 132……입니다.
따라서 4와 22의 공배수 중에서 100에 가장 가까운 수는 88입니다.

**17** 예 연필과 색연필을 최대한 많은 학생에게 남김없이 똑같이 나누어 주려면 연필과 색연필 수의 최대공약수만큼 나누어 주어야 합니다.
$45=3\times3\times5$, $18=2\times3\times3$에서 최대공약수가 $3\times3=9$이므로 9명에게 나누어 줄 수 있습니다.」❶
따라서 한 사람에게 연필을 $45\div9=5$(자루) 주면 됩니다.」❷

채점 기준

| 채점 기준 | 점수 |
|---|---|
| ❶ 나누어 줄 수 있는 사람 수 구하기 | 3점 |
| ❷ 한 사람에게 줄 수 있는 연필 수 구하기 | 2점 |

**18** 진아와 선재는 6과 4의 최소공배수인 12일마다 수영장에서 동시에 만납니다.
따라서 바로 다음번에 두 사람이 수영장에서 만나는 날은 3월 10일에서 12일 후인 3월 22일입니다.

**19** 65의 약수는 1, 5, 13, 65입니다.
• 5의 약수: 1, 5 → $1+5=6$
• 13의 약수: 1, 13 → $1+13=14$
• 65의 약수: 1, 5, 13, 65 → $1+5+13+65=84$
따라서 조건을 만족하는 수는 13입니다.

**20** $30-6=24$, $42-6=36$을 각각 어떤 수로 나누면 나누어떨어지므로 어떤 수는 24와 36의 공약수 중에서 나머지인 6보다 큰 수입니다.
2 ) 24　36
2 ) 12　18
3 ) 6　9
　　2　3 → 최대공약수: $2\times2\times3=12$
따라서 24와 36의 공약수는 12의 약수인 1, 2, 3, 4, 6, 12이므로 어떤 수는 6보다 큰 12입니다.

## 29~31쪽 AI가 추천한 단원 평가 2회

| | | |
|---|---|---|
| 01 5, 10, 15, 20 | | 02 1, 2, 7, 14 |
| 03 ○ | 04 × | 05 21 |
| 06 14 | 07 84 | 08 2명, 5명 |
| 09 풀이 참고 | 10 112 | 11 8, 120 |
| 12 진수 | 13 4개 | 14 1, 3, 7, 21 |
| 15 24 m | 16 풀이 참고, 630 | |
| 17 7, 14 | 18 15장 | 19 3개 |
| 20 27, 45 | | |

**06** $28=2\times2\times7$, $42=2\times3\times7$

→ 28과 42의 최대공약수: $2\times7=14$

**07** $28=2\times2\times7$, $42=2\times3\times7$

→ 28과 42의 최소공배수: $2\times7\times2\times3=84$

**08** 연필 10자루를 남김없이 똑같이 나누어 가질 수 있는 사람 수는 10의 약수입니다.
10의 약수는 1, 2, 5, 10이므로 2명, 5명입니다.

**09** 예 16은 80의 약수입니다.」❶
$80\div16=5$이므로 80을 16으로 나누면 나누어떨어지기 때문입니다.」❷

채점 기준

| | |
|---|---|
| ❶ 16은 80의 약수인지 아닌지 쓰기 | 2점 |
| ❷ ❶의 이유 설명하기 | 3점 |

**10** 8을 1배, 2배, 3배, 4배, 5배…… 한 수이므로 8의 배수입니다.
따라서 14번째 수는 $8\times14=112$입니다.

**11**
```
2 ) 24  40
2 ) 12  20
2 )  6  10
     3   5
```
→ 최대공약수: $2\times2\times2=8$
최소공배수: $2\times2\times2\times3\times5=120$

**12** 수가 크다고 약수의 개수가 항상 더 많은 것은 아닙니다.

**13** 어떤 두 수의 공약수는 두 수의 최대공약수의 약수와 같습니다.
따라서 두 수의 공약수는 최대공약수인 34의 약수와 같으므로 1, 2, 17, 34로 모두 4개입니다.

**14** 21이 □의 배수이므로 □는 21의 약수입니다.
따라서 □ 안에 들어갈 수 있는 수는 21의 약수인 1, 3, 7, 21입니다.

**15** 의자는 나무를 심는 간격과 가로등을 세우는 간격의 최소공배수마다 놓아야 합니다.
```
2 ) 8  12
2 ) 4   6
    2   3
```
→ 최소공배수: $2\times2\times2\times3=24$
따라서 의자는 24 m마다 놓게 됩니다.

**16** 예 ㉠과 ㉡의 최대공약수가 6이므로 ㉠과 ㉡을 여러 수의 곱으로 나타내었을 때 공통으로 들어 있는 곱셈식은 $2\times3$입니다.」❶
따라서 ㉡$=2\times3\times7$이므로 두 수의 최소공배수는 $2\times3\times3\times5\times7=630$입니다.」❷

채점 기준

| | |
|---|---|
| ❶ ㉠과 ㉡을 여러 수의 곱으로 나타내었을 때 공통으로 들어 있는 곱셈식 알아보기 | 3점 |
| ❷ 두 수의 최소공배수 구하기 | 2점 |

**17** 70의 약수는 1, 2, 5, 7, 10, 14, 35, 70입니다.
이 중에서 5보다 크고 30보다 작은 수는 7, 10, 14이고, 7, 14가 7의 배수이므로 조건을 만족하는 수는 7, 14입니다.

**18** 정사각형 모양의 종이가 가장 클 때는 한 변의 길이가 직사각형 모양 종이의 가로와 세로의 최대공약수일 때입니다.
```
2 ) 30  50
5 ) 15  25
     3   5
```
→ 최대공약수: $2\times5=10$
따라서 가장 큰 정사각형 모양 종이의 한 변의 길이는 10 cm이고, 자른 정사각형 모양의 종이는 가로로 $30\div10=3$(장), 세로로 $50\div10=5$(장)이므로 모두 $3\times5=15$(장)이 됩니다.

**19** 5의 배수는 일의 자리 숫자가 0 또는 5입니다.
따라서 만들 수 있는 5의 배수는 30, 40, 70으로 모두 3개입니다.

**20** 어떤 두 수를 각각 ■, ▲라고 하면
```
9 ) ■  ▲
    ●  ★
```
에서 최소공배수가
$9\times$●$\times$★$=135$이므로 ●$\times$★$=15$입니다.
$9\times$●와 $9\times$★이 모두 두 자리 수이고
●$\times$★$=15$이므로 ●$\times$★$=3\times5$입니다.
따라서 두 수는 $9\times3=27$, $9\times5=45$입니다.

## 32~34쪽 AI가 추천한 단원 평가 3회

01 1, 2, 3, 6 / 1, 2, 3, 6
02 5, 15
03 15
04 18, 36 / 18
05 1, 2, 11, 22
06 51
07 (위에서부터) 3, 5 / 3, 6
08 ( )( ○ )( )
09 1, 2, 4
10 예 2 ) 28 56 / 56
2 ) 14 28
7 ) 7 14
1 2
11 (선 잇기)
12 ③
13 풀이 참고, 62
14 98
15 5번
16 18 cm
17 풀이 참고, 63, 42
18 153
19 6번
20 34

09 • 32의 약수: 1, 2, 4, 8, 16, 32
• 36의 약수: 1, 2, 3, 4, 6, 9, 12, 18, 36
→ 32와 36의 공약수: 1, 2, 4

10 28과 56의 최소공배수: $2 \times 2 \times 7 \times 1 \times 2 = 56$

11 • $3 \times 7 = 21$이므로 3과 7은 21과 약수와 배수의 관계입니다.
• $3 \times 12 = 36$이므로 3과 36은 약수와 배수의 관계입니다.
• $4 \times 9 = 36$이므로 4와 36은 약수와 배수의 관계입니다.
• $4 \times 13 = 52$이므로 4와 52는 약수와 배수의 관계입니다.

12 두 수의 공배수는 두 수의 최소공배수인 32의 배수와 같으므로 32, 64, 96, 128, 160……입니다.
따라서 두 수의 공배수가 아닌 수는 ③ 98입니다.

13 예 62의 약수는 1, 2, 31, 62로 4개이고, 20의 약수는 1, 2, 4, 5, 10, 20으로 6개입니다.」 ❶
따라서 약수의 개수가 더 적은 수는 62입니다.」 ❷

채점 기준

| | |
|---|---|
| ❶ 62와 20의 약수의 개수 각각 구하기 | 4점 |
| ❷ 약수의 개수가 더 적은 수 쓰기 | 1점 |

14 가장 큰 두 자리 수인 99를 14로 나누면
$99 \div 14 = 7 \cdots 1$입니다.
따라서 14의 배수 중에서 가장 큰 두 자리 수는 $14 \times 7 = 98$입니다.

15 버스가 25분 간격으로 출발하므로 25의 배수인 25분 후, 50분 후, 75분 후, 100분 후……일 때 출발합니다.
따라서 출발 시각은 오전 9시, 오전 9시 25분, 오전 9시 50분, 오전 10시 15분, 오전 10시 40분으로 모두 5번 출발합니다.

16 한 도막의 길이를 최대한 길게 자르려면 두 리본의 길이의 최대공약수만큼 잘라야 합니다.
2 ) 36 54
3 ) 18 27
3 ) 6 9
2 3 → 최대공약수: $2 \times 3 \times 3 = 18$
따라서 18 cm씩 잘라야 합니다.

17 예 ㉠과 ㉡의 최대공약수가 21이므로
$\square \times 7 = 21$, $\square = 3$입니다.」 ❶
따라서 $㉠ \div 3 = 21$에서 $㉠ = 21 \times 3 = 63$이고,
$㉡ \div 3 = 14$에서 $㉡ = 14 \times 3 = 42$입니다.」 ❷

채점 기준

| | |
|---|---|
| ❶ □ 안에 알맞은 수 구하기 | 2점 |
| ❷ ㉠과 ㉡에 알맞은 수 각각 구하기 | 3점 |

18 어떤 수의 배수는 가장 작은 수부터 차례대로 어떤 수만큼씩 커지므로 어떤 수는 6번째 배수와 7번째 배수의 차인 17입니다.
따라서 어떤 수의 9번째 배수는 $17 \times 9 = 153$입니다.

19 검은색 바둑돌을 승희는 4의 배수 자리마다 놓고, 호주는 3의 배수 자리마다 놓으므로 같은 자리에 검은색 바둑돌을 놓는 경우는 4와 3의 공배수 자리입니다.
4와 3의 최소공배수는 12이므로 4와 3의 공배수는 12, 24, 36, 48, 60, 72, 84……입니다.
따라서 두 사람이 각각 바둑돌 80개를 놓을 때 같은 자리에 검은색 바둑돌을 놓는 경우는 모두 6번입니다.

20 어떤 수에서 4를 뺀 수를 10과 15로 각각 나누면 나누어떨어지므로 어떤 수는 10과 15의 공배수보다 4만큼 더 큰 수입니다.
5 ) 10 15
2 3 → 최소공배수: $5 \times 2 \times 3 = 30$
따라서 10과 15의 공배수는 30의 배수이므로 어떤 수 중에서 가장 작은 수는 $30 + 4 = 34$입니다.

## 35~37쪽 AI가 추천한 단원 평가 

| | | |
|---|---|---|
| 01 배수 | 02 8 | 03 ○ |
| 04 1, 3, 5, 9, 15, 45 | | 05 ①, ③ |
| 06 5 / 5, 5 | 07 25, 150 | 08 ㉡ |
| 09 풀이 참고 | 10 ㉡ | 11 ㉢ |
| 12 90 | 13 9, 36 | 14 40, 60 |
| 15 풀이 참고, ㉡ | | 16 30분 후 |
| 17 8가지 | 18 6, 78 | 19 63 |
| 20 46개 | | |

**07** • 50과 75의 최대공약수: $5\times5=25$
• 50과 75의 최소공배수: $5\times5\times2\times3=150$

**08** ㉠ 30은 5의 배수입니다.
㉢ 30의 약수는 1, 2, 3, 5, 6, 10, 15, 30으로 모두 8개입니다.

**09** 예 144는 6의 배수입니다.」❶
$6\times24=144$이므로 6을 24배 한 수는 144이기 때문입니다.」❷

채점 기준

| | |
|---|---|
| ❶ 144는 6의 배수인지 아닌지 쓰기 | 2점 |
| ❷ ❶의 이유 설명하기 | 3점 |

**10** 큰 수를 작은 수로 나누었을 때 나누어떨어지면 두 수는 약수와 배수의 관계입니다.
㉠ $23\div5=4\cdots3$ ㉡ $63\div9=7$
㉢ $34\div11=3\cdots1$ ㉣ $49\div25=1\cdots24$

**11** 20과 28의 공약수는 1, 2, 4이고, 이 중 가장 큰 수는 4입니다.

**12** 58의 약수는 1, 2, 29, 58입니다.
→ $1+2+29+58=90$

**13** 어떤 수의 두 번째 배수는 어떤 수를 2배 한 수이므로 (어떤 수)$\times2=18$, (어떤 수)$=9$입니다.
따라서 9의 배수는 9, 18, 27, 36, 45, 54……입니다.

**14** 2 ) 4 10
　　2 5 → 최소공배수: $2\times2\times5=20$
4와 10의 공배수는 두 수의 최소공배수인 20의 배수와 같으므로 20, 40, 60, 80……입니다.
따라서 30부터 70까지의 수 중에서 4와 10의 공배수는 40, 60입니다.

**15** 예 ㉠ $18=2\times3\times3$, $27=3\times3\times3$이므로 18과 27의 최대공약수는 $3\times3=9$입니다.
㉡ $21=3\times7$, $42=2\times3\times7$이므로 21과 42의 최대공약수는 $3\times7=21$입니다.
㉢ $14=2\times7$, $28=2\times2\times7$이므로 14와 28의 최대공약수는 $2\times7=14$입니다.」❶
따라서 $21>14>9$이므로 최대공약수가 가장 큰 것은 ㉡입니다.」❷

채점 기준

| | |
|---|---|
| ❶ ㉠, ㉡, ㉢의 최대공약수 각각 구하기 | 3점 |
| ❷ 최대공약수가 가장 큰 것의 기호 쓰기 | 2점 |

**16** 승희와 윤재는 10분과 6분의 최소공배수마다 출발점에서 만납니다.
따라서 10과 6의 최소공배수는 30이므로 바로 다음번에 만나는 때는 30분 후입니다.

**17** 초콜릿 36개를 학생들에게 남김없이 똑같이 나누어 주려면 36의 약수를 구해야 합니다.
36의 약수는 1, 2, 3, 4, 6, 9, 12, 18, 36이고, 나누어 주는 학생 수가 1명보다 많으므로 학생 2명, 3명, 4명, 6명, 9명, 12명, 18명, 36명에게 나누어 줄 수 있습니다.
따라서 초콜릿을 학생들에게 나누어 줄 수 있는 방법은 모두 8가지입니다.

**18** 78의 약수는 1, 2, 3, 6, 13, 26, 39, 78입니다.
이 중에서 3의 배수는 3, 6, 39, 78이고, 6, 78이 짝수이므로 조건을 만족하는 수는 6, 78입니다.

**19** 어떤 수를 ■라고 하면
9 ) ■ 45
　　● 5 에서 최소공배수가 $9\times$●$\times5=315$이므로 $45\times$●$=315$, ●$=7$입니다.
따라서 ■$=9\times$●$=9\times7=63$입니다.

**20** 네 모퉁이에도 반드시 설치해야 하고, 말뚝을 가장 적게 사용해야 하므로 말뚝과 말뚝 사이의 거리는 가로와 세로의 최대공약수로 해야 합니다.
2 ) 40 52
2 ) 20 26
　　10 23 → 최대공약수: $2\times2=4$
따라서 직사각형의 모양의 땅의 둘레는 $(40+52)\times2=184$(m)이고, 말뚝과 말뚝 사이의 거리가 4 m이므로 필요한 말뚝은 모두 $184\div4=46$(개)입니다.

38~43쪽 **틀린 유형 다시 보기**

| | | |
|---|---|---|
| 유형 1 4개 | 1-1 6개 | 1-2 49 |
| 1-3 24 | 유형 2 84 | 2-1 135 |
| 2-2 320 | 2-3 4, 20 | 유형 3 28, 24 |
| 3-1 48, 56, 64 | | 3-2 96 |
| 3-3 207 | 유형 4 1, 2, 4, 5, 10, 20 | |
| 4-1 1, 2, 19, 38 | | |
| 4-2 27, 54, 81 | | |
| 4-3 14, 21, 42, 84 | | 유형 5 30, 40 |
| 5-1 28, 42 | 5-2 45, 75 | 유형 6 24, 48 |
| 6-1 45, 90 | 6-2 36, 72 | 6-3 240 |
| 유형 7 28 | 7-1 42 | 7-2 5, 15, 45 |
| 유형 8 9개 | 8-1 9 cm | 8-2 10 m |
| 8-3 4개, 3개 | 유형 9 8일 후 | |
| 9-1 오전 10시 30분 | | 9-2 15장 |
| 9-3 3바퀴, 2바퀴 | | 유형 10 45 |
| 10-1 36 | 10-2 44 | 10-3 18, 42 |
| 유형 11 4 | 11-1 6 | 11-2 6 |
| 11-3 5, 10 | 유형 12 41 | 12-1 58 |
| 12-2 62 | 12-3 51, 99 | |

**유형 1** 27의 약수: 1, 3, 9, 27 ➔ 4개

**1-1** 12의 약수: 1, 2, 3, 4, 6, 12 ➔ 6개

**1-2** • 28의 약수: 1, 2, 4, 7, 14, 28 ➔ 6개
• 49의 약수: 1, 7, 49 ➔ 3개
따라서 약수의 개수가 더 적은 수는 49입니다.

**1-3** • 15의 약수: 1, 3, 5, 15 ➔ 4개
• 24의 약수: 1, 2, 3, 4, 6, 8, 12, 24 ➔ 8개
• 37의 약수: 1, 37 ➔ 2개
따라서 약수의 개수가 가장 많은 수는 24입니다.

---

**유형 2** 7을 1배, 2배, 3배, 4배, 5배…… 한 수이므로 7의 배수입니다.
따라서 12번째 수는 $7\times12=84$입니다.

**2-1** 9를 1배, 2배, 3배, 4배, 5배…… 한 수이므로 9의 배수입니다.
따라서 15번째 수는 $9\times15=135$입니다.

**2-2** 16의 배수를 가장 작은 수부터 차례대로 쓸 때, 20번째 수는 16의 20배인 $16\times20=320$입니다.

**2-3** 어떤 수의 두 번째 배수는 어떤 수를 2배 한 수이므로 (어떤 수)$\times2=8$, (어떤 수)$=4$입니다.
따라서 4의 배수는 4, 8, 12, 16, 20, 24…… 입니다.

---

**유형 3** 20보다 크고 30보다 작은 수는 28, 26, 24이고, $4\times6=24$, $4\times7=28$이므로 20보다 크고 30보다 작은 수 중에서 4의 배수는 24, 28입니다.

**3-1** $8\times5=40$, $8\times6=48$, $8\times7=56$, $8\times8=64$, $8\times9=72$
따라서 45보다 크고 65보다 작은 수 중에서 8의 배수는 48, 56, 64입니다.

**3-2** 가장 큰 두 자리 수인 99를 6으로 나누면 $99\div6=16\cdots3$입니다.
따라서 6의 배수 중에서 가장 큰 두 자리 수는 $6\times16=96$입니다.

**3-3** $200\div23=8\cdots16$
$23\times8=184$ ➔ $200-184=16$
$23\times9=207$ ➔ $207-200=7$
따라서 23의 배수인 184와 207 중에서 200에 더 가까운 수는 207입니다.

---

**유형 4** 20이 □의 배수이므로 □는 20의 약수입니다.
따라서 □ 안에 들어갈 수 있는 수는 20의 약수인 1, 2, 4, 5, 10, 20입니다.

**4-1** 38이 □의 배수이므로 □는 38의 약수입니다.
따라서 □ 안에 들어갈 수 있는 수는 38의 약수인 1, 2, 19, 38입니다.

**4-2** 27이 □의 약수이므로 □는 27의 배수입니다.
따라서 27의 배수는 27, 54, 81, 108……이므로 □ 안에 들어갈 수 있는 두 자리 수는 27, 54, 81입니다.

**4-3** • □가 42의 약수일 때:
1, 2, 3, 6, 7, 14, 21, 42
• □가 42의 배수일 때: 42, 84, 126……
따라서 □ 안에 들어갈 수 있는 두 자리 수는 14, 21, 42, 84입니다.

유형 5 • ㉠÷2=15 ➔ ㉠=15×2=30
• ㉡÷2=20 ➔ ㉡=20×2=40

5-1 • ㉠÷2=14 ➔ ㉠=14×2=28
• ㉡÷2=21 ➔ ㉡=21×2=42

5-2 최대공약수가 15이므로 □×5=15, □=3 입니다.
• ㉠÷3=15 ➔ ㉠=15×3=45
• ㉡÷3=25 ➔ ㉡=25×3=75

유형 6 2 ) 6 8
3 4 ➔ 최소공배수: 2×3×4=24
6과 8의 공배수는 두 수의 최소공배수인 24의 배수와 같으므로 24, 48, 72……입니다.
따라서 20부터 60까지의 수 중에서 6과 8의 공배수는 24, 48입니다.

6-1 3 ) 9 15
3 5 ➔ 최소공배수: 3×3×5=45
9와 15의 공배수는 두 수의 최소공배수인 45의 배수와 같으므로 45, 90, 135……입니다.
따라서 1부터 100까지의 수 중에서 9와 15의 공배수는 45, 90입니다.

6-2 2 ) 18 12
3 ) 9 6 ➔ 최소공배수:
3 2 2×3×3×2=36
18과 12의 공배수는 두 수의 최소공배수인 36의 배수와 같으므로 36, 72, 108……입니다.
따라서 30부터 80까지의 수 중에서 18과 12의 공배수는 36, 72입니다.

6-3 2 ) 8 20
2 ) 4 10 ➔ 최소공배수:
2 5 2×2×2×5=40
8과 20의 공배수는 두 수의 최소공배수인 40의 배수와 같으므로 40, 80, 120, 160, 200, 240, 280……입니다.
따라서 8과 20의 공배수 중에서 250에 가장 가까운 수는 240입니다.

유형 7 56의 약수는 1, 2, 4, 7, 8, 14, 28, 56입니다.
이 중에서 10보다 크고 30보다 작은 수는 14, 28이고, 28이 4의 배수이므로 조건을 만족하는 수는 28입니다.

7-1 84의 약수는 1, 2, 3, 4, 6, 7, 12, 14, 21, 28, 42, 84입니다.
이 중에서 20보다 크고 50보다 작은 수는 21, 28, 42이고, 42가 6의 배수이므로 조건을 만족하는 수는 42입니다.

7-2 90의 약수는 1, 2, 3, 5, 6, 9, 10, 15, 18, 30, 45, 90입니다.
이 중에서 5의 배수는 5, 10, 15, 30, 45, 90이고, 5, 15, 45가 홀수이므로 조건을 만족하는 수는 5, 15, 45입니다.

유형 8 사과와 귤을 최대한 많은 바구니에 남김없이 똑같이 나누어 담으려면 바구니는 사과와 귤의 수의 최대공약수만큼 필요합니다.
3 ) 27 45
3 ) 9 15
3 5 ➔ 최대공약수: 3×3=9
따라서 바구니는 9개 필요합니다.

8-1 정사각형 모양의 종이가 가장 클 때는 한 변의 길이가 직사각형 모양 종이의 가로와 세로의 최대공약수일 때입니다.
3 ) 63 72
3 ) 21 24
7 8 ➔ 최대공약수: 3×3=9
따라서 한 변의 길이를 9 cm로 하면 됩니다.

8-2 네 모퉁이에는 반드시 나무를 심고, 나무와 나무 사이의 간격은 될 수 있는 대로 멀리 심으려면 나무 사이의 간격은 직사각형 모양의 목장의 가로와 세로의 최대공약수로 해야 합니다.
2 ) 80 90
5 ) 40 45
8 9 ➔ 최대공약수: 2×5=10
따라서 나무 사이의 간격을 10 m로 하면 됩니다.

**8-3** 사탕과 젤리를 최대한 많은 친구들에게 남김없이 똑같이 나누어 주려면 친구 수는 사탕과 젤리 수의 최대공약수가 되어야 합니다.

2 ) 32　24
2 ) 16　12
2 )　8　6
　　4　3 ➔ 최대공약수: $2\times2\times2=8$

따라서 8명에게 나누어 주면 되므로 한 명에게 사탕은 $32\div8=4$(개)씩, 젤리는 $24\div8=3$(개)씩 주면 됩니다.

---

**유형 9** 민우와 예지는 4와 8의 최소공배수마다 도서관에서 만납니다.

2 ) 4　8
2 ) 2　4
　　1　2 ➔ 최소공배수: $2\times2\times1\times2=8$

따라서 바로 다음번에 두 사람이 도서관에 만나는 날은 8일 후입니다.

**9-1** 부산행 버스와 목포행 버스는 30과 45의 최소공배수마다 동시에 출발합니다.

3 ) 30　45
5 ) 10　15 ➔ 최소공배수:
　　2　3　$3\times5\times2\times3=90$

따라서 바로 다음번에 두 버스가 동시에 출발하는 때는 90분 후이므로
오전 9시+1시간 30분=오전 10시 30분입니다.

**9-2** 가장 작은 정사각형 모양을 만들 때 한 변의 길이는 직사각형의 가로와 세로의 최소공배수로 해야 합니다.

2 ) 20　12
2 ) 10　6 ➔ 최소공배수:
　　5　3　$2\times2\times5\times3=60$

따라서 정사각형의 한 변의 길이가 60 cm이므로 필요한 카드는 가로로 $60\div20=3$(장), 세로로 $60\div12=5$(장)으로 모두 $3\times5=15$(장)입니다.

**9-3** 두 톱니 수 28과 42의 최소공배수마다 처음에 맞물렸던 톱니가 다시 맞물립니다.

2 ) 28　42
7 ) 14　21 ➔ 최소공배수:
　　2　3　$2\times7\times2\times3=84$

따라서 바로 다음번에 다시 맞물리려면 톱니가 84개 움직여야 하므로 톱니바퀴 ㉠은 $84\div28=3$(바퀴), 톱니바퀴 ㉡은 $84\div42=2$(바퀴) 돌아야 합니다.

---

**유형 10** 어떤 수를 ■라고 하면

9 ) 18　■
　　2　● 에서 최소공배수가

$9\times2\times$●$=90$이므로
$18\times$●$=90$, ●$=5$입니다.
따라서 ■$=9\times$●$=9\times5=45$입니다.

**10-1** 어떤 수를 ■라고 하면

12 ) ■　60
　　●　5 에서 최소공배수가

$12\times$●$\times5=180$이므로
$60\times$●$=180$, ●$=3$입니다.
따라서 ■$=12\times$●$=12\times3=36$입니다.

**10-2** 어떤 수를 ■라고 하면

4 ) 20　■
　　5　● 에서 최소공배수가

$4\times5\times$●$=220$이므로
$20\times$●$=220$, ●$=11$입니다.
따라서 ■$=4\times$●$=4\times11=44$입니다.

**10-3** 어떤 두 수를 각각 ■, ▲라고 하면

6 ) ■　▲
　　●　★ 에서 최소공배수가

$6\times$●$\times$★$=126$이므로 ●$\times$★$=21$입니다.
$6\times$●와 $6\times$★이 모두 두 자리 수이고
●$\times$★$=21$이므로 ●$\times$★$=3\times7$입니다.
따라서 두 수는 $6\times3=18$, $6\times7=42$입니다.

**유형 11** $19-3=16$, $31-3=28$을 각각 어떤 수로 나누면 나누어떨어지므로 어떤 수는 16과 28의 공약수 중에서 나머지인 3보다 큰 수입니다.

$$\begin{array}{r|rr} 2 & 16 & 28 \\ \hline 2 & 8 & 14 \\ \hline & 4 & 7 \end{array}$$
➔ 최대공약수: $2\times2=4$

따라서 16과 28의 공약수는 4의 약수인 1, 2, 4이므로 어떤 수는 3보다 큰 4입니다.

**11-1** $34-4=30$, $22-4=18$을 각각 어떤 수로 나누면 나누어떨어지므로 어떤 수는 30과 18의 공약수 중에서 나머지인 4보다 큰 수입니다.

$$\begin{array}{r|rr} 2 & 30 & 18 \\ \hline 3 & 15 & 9 \\ \hline & 5 & 3 \end{array}$$
➔ 최대공약수: $2\times3=6$

따라서 30과 18의 공약수는 6의 약수인 1, 2, 3, 6이므로 어떤 수는 4보다 큰 6입니다.

**11-2** $56-2=54$, $46-4=42$를 각각 어떤 수로 나누면 나누어떨어지므로 어떤 수는 54와 42의 공약수 중에서 나머지인 2와 4보다 큰 수입니다.

$$\begin{array}{r|rr} 2 & 54 & 42 \\ \hline 3 & 27 & 21 \\ \hline & 9 & 7 \end{array}$$
➔ 최대공약수: $2\times3=6$

따라서 54와 42의 공약수는 6의 약수인 1, 2, 3, 6이므로 어떤 수는 2와 4보다 큰 6입니다.

**11-3** $42-2=40$, $53-3=50$을 각각 ●로 나누면 나누어떨어지므로 ●는 40과 50의 공약수 중에서 나머지인 2와 3보다 큰 수입니다.

$$\begin{array}{r|rr} 2 & 40 & 50 \\ \hline 5 & 20 & 25 \\ \hline & 4 & 5 \end{array}$$
➔ 최대공약수: $2\times5=10$

따라서 40과 50의 공약수는 10의 약수인 1, 2, 5, 10이므로 ●가 될 수 있는 수는 2와 3보다 큰 5, 10입니다.

**유형 12** 어떤 수에서 5를 뺀 수를 9와 12로 각각 나누면 나누어떨어지므로 어떤 수는 9와 12의 공배수보다 5 더 큰 수입니다.

$$\begin{array}{r|rr} 3 & 9 & 12 \\ \hline & 3 & 4 \end{array}$$
➔ 최소공배수: $3\times3\times4=36$

따라서 9와 12의 공배수는 36의 배수이므로 어떤 수 중에서 가장 작은 수는 $36+5=41$입니다.

**12-1** 어떤 수에서 4를 뺀 수를 27과 18로 각각 나누면 나누어떨어지므로 어떤 수는 27과 18의 공배수보다 4 더 큰 수입니다.

$$\begin{array}{r|rr} 3 & 27 & 18 \\ \hline 3 & 9 & 6 \\ \hline & 3 & 2 \end{array}$$
➔ 최소공배수: $3\times3\times3\times2=54$

따라서 27과 18의 공배수는 54의 배수이므로 어떤 수 중에서 가장 작은 수는 $54+4=58$입니다.

**12-2** 어떤 수에서 2를 뺀 수를 10과 12로 각각 나누면 나누어떨어지므로 어떤 수는 10과 12의 공배수보다 2 더 큰 수입니다.

$$\begin{array}{r|rr} 2 & 10 & 12 \\ \hline & 5 & 6 \end{array}$$
➔ 최소공배수: $2\times5\times6=60$

따라서 10과 12의 공배수는 60의 배수이므로 어떤 수 중에서 가장 작은 수는 $60+2=62$입니다.

**12-3** ▲에서 3을 뺀 수를 12와 16으로 각각 나누면 나누어떨어지므로 ▲는 12와 16의 공배수보다 3 더 큰 수입니다.

$$\begin{array}{r|rr} 2 & 12 & 16 \\ \hline 2 & 6 & 8 \\ \hline & 3 & 4 \end{array}$$
➔ 최소공배수: $2\times2\times3\times4=48$

따라서 12와 16의 공배수는 48의 배수이므로 ▲가 될 수 있는 두 자리 수는 $48+3=51$, $48\times2+3=99$입니다.

# 3단원 규칙과 대응

## 46~48쪽 AI가 추천한 단원 평가 

01 2, 3　　02 2
03 (그림)　　04 16개
05 2013　　06 2013, 2013
07 ( ○ )(　　)　　08 15살
09 ○　　10 60, 90, 120
11 ☆×30=○ (또는 ○÷30=☆)
12 풀이 참고
13 ◇+1=△ (또는 △−1=◇)
14 8번　　15 ㉡
16 풀이 참고, 140 g　　17 40분
18 ◇×40=□ (또는 □÷40=◇)
19 11　　20 37개

03 다음에 이어질 모양은 삼각형이 2개 늘어나고, 사각형이 1개 늘어납니다.

04 삼각형의 수는 사각형의 수의 2배이므로 사각형이 8개일 때 삼각형은 8×2=16(개)입니다.

05 2022−9=2013이므로 승효의 나이는 연도보다 2013만큼 더 작습니다.

06 • 2022−2013=9
➡ (연도)−2013=(승효의 나이)
• 9+2013=2022
➡ (승효의 나이)+2013=(연도)

07 (연도)−2013=(승효의 나이)
➡ △−2013=□

08 (연도)−2013=(승효의 나이)이므로 2028년에 승효는 2028−2013=15(살)이 됩니다.

09 달걀판의 수가 늘어남에 따라 달걀의 수가 늘어나므로 두 양 사이에는 대응 관계가 있습니다.

10 달걀판이 1개 늘어날 때마다 달걀은 30개 늘어납니다.

11 • (달걀판의 수)×30=(달걀의 수)
➡ ☆×30=○
• (달걀의 수)÷30=(달걀판의 수)
➡ ○÷30=☆

12 예 삼각형의 변의 수(♡)는 삼각형의 수(□)의 3배입니다.」❶

채점 기준

| | |
|---|---|
| ❶ 대응 관계를 나타낸 식을 보고, 식에 알맞은 상황 만들기 | 5점 |

13

| 자른 횟수(번) | 1 | 2 | 3 | … |
|---|---|---|---|---|
| 도막의 수(도막) | 2 | 3 | 4 | … |

• (자른 횟수)+1=(도막의 수) ➡ ◇+1=△
• (도막의 수)−1=(자른 횟수) ➡ △−1=◇

14 △−1=◇에서 △=9이므로 리본이 9도막이 되려면 9−1=8(번) 잘라야 합니다.

15 ㉠ 추의 무게는 늘어난 용수철의 길이의 10배입니다.

16 예 추의 무게와 늘어난 용수철의 길이 사이의 대응 관계를 식으로 나타내면
(늘어난 용수철의 길이)×10
=(추의 무게)입니다.」❶
따라서 늘어난 용수철의 길이가 14 cm일 때 추의 무게는 14×10=140(g)입니다.」❷

채점 기준

| | |
|---|---|
| ❶ 추의 무게와 늘어난 용수철의 길이 사이의 대응 관계를 식으로 나타내기 | 3점 |
| ❷ 추의 무게 구하기 | 2점 |

17 20+20=40(분)

18 • (피아노를 연습하는 날수)×40
=(연습하는 전체 시간) ➡ ◇×40=□
• (연습하는 전체 시간)÷40
=(피아노를 연습하는 날수) ➡ □÷40=◇

19 5×5=25, 13×13=169, 8×8=64,
10×10=100이므로
(윤아가 말한 수)×(윤아가 말한 수)
=(승재가 답한 수)입니다.
따라서 승재가 121라고 답할 때 윤아가 말한 수는 11×11=121이므로 11입니다.

20

| 정오각형의 수(개) | 1 | 2 | 3 | … |
|---|---|---|---|---|
| 성냥개비의 수(개) | 5 | 9 | 13 | … |

정오각형이 1개 늘어날 때마다 성냥개비가 4개 더 필요합니다.
➡ 1+(정오각형의 수)×4=(성냥개비의 수)
따라서 정오각형을 9개 만들 때 필요한 성냥개비는 1+9×4=1+36=37(개)입니다.

## 49~51쪽 AI가 추천한 단원 평가 2회

01 3개 02 6, 9, 12 03 15개

04 예 바퀴의 수는 세발자전거의 수의 3배입니다. (또는 세발자전거의 수는 바퀴의 수를 3으로 나눈 몫과 같습니다.)

05 2장 06 2군데 07 3, 4, 5

08 1 09 2, 3, 4

10 ♡$-$1$=$□ (또는 □$+$1$=$♡)

11 풀이 참고 12 ㉡, ㉢

13 ◇$\times$8$=$○ (또는 ○$\div$8$=$◇)

14 ☆$\times$10$=$♡ (또는 ♡$\div$10$=$☆)

15 10, 15, 20 16 45개

17 풀이 참고, 16층

18 (정사각형의 수)$\times$16$=$(모든 변의 길이의 합) (또는 (모든 변의 길이의 합)$\div$16 $=$(정사각형의 수))

19 8개 20 56분

01 세발자전거가 1대 늘어날 때마다 바퀴는 3개 늘어납니다.

02 세발자전거가 2대일 때 바퀴는 6개,
세발자전거가 3대일 때 바퀴는 9개,
세발자전거가 4대일 때 바퀴는 12개입니다.

03 세발자전거가 1대 늘어날 때마다 바퀴는 3개 늘어나므로 세발자전거가 5대일 때 바퀴는 15개입니다.

05 겹친 부분이 1군데일 때 이어 붙인 색 테이프는 2장입니다.

06 색 테이프가 3장일 때 겹친 부분은 2군데입니다.

07 겹친 부분이 1군데이면 색 테이프는 2장,
겹친 부분이 2군데이면 색 테이프는 3장,
겹친 부분이 3군데이면 색 테이프는 4장,
겹친 부분이 4군데이면 색 테이프는 5장입니다.

08 (색 테이프의 수)$-$1$=$(겹친 부분의 수)
➔ △$-$1$=$○

09 노란색 사각형이 2개, 3개, 4개, 5개……일 때 초록색 사각형은 1개, 2개, 3개, 4개……입니다.

10 • (노란색 사각형의 수)$-$1$=$(초록색 사각형의 수)
➔ ♡$-$1$=$□
• (초록색 사각형의 수)$+$1$=$(노란색 사각형의 수)
➔ □$+$1$=$♡

11 예 식에 대해 잘못 설명한 것은 ㉠입니다.」❶
그 이유는 □의 값은 ♡의 값에 따라 변하기 때문입니다.」❷

채점 기준

| | |
|---|---|
| ❶ 잘못 설명한 것의 기호 쓰기 | 2점 |
| ❷ ❶의 이유 쓰기 | 3점 |

12 5$+$5$=$10, 9$+$5$=$14, 13$+$5$=$18, 22$+$5$=$27, 30$+$5$=$35
➔ □$+$5$=$☆ 또는 ☆$-$5$=$□

13 • (봉지의 수)$\times$8$=$(구슬의 수) ➔ ◇$\times$8$=$○
• (구슬의 수)$\div$8$=$(봉지의 수) ➔ ○$\div$8$=$◇

14 한 봉지에 구슬을 8$+$2$=$10(개)씩 담은 것입니다.
• (봉지의 수)$\times$10$=$(구슬의 수) ➔ ☆$\times$10$=$♡
• (구슬의 수)$\div$10$=$(봉지의 수) ➔ ♡$\div$10$=$☆

15 배열 순서에 따라 점이 5개씩 늘어납니다.
첫째에는 점이 5개, 둘째에는 점이 10개, 셋째에는 점이 15개, 넷째에는 점이 20개입니다.

16 (배열 순서)$\times$5$=$(점의 수)
따라서 아홉째에 찍어야 할 점은 9$\times$5$=$45(개)입니다.

17 예 탑의 층수와 나무 막대의 수 사이의 대응 관계를 식으로 나타내면
(나무 막대의 수)$\div$3$=$(탑의 층수)입니다.」❶
따라서 나무 막대 48개로 탑을 48$\div$3$=$16(층)까지 쌓을 수 있습니다.」❷

채점 기준

| | |
|---|---|
| ❶ 나무 막대의 수와 탑의 층수 사이의 대응 관계를 식으로 나타내기 | 3점 |
| ❷ 탑을 몇 층까지 쌓을 수 있는지 구하기 | 2점 |

18 정사각형이 1개 늘어날 때마다 모든 변의 길이의 합은 16 cm 늘어납니다.

19 (모든 변의 길이의 합)$\div$16$=$(정사각형의 수)
따라서 모든 변의 길이의 합이 128 cm일 때 정사각형은 128$\div$16$=$8(개)입니다.

20

| 자른 횟수(번) | 1 | 2 | 3 | … |
|---|---|---|---|---|
| 도막의 수(도막) | 2 | 3 | 4 | … |

(도막의 수)$-$1$=$(자른 횟수)이므로 철근을 15도막으로 자르려면 15$-$1$=$14(번) 잘라야 합니다.
따라서 걸리는 시간은 4$\times$14$=$56(분)입니다.

## 52~54쪽 AI가 추천한 단원 평가 3회

01 1개　02 ○○○○ / ●●●●●
03 3, 4, 5　04 ○　05 18, 27, 36
06 9　07 ÷, =　08 ㉠
09 ( ○ )(　)
10 ♡×5=△ (또는 △÷5=♡)
11 12송이　12 13, 12, 11, 10
13 풀이 참고　14 오후 7시 30분
15 8, 12, 16
16 ☆×4=○ (또는 ○÷4=☆)
17 68개
18 풀이 참고, 예 2+□×2=△
19 18개　20 9개

01 흰색 바둑돌이 1개 늘어날 때 검은색 바둑돌도 1개 늘어납니다.

02 다음에 이어질 모양은 흰색 바둑돌과 검은색 바둑돌이 1개씩 늘어납니다.

03 흰색 바둑돌이 1개, 2개, 3개, 4개……일 때 검은색 바둑돌은 2개, 3개, 4개, 5개……입니다.

05 책꽂이 칸이 1칸 늘어날 때 책은 9권 늘어납니다.

06 책꽂이 한 칸에 책을 9권씩 꽂으므로 책꽂이 칸의 수는 책의 수를 9로 나눈 몫과 같습니다.

07 책꽂이 칸의 수는 책의 수를 9로 나눈 몫과 같습니다.
➜ (책의 수)÷9=(책꽂이 칸의 수)

08 (책꽂이 칸의 수)×9=(책의 수)
➜ ◇×9=○

09 그림에서 꽃의 수와 대응하는 양은 꽃잎의 수입니다.

10 • (꽃의 수)×5=(꽃잎의 수) ➜ ♡×5=△
• (꽃잎의 수)÷5=(꽃의 수) ➜ △÷5=♡

11 △÷5=♡에서 △=60이므로 꽃은 60÷5=12(송이)입니다.

12 20−7=13, 19−7=12, 18−7=11, 17−7=10

13 예 시작 시각에 1시간 30분을 더하면 끝나는 시각입니다.」 ❶
또는 끝나는 시각에서 1시간 30분을 빼면 시작 시각입니다.」 ❷

채점 기준

| | |
|---|---|
| ❶ 대응 관계를 한 가지 쓰기 | 3점 |
| ❷ 또 다른 대응 관계 한 가지 쓰기 | 2점 |

14 시작 시각에 1시간 30분을 더하면 끝나는 시각이므로 공연이 오후 6시에 시작한다면 끝나는 시각은 오후 6시+1시간 30분=오후 7시 30분입니다.

15 배열 순서에 따라 사각형 조각이 4개 늘어납니다. 둘째에는 사각형 조각이 8개, 셋째에는 사각형 조각이 12개, 넷째에는 사각형 조각이 16개입니다.

16 • (배열 순서)×4=(사각형 조각의 수)
➜ ☆×4=○
• (사각형 조각의 수)÷4=(배열 순서)
➜ ○÷4=☆

17 ☆×4=○에서 ☆=17이므로 17째 순서에 필요한 사각형 조각은 17×4=68(개)입니다.

18 예 사진의 수와 누름 못의 수 사이의 대응 관계를 표로 나타내면 다음과 같습니다.

| 사진의 수(장) | 1 | 2 | 3 | … |
|---|---|---|---|---|
| 누름 못의 수(개) | 4 | 6 | 8 | … |

」 ❶

따라서 두 양 사이의 대응 관계를 식으로 나타내면 2+(사진의 수)×2=(누름 못의 수)이므로 2+□×2=△입니다.」 ❷

채점 기준

| | |
|---|---|
| ❶ 사진의 수와 누름 못의 수 사이의 대응 관계 알아보기 | 2점 |
| ❷ □와 △ 사이의 대응 관계를 식으로 나타내기 | 3점 |

19 2+□×2=△에서 □=8이므로 사진을 8장 붙이려면 누름 못은 2+8×2=2+16=18(개) 필요합니다.

20

| 탁자의 수(개) | 1 | 2 | 3 | … |
|---|---|---|---|---|
| 의자의 수(개) | 8 | 12 | 16 | … |

탁자가 1개 늘어날 때마다 의자는 4개 더 필요합니다.
➜ 4+(탁자의 수)×4=(의자의 수)
따라서 의자를 40개 놓으려면
4+(탁자의 수)×4=40, (탁자의 수)×4=36, (탁자의 수)=9이므로 탁자는 9개 필요합니다.

55~57쪽 **AI가 추천한 단원 평가 4회**

01 4　02 16개　03 4
04 ㉠　05 9, 10, 11　06 4
07 4　08 ○　09 12, 18, 24
10 예 ◇, △×6=◇ (또는 ◇÷6=△)
11 풀이 참고
12 △÷10=☆ (또는 ☆×10=△)
13 예 ○+◇=24　14 12시간 30분
15 (위에서부터) 3, 7, 10 / 21, 49, 70
16 15　17 풀이 참고, 예 ◇+○=15
18 100원
19 ☆×100=□ (또는 □÷100=☆)
20 1월 11일 오전 11시

04 • 다리의 수는 의자의 수의 4배입니다.
➔ (의자의 수)×4=(다리의 수)
• 의자의 수는 다리의 수를 4로 나눈 몫과 같습니다.
➔ (다리의 수)÷4=(의자의 수)

05 윤재가 13살일 때 동생은 9살,
윤재가 14살일 때 동생은 10살,
윤재가 15살일 때 동생은 11살입니다.

06 12−8=4이므로 윤재의 나이에서 4를 빼면 동생의 나이가 됩니다.

07 (윤재의 나이)−(동생의 나이)=4
➔ ♡−○=4

08 윤재의 나이는 동생의 나이보다 항상 4살이 더 많으므로 윤재의 나이와 동생의 나이의 관계는 항상 일정합니다.

09 수영한 시간이 1분 늘어나면 소모되는 열량은 6킬로칼로리 늘어납니다.
수영을 1분하면 소모되는 열량은 6킬로칼로리,
수영을 2분하면 소모되는 열량은 12킬로칼로리,
수영을 3분하면 소모되는 열량은 18킬로칼로리,
수영을 4분하면 소모되는 열량은 24킬로칼로리입니다.

10 소모되는 열량을 ◇라고 하면
• (수영한 시간)×6=(소모되는 열량)
➔ △×6=◇
• (소모되는 열량)÷6=(수영한 시간)
➔ ◇÷6=△

11 예 닭의 다리의 수(□)는 닭의 수(△)의 2배입니다.」❶

채점 기준

| | |
|---|---|
| ❶ 대응 관계를 나타낸 식과 **보기**의 말을 이용하여 식에 알맞은 상황 만들기 | 5점 |

12 10÷10=1, 20÷10=2, 30÷10=3,
40÷10=4, 50÷10=5
➔ △÷10=☆ 또는 ☆×10=△

13 • (낮의 길이)+(밤의 길이)=24 ➔ ○+◇=24
• 24−(낮의 길이)=(밤의 길이) ➔ 24−○=◇
• 24−(밤의 길이)=(낮의 길이) ➔ 24−◇=○

14 24−○=◇에서 ○=11시간 30분이므로 이날 밤의 길이는
24시간−11시간 30분=12시간 30분입니다.

16 3×7=21, 7×7=49, 10×7=70이므로 연아가 말한 수에 7을 곱하면 동우가 답한 수가 됩니다.
(연아가 말한 수)×7=(동우가 답한 수)이므로 동우가 105라고 답했을 때 연아가 말한 수는
105÷7=15입니다.

17 예 만든 직사각형의 네 변의 길이의 합이 30 cm이므로
(긴 변의 길이)+(짧은 변의 길이)
=30÷2=15(cm)입니다.」❶
따라서 두 양 사이의 대응 관계를 식으로 나타내면
◇+○=15입니다.」❷

채점 기준

| | |
|---|---|
| ❶ 만든 직사각형의 긴 변의 길이와 짧은 변의 길이의 합 구하기 | 2점 |
| ❷ ◇와 ○ 사이의 대응 관계를 식으로 나타내기 | 3점 |

18 젤리의 가격이 50 g당 400원이므로 젤리 100 g은 800원입니다.
➔ (젤리 1개의 가격)=800÷8=100(원)

19 • (젤리의 수)×100=(젤리의 가격)
➔ ☆×100=□
• (젤리의 가격)÷100=(젤리의 수)
➔ □÷100=☆

20 (뉴욕의 시각)+14시간=(서울의 시각)이므로 뉴욕이 1월 10일 오후 9시일 때 서울의 시각은
1월 10일 오후 9시+14시간
=1월 11일 오전 11시입니다.

## 58~63쪽 틀린 유형 다시 보기

유형 1 2　　1-1 4
1-2 예 팔걸이의 수는 의자의 수보다 1만큼 더 큽니다.
유형 2 □×8=△ (또는 △÷8=□)
2-1 ○×2=□ (또는 □÷2=○)
2-2 ◇+3=○ (또는 ○−3=◇)
2-3 ☆×700=♡ (또는 ♡÷700=☆)
유형 3 □+6=○ (또는 ○−6=□)
3-1 ♡÷5=△ (또는 △×5=♡)
3-2 ㉡　유형 4 36개　4-1 42 L
4-2 7초　4-3 8개
유형 5 예 고양이 다리의 수(♡)는 고양이의 수(◇)의 4배입니다.
5-1 예 형의 나이(□)는 내 나이(☆)보다 2살 더 많습니다.
5-2 예 육각형의 수(○)는 육각형 변의 수(△)를 6으로 나눈 몫과 같습니다.
유형 6 △+2=□ (또는 □−2=△)
6-1 ♡×2=○ (또는 ○÷2=♡)
6-2 ◇×◇=☆　유형 7 14개
7-1 36개　7-2 15층　유형 8 14
8-1 7　8-2 8　유형 9 12초
9-1 39분　9-2 40초　유형 10 21개
10-1 46개　10-2 101개
유형 11 오후 2시　11-1 오전 10시
11-2 2월 16일 오전 3시
유형 12 7개　12-1 9개　12-2 13개

유형 1 사각형이 1개 늘어날 때마다 삼각형은 2개 늘어납니다.
→ 삼각형의 수는 사각형의 수의 2배입니다.

1-1 자동차가 1대 늘어날 때마다 바퀴는 4개 늘어납니다.
→ 자동차의 수는 바퀴의 수를 4로 나눈 몫과 같습니다.

1-2 의자의 수가 1개, 2개, 3개, 4개……일 때, 팔걸이의 수는 2개, 3개, 4개, 5개……입니다.
→ 팔걸이의 수는 의자의 수보다 1만큼 더 큽니다.

유형 2 • (문어의 수)×8=(다리의 수)
→ □×8=△
• (다리의 수)÷8=(문어의 수)
→ △÷8=□

2-1 • (묶음의 수)×2=(주스의 수)
→ ○×2=□
• (주스의 수)÷2=(묶음의 수)
→ □÷2=○

2-2 • (주희의 나이)+3=(언니의 나이)
→ ◇+3=○
• (언니의 나이)−3=(주희의 나이)
→ ○−3=◇

2-3 • (팔린 사탕의 수)×700=(판매 금액)
→ ☆×700=♡
• (판매 금액)÷700=(팔린 사탕의 수)
→ ♡÷700=☆

유형 3 1+6=7, 2+6=8, 3+6=9, 4+6=10, 5+6=11
→ □+6=○ (또는 ○−6=□)

3-1 5÷5=1, 10÷5=2, 15÷5=3, 20÷5=4, 25÷5=5
→ ♡÷5=△ (또는 △×5=♡)

3-2 ㉠ 24÷3=8, 27÷3=9, 30÷3=10, 33÷3=11, 36÷3=12
→ ◇÷3=○ (또는 ○×3=◇)
㉡ 8×3=24, 9×3=27, 10×3=30, 11×3=33, 12×3=36
→ ◇×3=○ (또는 ○÷3=◇)

유형 4

| 머핀의 수(개) | 1 | 2 | 3 | 4 | … |
|---|---|---|---|---|---|
| 블루베리의 수(개) | 4 | 8 | 12 | 16 | … |

→ (머핀의 수)×4=(블루베리의 수)
따라서 머핀을 9개 장식하려면 블루베리는 9×4=36(개) 필요합니다.

4-1

| 받는 시간(분) | 1 | 2 | 3 | 4 | … |
|---|---|---|---|---|---|
| 받은 물의 양(L) | 6 | 12 | 18 | 24 | … |

→ (받는 시간)×6=(받은 물의 양)
따라서 물을 7분 동안 받았다면 받은 물은 모두 7×6=42(L)입니다.

**4-2**

| 상영 시간(초) | 1 | 2 | 3 | 4 | … |
|---|---|---|---|---|---|
| 그림의 수(장) | 25 | 50 | 75 | 100 | … |

➜ (그림의 수)÷25=(상영 시간)
따라서 그림 175장으로는 만화 영화를
175÷25=7(초) 상영할 수 있습니다.

**4-3**

| 철봉 대의 수(개) | 1 | 2 | 3 | 4 | … |
|---|---|---|---|---|---|
| 철봉 기둥의 수(개) | 2 | 3 | 4 | 5 | … |

(철봉 기둥의 수)−1=(철봉 대의 수)
따라서 철봉 기둥이 9개일 때 철봉 대는
9−1=8(개)입니다.

**유형 5** ♡는 ◇의 4배이므로 한 양이 다른 양의 4배인 관계가 이루어지도록 보기의 말을 이용하여 상황을 만듭니다.

**5-1** □는 ☆보다 2만큼 더 크므로 한 양이 다른 양보다 2만큼 더 큰 관계가 이루어지도록 보기의 말을 이용하여 상황을 만듭니다.

**5-2** ○는 △를 6으로 나눈 몫과 같으므로 한 양이 다른 양의 6배인 관계가 이루어지는 두 양을 찾아서 상황을 만듭니다.

**유형 6**

| 배열 순서 | 첫째 | 둘째 | 셋째 | 넷째 | … |
|---|---|---|---|---|---|
| 사각형 조각의 수(개) | 3 | 4 | 5 | 6 | … |

• (배열 순서)+2=(사각형 조각의 수)
➜ △+2=□
• (사각형 조각의 수)−2=(배열 순서)
➜ □−2=△

**6-1**

| 배열 순서 | 첫째 | 둘째 | 셋째 | 넷째 | … |
|---|---|---|---|---|---|
| 육각형 조각의 수(개) | 2 | 4 | 6 | 8 | … |

• (배열 순서)×2=(육각형 조각의 수)
➜ ♡×2=○
• (육각형 조각의 수)÷2=(배열 순서)
➜ ○÷2=♡

**6-2**

| 배열 순서 | 첫째 | 둘째 | 셋째 | 넷째 | … |
|---|---|---|---|---|---|
| 가장 작은 크기의 삼각형 조각의 수(개) | 1 | 4 | 9 | 16 | … |

(배열 순서)×(배열 순서)
=(가장 작은 크기의 삼각형 조각의 수)
➜ ◇×◇=☆

**유형 7**

| 탑의 층수(층) | 1 | 2 | 3 | … |
|---|---|---|---|---|
| 이쑤시개의 수(개) | 2 | 4 | 6 | … |

➜ (탑의 층수)×2=(이쑤시개의 수)
따라서 7층 탑을 쌓을 때 필요한 이쑤시개는 모두 7×2=14(개)입니다.

**7-1**

| 탑의 층수(층) | 1 | 2 | 3 | … |
|---|---|---|---|---|
| 면봉의 수(개) | 4 | 8 | 12 | … |

➜ (탑의 층수)×4=(면봉의 수)
따라서 9층 탑을 쌓을 때 필요한 면봉은 모두
9×4=36(개)입니다.

**7-2**

| 탑의 층수(층) | 1 | 2 | 3 | … |
|---|---|---|---|---|
| 수수깡의 수(개) | 3 | 6 | 9 | … |

➜ (수수깡의 수)÷3=(탑의 층수)
따라서 수수깡 45개로는 탑을 45÷3=15(층)까지 쌓을 수 있습니다.

**유형 8** 3−2=1, 7−2=5, 10−2=8, 13−2=11이므로 (희재가 말한 수)−2=(준서가 답한 수)입니다.
따라서 희재가 16이라고 말할 때 준서가 답한 수는 16−2=14입니다.

**8-1** 10÷5=2, 55÷5=11, 80÷5=16,
45÷5=9이므로
(지유가 말한 수)÷5=(민재가 답한 수)입니다.
따라서 지유가 35라고 말할 때 민재가 답한 수는
35÷5=7입니다.

**8-2** 4×4=16, 12×12=144, 7×7=49,
9×9=81이므로
(연우가 말한 수)×(연우가 말한 수)
=(유미가 답한 수)입니다.
따라서 유미가 64라고 답할 때 8×8=64이므로 연우가 말한 수는 8입니다.

**유형 9**

| 자른 횟수(번) | 1 | 2 | 3 | … |
|---|---|---|---|---|
| 도막의 수(도막) | 2 | 3 | 4 | … |

(도막의 수)−1=(자른 횟수)이므로 색 테이프를 7도막으로 자르려면 7−1=6(번) 잘라야 합니다.
따라서 걸리는 시간은 2×6=12(초)입니다.

9-1

| 자른 횟수(번) | 1 | 2 | 3 | … |
|---|---|---|---|---|
| 도막의 수(도막) | 2 | 3 | 4 | … |

(도막의 수)－1＝(자른 횟수)이므로 나무 막대를 14도막으로 자르려면 14－1＝13(번) 잘라야 합니다.
따라서 걸리는 시간은 3×13＝39(분)입니다.

9-2

| 자른 횟수(번) | 1 | 2 | 3 | … |
|---|---|---|---|---|
| 도막의 수(도막) | 3 | 5 | 7 | … |

1＋(자른 횟수)×2＝(도막의 수)이므로 끈을 17도막으로 자르려면
1＋(자른 횟수)×2＝17, (자른 횟수)×2＝16,
(자른 횟수)＝8이므로 8번 잘라야 합니다.
따라서 걸리는 시간은 5×8＝40(초)입니다.

유형 10

| 정삼각형의 수(개) | 1 | 2 | 3 | … |
|---|---|---|---|---|
| 성냥개비의 수(개) | 3 | 5 | 7 | … |

정삼각형이 1개 늘어날 때마다 성냥개비가 2개 더 필요합니다.
➜ 1＋(정삼각형의 수)×2＝(성냥개비의 수)
따라서 정삼각형을 10개 만들 때 필요한 성냥개비는 1＋10×2＝1＋20＝21(개)입니다.

10-1

| 정사각형의 수(개) | 1 | 2 | 3 | … |
|---|---|---|---|---|
| 성냥개비의 수(개) | 4 | 7 | 10 | … |

정사각형이 1개 늘어날 때마다 성냥개비가 3개 더 필요합니다.
➜ 1＋(정사각형의 수)×3＝(성냥개비의 수)
따라서 정사각형을 15개 만들 때 필요한 성냥개비는 1＋15×3＝1＋45＝46(개)입니다.

10-2

| 정육각형의 수(개) | 1 | 2 | 3 | … |
|---|---|---|---|---|
| 성냥개비의 수(개) | 6 | 11 | 16 | … |

정육각형이 1개 늘어날 때마다 성냥개비가 5개 더 필요합니다.
➜ 1＋(정육각형의 수)×5＝(성냥개비의 수)
따라서 정육각형을 20개 만들 때 필요한 성냥개비는 1＋20×5＝1＋100＝101(개)입니다.

유형 11 (시드니의 시각)－2시간＝(서울의 시각)이므로 시드니가 오후 4시일 때 서울의 시각은
오후 4시－2시간＝오후 2시입니다.

11-1 (서울의 시각)－5시간＝(아부다비의 시각)이므로 서울이 오후 3시일 때 아부다비의 시각은
오후 3시－5시간＝오전 10시입니다.

11-2 (로마의 시각)＋8시간＝(서울의 시각)이므로 로마가 2월 15일 오후 7시일 때 서울의 시각은
2월 15일 오후 7시＋8시간
＝2월 16일 오전 3시입니다.

유형 12

| 탁자의 수(개) | 1 | 2 | 3 | … |
|---|---|---|---|---|
| 의자의 수(개) | 4 | 6 | 8 | … |

탁자가 1개 늘어날 때마다 의자는 2개 더 필요합니다.
➜ 2＋(탁자의 수)×2＝(의자의 수)
따라서 의자를 16개 놓으려면
2＋(탁자의 수)×2＝16, (탁자의 수)×2＝14,
(탁자의 수)＝7이므로 탁자는 7개 필요합니다.

12-1

| 탁자의 수(개) | 1 | 2 | 3 | … |
|---|---|---|---|---|
| 의자의 수(개) | 6 | 10 | 14 | … |

탁자가 1개 늘어날 때마다 의자는 4개 더 필요합니다.
➜ 2＋(탁자의 수)×4＝(의자의 수)
따라서 의자를 38개 놓으려면
2＋(탁자의 수)×4＝38, (탁자의 수)×4＝36,
(탁자의 수)＝9이므로 탁자는 9개 필요합니다.

12-2

| 탁자의 수(개) | 1 | 2 | 3 | … |
|---|---|---|---|---|
| 의자의 수(개) | 6 | 8 | 10 | … |

탁자가 1개 늘어날 때마다 의자는 2개 더 필요합니다.
➜ 4＋(탁자의 수)×2＝(의자의 수)
따라서 의자를 30개 놓으려면
4＋(탁자의 수)×2＝30, (탁자의 수)×2＝26,
(탁자의 수)＝13이므로 탁자는 13개 필요합니다.

# 4단원 약분과 통분

## 66~68쪽 AI가 추천한 단원 평가 1회

01 $\frac{2}{3}$, $\frac{4}{6}$ 02 $\frac{9}{24}$ 03 $\frac{5}{9}$
04 6, $\frac{3}{4}$ 05 42, 50 06 $\frac{4}{18}$, $\frac{2}{9}$
07 ㉠ 08 ( )( ○ )
09 6 10 < 11 풀이 참고
12 2개 13 $\frac{15}{35}$
14 4조각, 2조각
15 풀이 참고, 현석 16 $\frac{7}{10}$, $\frac{3}{5}$, $\frac{4}{7}$
17 $\frac{42}{108}$, $\frac{27}{108}$ 18 1, 2, 3, 4
19 $\frac{2}{3}$, $\frac{2}{7}$, $\frac{3}{7}$ 20 $\frac{27}{40}$

11 예 분모의 곱을 공통분모로 하여 통분합니다.

$\left(\frac{1}{6}, \frac{4}{15}\right) \rightarrow \left(\frac{1\times15}{6\times15}, \frac{4\times6}{15\times6}\right)$

$\rightarrow \left(\frac{15}{90}, \frac{24}{90}\right)$」❶

분모의 최소공배수를 공통분모로 하여 통분합니다.

$\left(\frac{1}{6}, \frac{4}{15}\right) \rightarrow \left(\frac{1\times5}{6\times5}, \frac{4\times2}{15\times2}\right)$

$\rightarrow \left(\frac{5}{30}, \frac{8}{30}\right)$」❷

| 채점 기준 | |
|---|---|
| ❶ 한 가지 방법으로 통분하기 | 3점 |
| ❷ 다른 한 가지 방법으로 통분하기 | 2점 |

12 $\frac{6}{8}=\frac{6\div2}{8\div2}=\frac{3}{4}$, $\frac{12}{15}=\frac{12\div3}{15\div3}=\frac{4}{5}$

따라서 기약분수는 $\frac{4}{7}$, $\frac{7}{12}$로 모두 2개입니다.

13 분모와 분자를 각각 5로 약분했으므로 약분하기 전의 분수는 $\frac{3\times5}{7\times5}=\frac{15}{35}$입니다.

14 • 승우: $\frac{1}{3}=\frac{1\times4}{3\times4}=\frac{4}{12}$이므로 12조각으로 나눈 것 중의 4조각을 먹어야 합니다.

• 민주: $\frac{1}{3}=\frac{1\times2}{3\times2}=\frac{2}{6}$이므로 6조각으로 나눈 것 중의 2조각을 먹어야 합니다.

15 예 현석이의 키를 소수로 나타내면

$1\frac{9}{20}$ m$=1\frac{45}{100}$ m$=1.45$ m입니다.」❶

따라서 $1.4<1.45$이므로 키가 더 큰 사람은 현석이입니다.」❷

| 채점 기준 | |
|---|---|
| ❶ 현석이의 키를 소수로 나타내기 | 2점 |
| ❷ 키가 더 큰 사람의 이름 쓰기 | 3점 |

참고 세영이의 키를 분수로 나타내어 키를 비교할 수도 있습니다.

16 $\left(\frac{3}{5}, \frac{4}{7}\right) \rightarrow \left(\frac{21}{35}, \frac{20}{35}\right) \rightarrow \frac{3}{5}>\frac{4}{7}$

$\left(\frac{4}{7}, \frac{7}{10}\right) \rightarrow \left(\frac{40}{70}, \frac{49}{70}\right) \rightarrow \frac{4}{7}<\frac{7}{10}$

$\left(\frac{3}{5}, \frac{7}{10}\right) \rightarrow \left(\frac{6}{10}, \frac{7}{10}\right) \rightarrow \frac{3}{5}<\frac{7}{10}$

따라서 큰 수부터 차례대로 쓰면 $\frac{7}{10}$, $\frac{3}{5}$, $\frac{4}{7}$입니다.

17 18과 4의 최소공배수는 36이고, 36의 배수는 36, 72, 108……이므로 공통분모가 될 수 있는 수 중에서 100에 가장 가까운 수는 108입니다.

$\left(\frac{7}{18}, \frac{1}{4}\right) \rightarrow \left(\frac{7\times6}{18\times6}, \frac{1\times27}{4\times27}\right)$

$\rightarrow \left(\frac{42}{108}, \frac{27}{108}\right)$

18 $\left(\frac{\square}{8}, \frac{7}{12}\right) \rightarrow \left(\frac{\square\times3}{24}, \frac{14}{24}\right)$이므로

$\frac{\square\times3}{24}<\frac{14}{24}$입니다.

따라서 $\square\times3<14$이므로 □ 안에 들어갈 수 있는 자연수는 1, 2, 3, 4입니다.

19 2, 3, 7, 9 중에서 21이 배수인 수는 3과 7이므로 분모는 3 또는 7이어야 합니다.

따라서 만들 수 있는 진분수 중에서 21을 공통분모로 하여 통분할 수 있는 수는 $\frac{2}{3}$, $\frac{2}{7}$, $\frac{3}{7}$입니다.

20 분모가 40인 분수를 $\frac{\square}{40}$라고 하면

$\frac{5}{8}<\frac{\square}{40}<\frac{7}{10} \rightarrow \frac{25}{40}<\frac{\square}{40}<\frac{28}{40}$이므로 □ 안에 들어갈 수 있는 수는 26, 27입니다.

따라서 구하는 기약분수는 $\frac{27}{40}$입니다.

## 69~71쪽 AI가 추천한 단원 평가 2회

01 $\frac{2}{3}$　02 $\frac{8}{12}$, $\frac{9}{12}$　03 20, 7
04 $\frac{3}{5}$　05 3, 10
06 (왼쪽에서부터) 21, 25, <　07 ㉠
08 $\frac{2}{8}$, $\frac{3}{12}$　09 풀이 참고, 45
10 >　11 3개　12 $\frac{2}{5}$
13 ㉡　14 4개
15 풀이 참고, 어제　16 $\frac{7}{20}$, $\frac{8}{15}$
17 57　18 $\frac{15}{25}$
19 $\frac{11}{30}$, $\frac{2}{5}$, $\frac{17}{50}$　20 ㉣

08 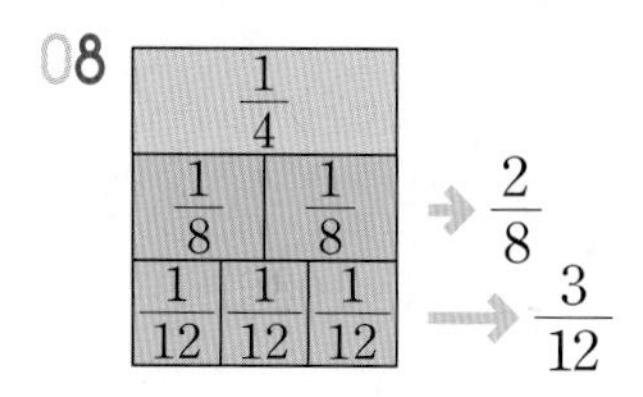


09 예 공통분모가 될 수 있는 수는 두 분모의 공배수입니다.」❶
6과 15의 공배수는 30, 60, 90……이므로 공통분모가 될 수 없는 수는 45입니다.」❷

채점 기준

| | |
|---|---|
| ❶ 공통분모가 될 수 있는 수 알아보기 | 2점 |
| ❷ 공통분모가 될 수 없는 수 구하기 | 3점 |

11 $\frac{15}{22}$와 크기가 같은 분수는
$\frac{15}{22}=\frac{30}{44}=\frac{45}{66}=\frac{60}{88}=\frac{75}{110}=$……입니다.
이 중에서 분모가 두 자리 수인 분수는
$\frac{30}{44}$, $\frac{45}{66}$, $\frac{60}{88}$으로 모두 3개입니다.

12 여학생은 전체 학생의 $\frac{8}{20}$입니다.
➜ $\frac{8}{20}=\frac{8\div4}{20\div4}=\frac{2}{5}$

13 ㉠ $0.22=\frac{22}{100}=\frac{11}{50}$　㉡ $0.36=\frac{36}{100}=\frac{9}{25}$
㉢ $0.75=\frac{75}{100}=\frac{3}{4}$

14 분모가 12인 진분수는 $\frac{1}{12}$, $\frac{2}{12}$, $\frac{3}{12}$, $\frac{4}{12}$, $\frac{5}{12}$, $\frac{6}{12}$, $\frac{7}{12}$, $\frac{8}{12}$, $\frac{9}{12}$, $\frac{10}{12}$, $\frac{11}{12}$이고, 이 중 기약분수는 $\frac{1}{12}$, $\frac{5}{12}$, $\frac{7}{12}$, $\frac{11}{12}$로 모두 4개입니다.

15 예 $1\frac{4}{5}$와 $1\frac{2}{3}$를 통분하면
$\left(1\frac{4}{5}, 1\frac{2}{3}\right)$ ➜ $\left(1\frac{12}{15}, 1\frac{10}{15}\right)$입니다.」❶
따라서 $1\frac{4}{5}>1\frac{2}{3}$이므로 피아노 연습을 더 오래 한 날은 어제입니다.」❷

채점 기준

| | |
|---|---|
| ❶ 어제와 오늘 연습한 시간을 통분하기 | 3점 |
| ❷ 피아노 연습을 더 오래 한 날 구하기 | 2점 |

16 기약분수를 만들려면 분모와 분자의 최대공약수로 약분합니다.
➜ $\frac{21}{60}=\frac{21\div3}{60\div3}=\frac{7}{20}$, $\frac{32}{60}=\frac{32\div4}{60\div4}=\frac{8}{15}$

17 $\frac{60}{100}$과 크기가 같은 분수 중에서 분모가 5인 분수는 $\frac{60}{100}=\frac{60\div20}{100\div20}=\frac{3}{5}$입니다.
따라서 60−□=3, □=60−3=57입니다.

18 $\frac{3}{5}$과 크기가 같은 분수는
$\frac{3}{5}=\frac{6}{10}=\frac{9}{15}=\frac{12}{20}=\frac{15}{25}=$……이고, 이 중에서 분모와 분자의 합이 40인 분수는 $\frac{15}{25}$입니다.

19 $\frac{1}{2}$보다 작은 분수는 (분자)×2<(분모)이므로
$\frac{11}{30}$, $\frac{2}{5}$, $\frac{6}{25}$, $\frac{17}{50}$입니다.
이 중에서 $\frac{3}{10}$보다 큰 분수는 $\frac{11}{30}$, $\frac{2}{5}$, $\frac{17}{50}$입니다.

20 ㉠ 0.6 ➜ 0.63−0.6=0.03
㉡ $\frac{32}{50}=\frac{64}{100}=0.64$ ➜ 0.64−0.63=0.01
㉢ $\frac{13}{20}=\frac{65}{100}=0.65$ ➜ 0.65−0.63=0.02
㉣ $\frac{5}{8}=\frac{625}{1000}=0.625$ ➜ 0.63−0.625=0.005
따라서 0.63에 가장 가까운 수는 ㉣입니다.

## 72~74쪽 AI가 추천한 단원 평가 3회

01 예 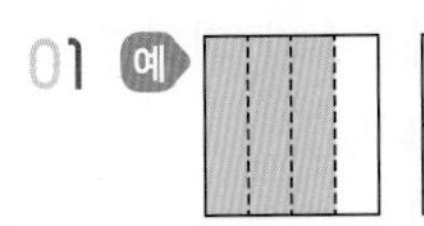 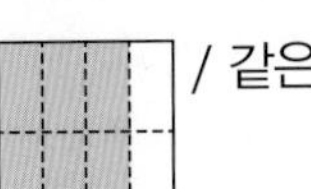 / 같은

02 14, 3

03 ( ○ )( × )

04 2, 2, $\frac{6}{10}$, 0.6

05 $\frac{35}{40}$, $\frac{14}{16}$, $\frac{7}{8}$

06 

07 $\frac{30}{80}$, $\frac{24}{80}$

08 $\frac{15}{40}$, $\frac{12}{40}$

09 15

10 ㉡

11 풀이 참고

12 7, 49, 63

13 $\frac{15}{18}$, $\frac{20}{24}$

14 $\frac{40}{64}$

15 풀이 참고, 6개

16 $\frac{12}{25}$

17 시장, 병원, 학교

18 $\frac{41}{48}$

19 0.6

20 17개

11 예 분수를 소수로 나타내어 비교합니다.

$\frac{4}{25}=\frac{16}{100}=0.16$이므로 $\frac{4}{25}<0.24$입니다.」❶

소수를 분수로 나타내어 비교합니다.

$0.24=\frac{24}{100}=\frac{6}{25}$이므로 $\frac{4}{25}<0.24$입니다.」❷

채점 기준

| | |
|---|---|
| ❶ 한 가지 방법으로 비교하기 | 3점 |
| ❷ 다른 한 가지 방법으로 비교하기 | 2점 |

13 $\frac{5}{6}=\frac{10}{12}=\frac{15}{18}=\frac{20}{24}=\frac{25}{30}$……

따라서 $\frac{5}{6}$와 크기가 같은 분수 중에서 분모가 15보다 크고 25보다 작은 분수는 $\frac{15}{18}$, $\frac{20}{24}$입니다.

14 $\frac{\square}{64}=\frac{\square\div 8}{64\div 8}=\frac{5}{8}$에서 $\square\div 8=5$이므로

$\square=5\times 8=40$입니다. ➜ $\frac{40}{64}$

15 예 공통분모가 될 수 있는 수는 15와 6의 공배수인 30, 60, 90, 120, 150, 180, 210……입니다.」❶

이 중에서 200보다 작은 수는 30, 60, 90, 120, 150, 180으로 모두 6개입니다.」❷

채점 기준

| | |
|---|---|
| ❶ 공통분모가 될 수 있는 수 구하기 | 3점 |
| ❷ 공통분모가 될 수 있는 수 중에서 200보다 작은 수의 개수 구하기 | 2점 |

16 분수를 소수로 나타내면

$\frac{12}{25}=\frac{48}{100}=0.48$, $\frac{2}{5}=\frac{4}{10}=0.4$입니다.

$0.48>0.45>0.4$이므로 $\frac{12}{25}>0.45>\frac{2}{5}$입니다.

따라서 가장 큰 수는 $\frac{12}{25}$입니다.

17 • $\left(2\frac{4}{5}, 2\frac{7}{15}\right)$ ➜ $\left(2\frac{12}{15}, 2\frac{7}{15}\right)$ ➜ $2\frac{4}{5}>2\frac{7}{15}$

• $\left(2\frac{7}{15}, 2\frac{5}{9}\right)$ ➜ $\left(2\frac{21}{45}, 2\frac{25}{45}\right)$ ➜ $2\frac{7}{15}<2\frac{5}{9}$

• $\left(2\frac{4}{5}, 2\frac{5}{9}\right)$ ➜ $\left(2\frac{36}{45}, 2\frac{25}{45}\right)$ ➜ $2\frac{4}{5}>2\frac{5}{9}$

따라서 $2\frac{4}{5}>2\frac{5}{9}>2\frac{7}{15}$이므로 지호네 집에서 먼 곳부터 차례대로 쓰면 시장, 병원, 학교입니다.

18 분모가 48인 분수를 $\frac{\square}{48}$라고 하면

$\frac{5}{6}<\frac{\square}{48}<\frac{7}{8}$ ➜ $\frac{40}{48}<\frac{\square}{48}<\frac{42}{48}$이므로 $\square$ 안에 알맞은 수는 41입니다.

따라서 구하는 분수는 $\frac{41}{48}$입니다.

19 만들 수 있는 진분수는 $\frac{1}{3}$, $\frac{1}{5}$, $\frac{3}{5}$, $\frac{1}{9}$, $\frac{3}{9}$, $\frac{5}{9}$입니다.

$\frac{1}{9}<\frac{1}{5}<\frac{1}{3}=\frac{3}{9}<\frac{5}{9}<\frac{3}{5}$이므로 가장 큰 수는 $\frac{3}{5}$입니다.

➜ $\frac{3}{5}=\frac{6}{10}=0.6$

참고 $\left(\frac{5}{9}, \frac{3}{5}\right)$ ➜ $\left(\frac{25}{45}, \frac{27}{45}\right)$ ➜ $\frac{5}{9}<\frac{3}{5}$

20 34의 약수는 1, 2, 17, 34이므로 분자가 2의 배수 또는 17의 배수이면 약분이 됩니다.

1부터 33까지의 자연수 중에서 2의 배수이거나 17의 배수인 수의 개수는 다음과 같습니다.

• 2의 배수: $33\div 2=16 \cdots 1$ ➜ 16개

• 17의 배수: $33\div 17=1 \cdots 16$ ➜ 1개

따라서 분모가 34인 진분수 중에서 약분이 되는 분수는 모두 16+1=17(개)입니다.

## 75~77쪽 AI가 추천한 단원 평가 4회

01 예 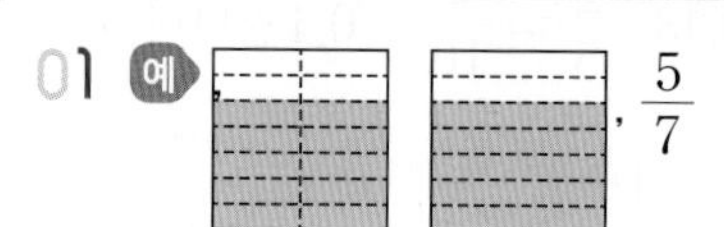, $\frac{5}{7}$

02 2　03 7, 7, $\frac{4}{7}$　04 ㉡

05 16, 21　06 $\frac{6}{10}$, $\frac{9}{15}$, $\frac{12}{20}$

07 (선 잇기)　08 8, 0.8, >

09 (　)( ○ )　10 8

11 ㉡, ㉣　12 풀이 참고, 2개

13 $\frac{2}{9}$　14 8개　15 $\frac{1}{2}$, $\frac{7}{13}$

16 $\frac{11}{25}$, $\frac{3}{8}$, 0.36　17 $\frac{7}{8}$, $\frac{10}{17}$

18 $\frac{2}{3}$, $\frac{12}{18}$　19 풀이 참고, 4.3, 4.4

20 24

10 $\frac{27}{45}=\frac{27\div9}{45\div9}=\frac{3}{5}$ ➜ $5+3=8$

11 ㉡ $\left(\frac{3}{4}, \frac{7}{18}\right)$ ➜ $\left(\frac{3\times9}{4\times9}, \frac{7\times2}{18\times2}\right)$ ➜ $\left(\frac{27}{36}, \frac{14}{36}\right)$

㉣ $\left(\frac{3}{4}, \frac{7}{18}\right)$ ➜ $\left(\frac{3\times18}{4\times18}, \frac{7\times4}{18\times4}\right)$ ➜ $\left(\frac{54}{72}, \frac{28}{72}\right)$

12 예 약분할 수 있는 분수는 기약분수가 아닌 분수이므로 기약분수를 찾으면 $\frac{5}{9}$, $\frac{4}{15}$, $\frac{2}{7}$입니다.」 ❶

따라서 약분할 수 있는 분수는 $\frac{2}{8}$, $\frac{10}{18}$으로 모두 2개입니다.」 ❷

채점 기준

| | |
|---|---|
| ❶ 기약분수 찾기 | 3점 |
| ❷ 약분할 수 있는 분수의 개수 구하기 | 2점 |

13 유림이가 가지고 있던 전체 구슬이 모두 $20+16=36$(개)이므로 유림이가 친구에게 준 구슬은 전체 구슬의 $\frac{8}{36}$입니다.

➜ $\frac{8}{36}=\frac{8\div4}{36\div4}=\frac{2}{9}$

14 $\frac{\square}{20}$가 진분수가 되려면 □ 안에 들어갈 수 있는 수는 1부터 19까지이고, 기약분수가 되려면 20과 □의 공약수가 1뿐이어야 합니다.

따라서 □ 안에 들어갈 수 있는 수는 1, 3, 7, 9, 11, 13, 17, 19이므로 모두 8개입니다.

15 기약분수를 만들려면 분모와 분자의 최대공약수로 약분합니다.

➜ $\frac{13}{26}=\frac{13\div13}{26\div13}=\frac{1}{2}$, $\frac{14}{26}=\frac{14\div2}{26\div2}=\frac{7}{13}$

16 $\frac{3}{8}=\frac{375}{1000}=0.375$, $\frac{11}{25}=\frac{44}{100}=0.44$

$0.44>0.375>0.36$ ➜ $\frac{11}{25}>\frac{3}{8}>0.36$

17 $\frac{1}{2}$보다 큰 분수는 (분자)×2>(분모)입니다.

- $\frac{1}{3}$ ➜ $1\times2<3$ ➜ $\frac{1}{3}<\frac{1}{2}$
- $\frac{7}{8}$ ➜ $7\times2>8$ ➜ $\frac{7}{8}>\frac{1}{2}$
- $\frac{2}{5}$ ➜ $2\times2<5$ ➜ $\frac{2}{5}<\frac{1}{2}$
- $\frac{10}{17}$ ➜ $10\times2>17$ ➜ $\frac{10}{17}>\frac{1}{2}$

18 $\frac{6}{9}=\frac{6\div3}{9\div3}=\frac{2}{3}$,

$\frac{2}{3}=\frac{4}{6}=\frac{6}{9}=\frac{8}{12}=\frac{10}{15}=\frac{12}{18}=\cdots\cdots$

따라서 만들 수 있는 분수는 $\frac{2}{3}$, $\frac{12}{18}$입니다.

19 예 $4\frac{1}{4}=4\frac{25}{100}=4.25$, $4\frac{21}{50}=4\frac{42}{100}=4.42$이므로 소수로 나타내면 $4.25<\square<4.42$입니다.」 ❶

따라서 □ 안에 들어갈 수 있는 소수 한 자리 수는 4.3, 4.4입니다.」 ❷

채점 기준

| | |
|---|---|
| ❶ 분수를 소수로 나타내기 | 2점 |
| ❷ □ 안에 들어갈 수 있는 소수 한 자리 수 모두 구하기 | 3점 |

20 $11+44=55$이므로 $\frac{6}{11}$과 크기가 같은 분수 중에서 분모가 55인 분수를 찾습니다.

➜ $\frac{6}{11}=\frac{6\times5}{11\times5}=\frac{30}{55}$

따라서 분자에 더해야 하는 수를 □라고 하면 $6+\square=30$, $\square=30-6=24$입니다.

**78~83쪽** **틀린 유형 다시 보기**

| | | |
|---|---|---|
| 유형 1 ㉡ | 1-1 ㉠ | 1-2 ㉢ |
| 1-3 $\frac{9}{15}$, $\frac{12}{20}$ | 유형 2 $\frac{5}{9}$ | 2-1 $\frac{2}{5}$ |
| 2-2 $\frac{2}{3}$ | 2-3 $\frac{8}{15}$ | 유형 3 $\frac{24}{66}$ |
| 3-1 $\frac{40}{104}$ | 3-2 $\frac{35}{45}$ | 3-3 $\frac{20}{32}$ |
| 유형 4 $\frac{1}{8}$, $\frac{3}{8}$, $\frac{5}{8}$, $\frac{7}{8}$ | | |
| 4-1 $\frac{1}{10}$, $\frac{3}{10}$, $\frac{7}{10}$, $\frac{9}{10}$ | | |
| 4-2 1, 2, 4, 7, 8, 11, 13, 14 | | 4-3 6개 |
| 유형 5 $\frac{3}{10}$, $\frac{1}{5}$ | 5-1 $\frac{5}{8}$, $\frac{3}{7}$ | 5-2 $\frac{3}{8}$, $\frac{5}{12}$ |
| 5-3 $\frac{2}{5}$, $\frac{3}{14}$ | 유형 6 0.7 | 6-1 $1\frac{14}{25}$ |
| 6-2 0.58, $\frac{23}{50}$, $\frac{9}{20}$ | | |
| 6-3 $2\frac{1}{4}$, $2\frac{7}{20}$, 2.38, 2.5 | | |
| 유형 7 $\frac{25}{35}$ | 7-1 $\frac{8}{36}$ | 7-2 $\frac{20}{25}$, $\frac{24}{30}$ |
| 유형 8 1, 2 | 8-1 1, 2, 3 | 8-2 7 |
| 8-3 4개 | 유형 9 $\frac{5}{11}$, $\frac{7}{15}$ | |
| 9-1 $\frac{11}{21}$, $\frac{5}{9}$ | 9-2 3개 | 9-3 $\frac{9}{16}$, $\frac{17}{32}$ |
| 유형 10 $\frac{11}{20}$ | 10-1 $\frac{28}{36}$, $\frac{29}{36}$ | |
| 10-2 6개 | 10-3 3개 | 유형 11 6.75 |
| 11-1 0.625 | 11-2 0.8 | 유형 12 27 |
| 12-1 36 | 12-2 20 | 12-3 4 |

**유형 1** ㉠ $\frac{5}{6}=\frac{5\times4}{6\times4}=\frac{20}{24}$ ㉡ $\frac{48}{66}=\frac{48\div6}{66\div6}=\frac{8}{11}$

**1-1** ㉠ $\frac{2}{3}=\frac{2\times9}{3\times9}=\frac{18}{27}$ ㉡ $\frac{24}{30}=\frac{24\div6}{30\div6}=\frac{4}{5}$

**1-2** ㉠ $\frac{3}{4}=\frac{3\times4}{4\times4}=\frac{12}{16}$

㉡ $\frac{15}{35}=\frac{15\div5}{35\div5}=\frac{3}{7}$

㉢ $\frac{5}{8}=\frac{5\times3}{8\times3}=\frac{15}{24}$

**1-3** $\frac{3}{5}=\frac{6}{10}=\frac{9}{15}=\frac{12}{20}=\frac{15}{25}=\frac{18}{30}=\cdots\cdots$

따라서 $\frac{3}{5}$과 크기가 같은 분수 중에서 분모가 10보다 크고 25보다 작은 분수는 $\frac{9}{15}$, $\frac{12}{20}$입니다.

**유형 2** 남학생은 전체 학생의 $\frac{10}{18}$입니다.

→ $\frac{10}{18}=\frac{10\div2}{18\div2}=\frac{5}{9}$

**2-1** 승우가 동생에게 준 구슬은 가지고 있던 전체 구슬의 $\frac{16}{40}$입니다.

→ $\frac{16}{40}=\frac{16\div8}{40\div8}=\frac{2}{5}$

**2-2** 민정이가 가지고 있던 전체 카드가 모두 $12+9=21$(장)이므로 민정이가 기부한 카드는 전체 카드의 $\frac{14}{21}$입니다.

→ $\frac{14}{21}=\frac{14\div7}{21\div7}=\frac{2}{3}$

**2-3** 검은색 바둑돌의 수가 $60-28=32$(개)이므로 검은색 바둑돌은 전체 바둑돌의 $\frac{32}{60}$입니다.

→ $\frac{32}{60}=\frac{32\div4}{60\div4}=\frac{8}{15}$

**유형 3** 분모와 분자를 각각 6으로 약분했으므로 약분하기 전의 분수는 $\frac{4\times6}{11\times6}=\frac{24}{66}$입니다.

**3-1** 분모와 분자를 각각 8로 약분했으므로 약분하기 전의 분수는 $\frac{5\times8}{13\times8}=\frac{40}{104}$입니다.

**3-2** $\frac{\square}{45}=\frac{\square\div5}{45\div5}=\frac{7}{9}$에서 $\square\div5=7$이므로 $\square=7\times5=35$입니다.

따라서 구하는 분수는 $\frac{35}{45}$입니다.

**3-3** $\frac{20}{\square}=\frac{20\div4}{\square\div4}=\frac{5}{8}$에서 $\square\div4=8$이므로 $\square=8\times4=32$입니다.

따라서 구하는 분수는 $\frac{20}{32}$입니다.

**유형 4** 분모가 8인 진분수는 $\frac{1}{8}$, $\frac{2}{8}$, $\frac{3}{8}$, $\frac{4}{8}$, $\frac{5}{8}$, $\frac{6}{8}$, $\frac{7}{8}$입니다.

이 중 기약분수는 $\frac{1}{8}$, $\frac{3}{8}$, $\frac{5}{8}$, $\frac{7}{8}$입니다.

**4-1** 분모가 10인 진분수는 $\frac{1}{10}$, $\frac{2}{10}$, $\frac{3}{10}$, $\frac{4}{10}$, $\frac{5}{10}$, $\frac{6}{10}$, $\frac{7}{10}$, $\frac{8}{10}$, $\frac{9}{10}$입니다.

이 중 기약분수는 $\frac{1}{10}$, $\frac{3}{10}$, $\frac{7}{10}$, $\frac{9}{10}$입니다.

**4-2** $\frac{\square}{15}$가 진분수가 되려면 □ 안에 들어갈 수 있는 수는 1부터 14까지이고, 기약분수가 되려면 15와 □의 공약수가 1뿐이어야 합니다.
따라서 □ 안에 들어갈 수 있는 수는 1, 2, 4, 7, 8, 11, 13, 14입니다.

**4-3** $\frac{\square}{18}$가 진분수가 되려면 □ 안에 들어갈 수 있는 수는 1부터 17까지이고, 기약분수가 되려면 18과 □의 공약수가 1뿐이어야 합니다.
따라서 □ 안에 들어갈 수 있는 수는 1, 5, 7, 11, 13, 17이므로 모두 6개입니다.

**유형 5** 기약분수를 만들려면 분모와 분자의 최대공약수로 약분합니다.

➔ $\frac{15}{50}=\frac{15\div5}{50\div5}=\frac{3}{10}$, $\frac{10}{50}=\frac{10\div10}{50\div10}=\frac{1}{5}$

**5-1** 기약분수를 만들려면 분모와 분자의 최대공약수로 약분합니다.

➔ $\frac{35}{56}=\frac{35\div7}{56\div7}=\frac{5}{8}$, $\frac{24}{56}=\frac{24\div8}{56\div8}=\frac{3}{7}$

**5-2** 기약분수를 만들려면 분모와 분자의 최대공약수로 약분합니다.

➔ $\frac{18}{48}=\frac{18\div6}{48\div6}=\frac{3}{8}$, $\frac{20}{48}=\frac{20\div4}{48\div4}=\frac{5}{12}$

**5-3** 기약분수를 만들려면 분모와 분자의 최대공약수로 약분합니다.

➔ $\frac{28}{78}=\frac{28\div14}{70\div14}=\frac{2}{5}$, $\frac{15}{70}=\frac{15\div5}{70\div5}=\frac{3}{14}$

**유형 6** $\frac{4}{5}=\frac{8}{10}=0.8$, $\frac{3}{4}=\frac{75}{100}=0.75$

➔ $0.7<0.75<0.8$이므로

$0.7<\frac{3}{4}<\frac{4}{5}$입니다.

**6-1** $1\frac{1}{2}=1\frac{5}{10}=1.5$, $1\frac{14}{25}=1\frac{56}{100}=1.56$

➔ $1.56>1.5>1.3$이므로

$1\frac{14}{25}>1\frac{1}{2}>1.3$입니다.

**6-2** $\frac{23}{50}=\frac{46}{100}=0.46$, $\frac{9}{20}=\frac{45}{100}=0.45$

➔ $0.58>0.46>0.45$이므로

$0.58>\frac{23}{50}>\frac{9}{20}$입니다.

**6-3** $2\frac{1}{4}=2\frac{25}{100}=2.25$, $2\frac{7}{20}=2\frac{35}{100}=2.35$

➔ $2.25<2.35<2.38<2.5$이므로

$2\frac{1}{4}<2\frac{7}{20}<2.38<2.5$입니다.

**유형 7** $\frac{5}{7}$와 크기가 같은 분수는

$\frac{5}{7}=\frac{10}{14}=\frac{15}{21}=\frac{20}{28}=\frac{25}{35}=\cdots\cdots$입니다.

이 중에서 분모와 분자의 합이 60인 분수는 $\frac{25}{35}$입니다.

**7-1** $\frac{2}{9}$와 크기가 같은 분수는

$\frac{2}{9}=\frac{4}{18}=\frac{6}{27}=\frac{8}{36}=\cdots\cdots$입니다.

이 중에서 분모와 분자의 차가 28인 분수는 $\frac{8}{36}$입니다.

**7-2** $\frac{4}{5}$와 크기가 같은 분수는

$\frac{4}{5}=\frac{8}{10}=\frac{12}{15}=\frac{16}{20}=\frac{20}{25}=\frac{24}{30}=\frac{28}{35}=\frac{32}{40}=\cdots\cdots$입니다.

이 중에서 분모와 분자의 합이 40보다 크고 60보다 작은 분수는 $\frac{20}{25}$, $\frac{24}{30}$입니다.

유형 8 $\left(\frac{\square}{4}, \frac{7}{10}\right) \rightarrow \left(\frac{\square\times 5}{20}, \frac{14}{20}\right)$이므로
$\frac{\square\times 5}{20} < \frac{14}{20}$입니다.
따라서 $\square\times 5<14$이므로 $\square$ 안에 들어갈 수 있는 자연수는 1, 2입니다.

8-1 $\left(\frac{5}{8}, \frac{\square}{6}\right) \rightarrow \left(\frac{15}{24}, \frac{\square\times 4}{24}\right)$이므로
$\frac{15}{24} > \frac{\square\times 4}{24}$입니다.
따라서 $15>\square\times 4$이므로 $\square$ 안에 들어갈 수 있는 자연수는 1, 2, 3입니다.

8-2 $\left(\frac{4}{9}, \frac{\square}{15}\right) \rightarrow \left(\frac{20}{45}, \frac{\square\times 3}{45}\right)$이므로
$\frac{20}{45} < \frac{\square\times 3}{45}$입니다.
따라서 $20<\square\times 3$이므로 $\square$ 안에 들어갈 수 있는 가장 작은 자연수는 7입니다.

8-3 $0.84=\frac{84}{100}=\frac{21}{25}$
$\left(\frac{\square}{5}, \frac{21}{25}\right) \rightarrow \left(\frac{\square\times 5}{25}, \frac{21}{25}\right)$이므로
$\frac{\square\times 5}{25} < \frac{21}{25}$입니다.
따라서 $\square\times 5<21$이므로 $\square$ 안에 들어갈 수 있는 자연수는 1, 2, 3, 4로 모두 4개입니다.

유형 9 $\frac{1}{2}$보다 작은 분수는 (분자)$\times 2<$(분모)입니다.
- $\frac{4}{7} \rightarrow 4\times 2>7 \rightarrow \frac{4}{7}>\frac{1}{2}$
- $\frac{5}{11} \rightarrow 5\times 2<11 \rightarrow \frac{5}{11}<\frac{1}{2}$
- $\frac{13}{25} \rightarrow 13\times 2>25 \rightarrow \frac{13}{25}>\frac{1}{2}$
- $\frac{7}{15} \rightarrow 7\times 2<15 \rightarrow \frac{7}{15}<\frac{1}{2}$

따라서 $\frac{1}{2}$보다 작은 분수는 $\frac{5}{11}$, $\frac{7}{15}$입니다.

9-1 $\frac{1}{2}$보다 큰 분수는 (분자)$\times 2>$(분모)입니다.
- $\frac{11}{21} \rightarrow 11\times 2>21 \rightarrow \frac{11}{21}>\frac{1}{2}$
- $\frac{6}{13} \rightarrow 6\times 2<13 \rightarrow \frac{6}{13}<\frac{1}{2}$
- $\frac{8}{17} \rightarrow 8\times 2<17 \rightarrow \frac{8}{17}<\frac{1}{2}$
- $\frac{5}{9} \rightarrow 5\times 2>9 \rightarrow \frac{5}{9}>\frac{1}{2}$

따라서 $\frac{1}{2}$보다 큰 분수는 $\frac{11}{21}$, $\frac{5}{9}$입니다.

9-2
- $\frac{5}{8} \rightarrow 5\times 2>8 \rightarrow \frac{5}{8}>\frac{1}{2}$
- $\frac{3}{10} \rightarrow 3\times 2<10 \rightarrow \frac{3}{10}<\frac{1}{2}$
- $\frac{7}{15} \rightarrow 7\times 2<15 \rightarrow \frac{7}{15}<\frac{1}{2}$
- $\frac{14}{27} \rightarrow 14\times 2>27 \rightarrow \frac{14}{27}>\frac{1}{2}$
- $\frac{9}{19} \rightarrow 9\times 2<19 \rightarrow \frac{9}{19}<\frac{1}{2}$

따라서 $\frac{1}{2}$보다 작은 분수는 $\frac{3}{10}$, $\frac{7}{15}$, $\frac{9}{19}$로 모두 3개입니다.

9-3
- $\frac{5}{12} \rightarrow 5\times 2<12 \rightarrow \frac{5}{12}<\frac{1}{2}$
- $\frac{9}{16} \rightarrow 9\times 2>16 \rightarrow \frac{9}{16}>\frac{1}{2}$
- $\frac{19}{20} \rightarrow 19\times 2>20 \rightarrow \frac{19}{20}>\frac{1}{2}$
- $\frac{17}{32} \rightarrow 17\times 2>32 \rightarrow \frac{17}{32}>\frac{1}{2}$
- $\frac{8}{9} \rightarrow 8\times 2>9 \rightarrow \frac{8}{9}>\frac{1}{2}$

따라서 $\frac{1}{2}$보다 큰 분수 $\frac{9}{16}$, $\frac{19}{20}$, $\frac{17}{32}$, $\frac{8}{9}$ 중에서 $\frac{7}{8}$보다 작은 분수는 $\frac{9}{16}$, $\frac{17}{32}$입니다.

유형 10 분모가 20인 분수를 $\frac{\square}{20}$라고 하면
$\frac{1}{2}<\frac{\square}{20}<\frac{3}{5} \rightarrow \frac{10}{20}<\frac{\square}{20}<\frac{12}{20}$이므로 $\square$ 안에 알맞은 수는 11입니다.
따라서 구하는 분수는 $\frac{11}{20}$입니다.

**10-1** 분모가 36인 분수를 $\frac{\square}{36}$라고 하면

$\frac{3}{4}<\frac{\square}{36}<\frac{5}{6}$ ➜ $\frac{27}{36}<\frac{\square}{36}<\frac{30}{36}$이므로

□ 안에 들어갈 수 있는 수는 28, 29입니다.

따라서 구하는 분수는 $\frac{28}{36}$, $\frac{29}{36}$입니다.

**10-2** 분모가 24인 분수를 $\frac{\square}{24}$라고 하면

$\frac{5}{8}<\frac{\square}{24}<\frac{11}{12}$ ➜ $\frac{15}{24}<\frac{\square}{24}<\frac{22}{24}$이므로

□ 안에 들어갈 수 있는 수는 16, 17, 18, 19, 20, 21입니다.

따라서 구하는 분수는 $\frac{16}{24}$, $\frac{17}{24}$, $\frac{18}{24}$, $\frac{19}{24}$, $\frac{20}{24}$, $\frac{21}{24}$로 모두 6개입니다.

**10-3** 분모가 20인 분수를 $\frac{\square}{20}$라고 하면

$\frac{2}{5}<\frac{\square}{20}<\frac{7}{10}$ ➜ $\frac{8}{20}<\frac{\square}{20}<\frac{14}{20}$이므로

□ 안에 들어갈 수 있는 수는 9, 10, 11, 12, 13입니다.

따라서 구하는 기약분수는 $\frac{9}{20}$, $\frac{11}{20}$, $\frac{13}{20}$으로 모두 3개입니다.

**유형 11** 만들 수 있는 가장 큰 대분수는 자연수 부분에 가장 큰 수를 놓고, 나머지 수 카드로 가장 큰 진분수를 만들어야 하므로 $6\frac{3}{4}$입니다.

➜ $6\frac{3}{4}=6\frac{75}{100}=6.75$

**11-1** 만들 수 있는 진분수는 $\frac{1}{3}$, $\frac{1}{5}$, $\frac{3}{5}$, $\frac{1}{8}$, $\frac{3}{8}$, $\frac{5}{8}$입니다.

$\frac{1}{8}<\frac{1}{5}<\frac{1}{3}<\frac{3}{8}<\frac{3}{5}<\frac{5}{8}$이므로 가장 큰 수는 $\frac{5}{8}$입니다.

➜ $\frac{5}{8}=\frac{625}{1000}=0.625$

**11-2** 만들 수 있는 진분수는 $\frac{1}{4}$, $\frac{1}{5}$, $\frac{4}{5}$, $\frac{1}{9}$, $\frac{4}{9}$, $\frac{5}{9}$입니다.

$\frac{1}{9}<\frac{1}{5}<\frac{1}{4}<\frac{4}{9}<\frac{5}{9}<\frac{4}{5}$이므로 가장 큰 수는 $\frac{4}{5}$입니다.

➜ $\frac{4}{5}=\frac{8}{10}=0.8$

**유형 12** $14+42=56$이므로 $\frac{9}{14}$와 크기가 같은 분수 중에서 분모가 56인 분수를 찾습니다.

➜ $\frac{9}{14}=\frac{9\times4}{14\times4}=\frac{36}{56}$

따라서 분자에 더해야 하는 수를 □라고 하면 $9+\square=36$, $\square=27$입니다.

**12-1** $4+16=20$이므로 $\frac{4}{9}$와 크기가 같은 분수 중에서 분자가 20인 분수를 찾습니다.

➜ $\frac{4}{9}=\frac{4\times5}{9\times5}=\frac{20}{45}$

따라서 분모에 더해야 하는 수를 □라고 하면 $9+\square=45$, $\square=36$입니다.

**12-2** $24-16=8$이므로 $\frac{24}{30}$와 크기가 같은 분수 중에서 분자가 8인 분수를 찾습니다.

➜ $\frac{24}{30}=\frac{24\div3}{30\div3}=\frac{8}{10}$

따라서 분모에서 빼야 하는 수를 □라고 하면 $30-\square=10$, $\square=20$입니다.

**12-3** 분모와 분자에 같은 수를 더해도 분모와 분자의 차는 변하지 않습니다.

$\frac{21}{36}$의 분모와 분자의 차는 $36-21=15$입니다.

$\frac{5}{8}=\frac{10}{16}=\frac{15}{24}=\frac{20}{32}=\frac{25}{40}=\frac{30}{48}=\cdots\cdots$이고 이 중에서 분모와 분자의 차가 15인 분수는 $\frac{25}{40}$입니다.

$\frac{25+4}{36+4}=\frac{25}{40}$이므로 분모와 분자에 각각 4를 더해야 합니다.

# 5단원 분수의 덧셈과 뺄셈

## 86~88쪽 AI가 추천한 단원 평가 

01 1, 2, 3　02 16, 5, 16, 5, 11, 1, 11

03 14, 5, 56, 25, 31, 1, 11　04 $4\frac{1}{2}$

05 36, 72　06 $2\frac{10}{21}$

07 예 $\frac{3}{4}+\frac{7}{10}=\frac{3\times5}{4\times5}+\frac{7\times2}{10\times2}$
$=\frac{15}{20}+\frac{14}{20}=\frac{29}{20}=1\frac{9}{20}$

08 $4\frac{17}{24}$　09 $\frac{11}{24}$

10 ( ○ )(　)　11 $4\frac{1}{12}$

12 풀이 참고, ㉡　13 $\frac{1}{6}$ kg

14 $3\frac{1}{15}$ m　15 풀이 참고, $1\frac{17}{40}$ kg

16 7　17 $\frac{1}{8}$ km　18 $6\frac{23}{40}$

19 $1\frac{31}{42}$　20 900 mL

07 분수를 통분한 후 분모는 그대로 두고 분자끼리 더해야 하는데 분모를 더하여 잘못 계산했습니다.

09 $\frac{5}{6}-\frac{3}{8}=\frac{20}{24}-\frac{9}{24}=\frac{11}{24}$

10 • $4\frac{9}{14}-3\frac{3}{7}=4\frac{9}{14}-3\frac{6}{14}=1\frac{3}{14}$

• $5\frac{1}{2}-4\frac{5}{9}=5\frac{9}{18}-4\frac{10}{18}=4\frac{27}{18}-4\frac{10}{18}=\frac{17}{18}$

11 $1\frac{1}{2}+\frac{1}{4}+2\frac{1}{3}=1\frac{2}{4}+\frac{1}{4}+2\frac{1}{3}=1\frac{3}{4}+2\frac{1}{3}$
$=1\frac{9}{12}+2\frac{4}{12}=3\frac{13}{12}=4\frac{1}{12}$

12 예 ㉠을 계산하면 $\frac{5}{16}+\frac{1}{4}=\frac{5}{16}+\frac{4}{16}=\frac{9}{16}$이고, ㉡을 계산하면
$\frac{5}{8}+\frac{5}{12}=\frac{15}{24}+\frac{10}{24}=\frac{25}{24}=1\frac{1}{24}$입니다.」❶
따라서 계산 결과가 1보다 큰 것은 ㉡입니다.」❷

채점 기준

| 채점 기준 | |
|---|---|
| ❶ ㉠과 ㉡의 계산 결과 각각 구하기 | 4점 |
| ❷ 계산 결과가 1보다 큰 것의 기호 쓰기 | 1점 |

13 $\frac{7}{10}-\frac{8}{15}=\frac{21}{30}-\frac{16}{30}=\frac{5}{30}=\frac{1}{6}$(kg)

14 $1\frac{2}{5}+1\frac{2}{3}=1\frac{6}{15}+1\frac{10}{15}=2\frac{16}{15}=3\frac{1}{15}$(m)

15 예 여진이가 주운 밤은
$\frac{9}{10}-\frac{3}{8}=\frac{36}{40}-\frac{15}{40}=\frac{21}{40}$(kg)입니다.」❶
따라서 건영이와 여진이가 주운 밤은 모두
$\frac{9}{10}+\frac{21}{40}=\frac{36}{40}+\frac{21}{40}=\frac{57}{40}=1\frac{17}{40}$(kg)입니다.」❷

채점 기준

| 채점 기준 | |
|---|---|
| ❶ 여진이가 주운 밤의 무게 구하기 | 2점 |
| ❷ 건영이와 여진이가 주운 밤의 무게의 합 구하기 | 3점 |

16 $3\frac{7}{10}+2\frac{3}{5}=3\frac{7}{10}+2\frac{6}{10}=5\frac{13}{10}=6\frac{3}{10}$이므로
$6\frac{3}{10}$<□에서 □ 안에 들어갈 수 있는 가장 작은 자연수는 7입니다.

17 집에서 문구점을 거쳐 학교까지 가는 길은
$1\frac{1}{3}+1\frac{1}{6}=1\frac{2}{6}+1\frac{1}{6}=2\frac{3}{6}=2\frac{1}{2}$(km)입니다.
따라서 집에서 학교까지 바로 가는 길은 집에서 문구점을 거쳐 학교까지 가는 길보다
$2\frac{1}{2}-2\frac{3}{8}=2\frac{4}{8}-2\frac{3}{8}=\frac{1}{8}$(km) 더 가깝습니다.

18 8>5>1이므로 만들 수 있는 가장 큰 대분수는 $8\frac{1}{5}$이고, 가장 작은 대분수는 $1\frac{5}{8}$입니다.
→ $8\frac{1}{5}-1\frac{5}{8}=8\frac{8}{40}-1\frac{25}{40}$
$=7\frac{48}{40}-1\frac{25}{40}=6\frac{23}{40}$

19 $\frac{5}{6}★\frac{3}{7}=\frac{5}{6}-\frac{3}{7}+1\frac{1}{3}=\frac{35}{42}-\frac{18}{42}+1\frac{1}{3}$
$=\frac{17}{42}+1\frac{1}{3}=\frac{17}{42}+1\frac{14}{42}=1\frac{31}{42}$

20 오전과 오후에 마신 물의 양은 전체의
$\frac{3}{4}+\frac{2}{9}=\frac{27}{36}+\frac{8}{36}=\frac{35}{36}$이고, 전체를 1이라고 하면 남은 물은 전체의 $1-\frac{35}{36}=\frac{1}{36}$입니다.
따라서 전체의 $\frac{1}{36}$만큼이 25 mL이므로 처음에 있던 물은 $25\times36=900$(mL)입니다.

## 89~91쪽 AI가 추천한 단원 평가 2회

01 7, 2, 5　02 9, 10, 19, 1, 4

03 3, 7, 3, 4, 2　04 $1\frac{1}{3}$

05 예 $\frac{3}{10}+\frac{1}{6}=\frac{3\times3}{10\times3}+\frac{1\times5}{6\times5}$

$=\frac{9}{30}+\frac{5}{30}=\frac{14}{30}=\frac{7}{15}$

06 $5\frac{1}{24}$　07 $\frac{14}{45}$　08

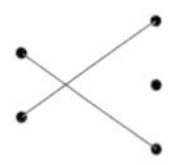

09 $>$　10 (　　) (　○　)

11 풀이 참고, $1\frac{11}{21}$　12 $1\frac{17}{40}$컵

13 $\frac{9}{20}$ L　14 $7\frac{17}{18}$ m　15 $2\frac{13}{48}$

16 $7\frac{3}{40}$ cm　17 풀이 참고, $2\frac{11}{30}$

18 $3\frac{8}{15}$ m　19 $1\frac{55}{72}$　20 $\frac{19}{40}$ kg

09 $\frac{2}{5}+\frac{1}{3}=\frac{6}{15}+\frac{5}{15}=\frac{11}{15}$,

$\frac{4}{5}-\frac{4}{15}=\frac{12}{15}-\frac{4}{15}=\frac{8}{15}$이고,

$\frac{11}{15}>\frac{8}{15}$이므로 $\frac{2}{5}+\frac{1}{3}>\frac{4}{5}-\frac{4}{15}$입니다.

10 • $1\frac{6}{7}+2\frac{4}{21}=1\frac{18}{21}+2\frac{4}{21}=3\frac{22}{21}=4\frac{1}{21}$

• $5\frac{1}{4}-3\frac{5}{6}=5\frac{3}{12}-3\frac{10}{12}=4\frac{15}{12}-3\frac{10}{12}=1\frac{5}{12}$

11 예 ㉠은 $\frac{1}{3}$이 2개인 수이므로 $\frac{2}{3}$이고,

㉡은 $\frac{1}{7}$이 6개인 수이므로 $\frac{6}{7}$입니다.」❶

따라서 ㉠과 ㉡이 나타내는 수의 합은

$\frac{2}{3}+\frac{6}{7}=\frac{14}{21}+\frac{18}{21}=\frac{32}{21}=1\frac{11}{21}$입니다.」❷

채점 기준

| | |
|---|---|
| ❶ ㉠과 ㉡이 나타내는 수 각각 구하기 | 2점 |
| ❷ ㉠과 ㉡이 나타내는 수의 합 구하기 | 3점 |

12 $\frac{5}{8}+\frac{4}{5}=\frac{25}{40}+\frac{32}{40}=\frac{57}{40}=1\frac{17}{40}$(컵)

13 $1\frac{7}{10}-1\frac{1}{4}=1\frac{14}{20}-1\frac{5}{20}=\frac{9}{20}$(L)

14 $4\frac{11}{18}+3\frac{1}{3}=4\frac{11}{18}+3\frac{6}{18}=7\frac{17}{18}$(m)

15 $\square+3\frac{13}{16}=6\frac{1}{12}$

➔ $\square=6\frac{1}{12}-3\frac{13}{16}=6\frac{4}{48}-3\frac{39}{48}$

$=5\frac{52}{48}-3\frac{39}{48}=2\frac{13}{48}$

16 (삼각형의 세 변의 길이의 합)

$=1\frac{3}{4}+3\frac{1}{8}+2\frac{1}{5}=1\frac{6}{8}+3\frac{1}{8}+2\frac{1}{5}$

$=4\frac{7}{8}+2\frac{1}{5}=4\frac{35}{40}+2\frac{8}{40}=6\frac{43}{40}=7\frac{3}{40}$(cm)

17 예 $3\frac{1}{2}>3\frac{1}{3}>1\frac{2}{15}$이고, 차가 가장 크게 되려면 가장 큰 수에서 가장 작은 수를 빼야 하므로 $3\frac{1}{2}-1\frac{2}{15}$를 계산합니다.」❶

따라서 차가 가장 클 때의 값은

$3\frac{1}{2}-1\frac{2}{15}=3\frac{15}{30}-1\frac{4}{30}=2\frac{11}{30}$입니다.」❷

채점 기준

| | |
|---|---|
| ❶ 차가 가장 클 때의 계산식 알아보기 | 3점 |
| ❷ 차가 가장 클 때의 값 구하기 | 2점 |

18 (색 테이프 2장의 길이의 합)

$=2\frac{1}{6}+2\frac{1}{6}=4\frac{2}{6}=4\frac{1}{3}$(m)

➔ (이어 붙인 색 테이프의 전체 길이)

$=4\frac{1}{3}-\frac{4}{5}=4\frac{5}{15}-\frac{12}{15}=3\frac{20}{15}-\frac{12}{15}$

$=3\frac{8}{15}$(m)

19 $\frac{1}{2}$부터 시작하여 분모와 분자가 각각 1씩 커지는 규칙이므로 여섯째 분수는 $\frac{6}{7}$, 일곱째 분수는 $\frac{7}{8}$, 여덟째 분수는 $\frac{8}{9}$입니다.

➔ $\frac{7}{8}+\frac{8}{9}=\frac{63}{72}+\frac{64}{72}=\frac{127}{72}=1\frac{55}{72}$

20 (사과 9개의 무게)

$=\frac{4}{5}+\frac{4}{5}+\frac{4}{5}=\frac{12}{5}=2\frac{2}{5}$(kg)

➔ (빈 바구니의 무게)

$=2\frac{7}{8}-2\frac{2}{5}=2\frac{35}{40}-2\frac{16}{40}=\frac{19}{40}$(kg)

## 92~94쪽 AI가 추천한 단원 평가 3회

01  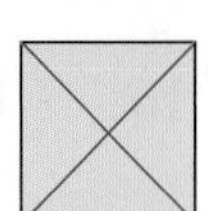 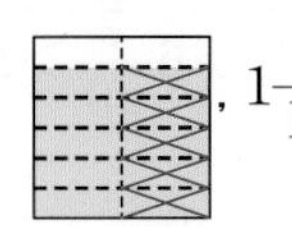, $1\frac{5}{12}$

02 8, 9, 17　03 $1\frac{8}{15}$　04 $2\frac{13}{20}$

05 $\frac{14}{15}-\frac{5}{6}=\frac{14\times2}{15\times2}-\frac{5\times5}{6\times5}$

$=\frac{28}{30}-\frac{25}{30}=\frac{3}{30}=\frac{1}{10}$

06 $2\frac{1}{20}$　07 $4\frac{17}{30}$　08 $1\frac{3}{40}$

09 $<$　10 $4\frac{19}{28}$　11 풀이 참고

12 $\frac{3}{4}$ L　13 $3\frac{11}{18}$ kg　14 $3\frac{17}{30}$ cm

15 5개　16 선우, $\frac{2}{15}$ m

17 풀이 참고, $12\frac{18}{35}$　18 $\frac{2}{9}$

19 $\frac{1}{9}$, $\frac{1}{5}$ (또는 $\frac{1}{5}$, $\frac{1}{9}$)

20 오후 4시 50분

11 예 $5\frac{1}{9}=\frac{46}{9}$인데 $\frac{51}{9}$로 잘못 고쳤습니다.」❶

따라서 바르게 계산하면

$5\frac{1}{9}-2\frac{1}{3}=\frac{46}{9}-\frac{7}{3}=\frac{46}{9}-\frac{21}{9}=\frac{25}{9}=2\frac{7}{9}$입니다.」❷

채점 기준

| | |
|---|---|
| ❶ 잘못 계산한 이유 쓰기 | 2점 |
| ❷ 바르게 계산하기 | 3점 |

12 $\frac{19}{20}-\frac{1}{5}=\frac{19}{20}-\frac{4}{20}=\frac{15}{20}=\frac{3}{4}$(L)

13 $5\frac{7}{9}-2\frac{1}{6}=5\frac{14}{18}-2\frac{3}{18}=3\frac{11}{18}$(kg)

14 (가로)+(세로)$=2\frac{3}{10}+1\frac{4}{15}$

$=2\frac{9}{30}+1\frac{8}{30}=3\frac{17}{30}$(cm)

15 $\frac{4}{9}+\frac{1}{2}=\frac{8}{18}+\frac{9}{18}=\frac{17}{18}$이므로 식을 간단하게 만들면 $\frac{\square}{6}<\frac{17}{18}$에서 $\frac{\square\times3}{18}<\frac{17}{18}$입니다.

따라서 $\square\times3<17$이므로 $\square$ 안에 들어갈 수 있는 자연수는 1, 2, 3, 4, 5로 모두 5개입니다.

16 • 유진: $3\frac{5}{6}+1\frac{1}{10}=4\frac{14}{15}$(m)

• 선우: $2\frac{2}{5}+2\frac{2}{3}=5\frac{1}{15}$(m)

따라서 $4\frac{14}{15}<5\frac{1}{15}$이므로 선우가 끈을 $5\frac{1}{15}-4\frac{14}{15}=4\frac{16}{15}-4\frac{14}{15}=\frac{2}{15}$(m) 더 많이 사용했습니다.

17 예 $7>5>4$이므로 만들 수 있는 가장 큰 대분수는 $7\frac{4}{5}$이고, 가장 작은 대분수는 $4\frac{5}{7}$입니다.」❶

따라서 만들 수 있는 가장 큰 대분수와 가장 작은 대분수의 합은

$7\frac{4}{5}+4\frac{5}{7}=7\frac{28}{35}+4\frac{25}{35}=11\frac{53}{35}=12\frac{18}{35}$입니다.」❷

채점 기준

| | |
|---|---|
| ❶ 만들 수 있는 가장 큰 대분수와 가장 작은 대분수 각각 구하기 | 2점 |
| ❷ 만들 수 있는 가장 큰 대분수와 가장 작은 대분수의 합 구하기 | 3점 |

18 어떤 수를 $\square$라고 하면 $\square+2\frac{2}{3}=5\frac{5}{9}$이므로

$\square=5\frac{5}{9}-2\frac{2}{3}=5\frac{5}{9}-2\frac{6}{9}=4\frac{14}{9}-2\frac{6}{9}=2\frac{8}{9}$

입니다.

따라서 바르게 계산한 값은

$2\frac{8}{9}-2\frac{2}{3}=2\frac{8}{9}-2\frac{6}{9}=\frac{2}{9}$입니다.

19 45의 약수 1, 3, 5, 9, 15, 45 중에서 $5+9=14$이므로 $\frac{14}{45}$를 분자가 5와 9인 분수의 합으로 나타냅니다.

→ $\frac{14}{45}=\frac{5}{45}+\frac{9}{45}=\frac{1}{9}+\frac{1}{5}$

20 (준혁이가 줄넘기한 시간)

$=\frac{5}{12}+\frac{1}{4}=\frac{5}{12}+\frac{3}{12}=\frac{8}{12}=\frac{2}{3}$(시간)

따라서 $\frac{2}{3}$시간$=\frac{40}{60}$시간$=40$분이므로 준혁이가 줄넘기를 마친 시각은

오후 4시+40분+10분=오후 4시 50분입니다.

## 95~97쪽 AI가 추천한 단원 평가 4회

01 30, 72, 102, 1, 22, 1, 11

02 15, 36, 51, 1, 11

03 $\frac{1}{18}$ 04 $4\frac{3}{8}$ 05 $\frac{6}{35}$

06 예 $\frac{1}{10}+\frac{4}{7}=\frac{1\times7}{10\times7}+\frac{4\times10}{7\times10}$
$=\frac{7}{70}+\frac{40}{70}=\frac{47}{70}$

07 $3\frac{2}{9}$ 08 (위에서부터) $7\frac{5}{6}$, $2\frac{11}{14}$

09 $\frac{11}{27}$ 10 풀이 참고 11 $4\frac{13}{30}$

12 $1\frac{7}{15}$ L 13 $\frac{9}{20}$ km 14 ㉣

15 3개 16 풀이 참고, $\frac{11}{24}$

17 $4\frac{1}{8}$ 18 $3\frac{1}{5}$ cm 19 $\frac{1}{6}$ m

20 6일

10 예 자연수는 자연수끼리, 분수는 분수끼리 계산합니다.

$3\frac{1}{6}-1\frac{8}{9}=3\frac{3}{18}-1\frac{16}{18}=2\frac{21}{18}-1\frac{16}{18}$
$=(2-1)+\left(\frac{21}{18}-\frac{16}{18}\right)$
$=1+\frac{5}{18}=1\frac{5}{18}$」❶

대분수를 가분수로 나타내어 계산합니다.

$3\frac{1}{6}-1\frac{8}{9}=\frac{19}{6}-\frac{17}{9}$
$=\frac{57}{18}-\frac{34}{18}=\frac{23}{18}=1\frac{5}{18}$」❷

채점 기준

| | |
|---|---|
| ❶ 한 가지 방법으로 계산하기 | 3점 |
| ❷ 다른 한 가지 방법으로 계산하기 | 2점 |

11 $2\frac{14}{15}+1\frac{1}{2}=2\frac{28}{30}+1\frac{15}{30}=3\frac{43}{30}=4\frac{13}{30}$

12 $\frac{2}{3}+\frac{4}{5}=\frac{10}{15}+\frac{12}{15}=\frac{22}{15}=1\frac{7}{15}$(L)

13 $2\frac{1}{5}-1\frac{3}{4}=2\frac{4}{20}-1\frac{15}{20}$
$=1\frac{24}{20}-1\frac{15}{20}=\frac{9}{20}$(km)

14 ㉠ $5\frac{8}{15}$ ㉡ $5\frac{5}{18}$ ㉢ $6\frac{7}{20}$ ㉣ $6\frac{33}{56}$

➜ $6\frac{33}{56}>6\frac{7}{20}>5\frac{8}{15}>5\frac{5}{18}$

15 $6\frac{7}{12}-2\frac{9}{10}=6\frac{35}{60}-2\frac{54}{60}=3\frac{41}{60}$이므로

$\square<3\frac{41}{60}$에서 $\square$ 안에 들어갈 수 있는 자연수는 1, 2, 3으로 모두 3개입니다.

16 예 정아와 동생이 마신 우유는 전체의

$\frac{3}{8}+\frac{1}{6}=\frac{9}{24}+\frac{4}{24}=\frac{13}{24}$입니다.」❶

따라서 전체를 1이라고 하면 정아와 동생이 마시고 남은 우유는 전체의 $1-\frac{13}{24}=\frac{11}{24}$입니다.」❷

채점 기준

| | |
|---|---|
| ❶ 정아와 동생이 마신 우유는 전체의 얼마인지 구하기 | 2점 |
| ❷ 정아와 동생이 마시고 남은 우유는 전체의 얼마인지 구하기 | 3점 |

17 거꾸로 생각하여 계산합니다.

㉠$=4\frac{7}{10}-2\frac{3}{8}+1\frac{4}{5}=4\frac{28}{40}-2\frac{15}{40}+1\frac{4}{5}$
$=2\frac{13}{40}+1\frac{4}{5}=2\frac{13}{40}+1\frac{32}{40}=3\frac{45}{40}$
$=4\frac{5}{40}=4\frac{1}{8}$

18 이등변삼각형은 두 변의 길이가 같으므로 나머지 한 변의 길이는 $1\frac{3}{10}$ cm입니다.

➜ $1\frac{3}{10}+\frac{3}{5}+1\frac{3}{10}=1\frac{3}{10}+\frac{6}{10}+1\frac{3}{10}$
$=2\frac{12}{10}=3\frac{2}{10}=3\frac{1}{5}$(cm)

19 (색 테이프 2장의 길이의 합)

$=1\frac{7}{8}+1\frac{7}{8}=2\frac{14}{8}=3\frac{6}{8}=3\frac{3}{4}$(m)

➜ (겹쳐진 부분의 길이)

$=3\frac{3}{4}-3\frac{7}{12}=3\frac{9}{12}-3\frac{7}{12}=\frac{2}{12}=\frac{1}{6}$(m)

20 은재와 승민이가 함께 하루 동안 하는 일의 양은 전체의 $\frac{1}{8}+\frac{1}{24}=\frac{3}{24}+\frac{1}{24}=\frac{4}{24}=\frac{1}{6}$입니다.

따라서 일을 끝내는 데 6일이 걸립니다.

## 98~103쪽 틀린 유형 다시 보기

유형 1 예 $\frac{1}{6}+\frac{1}{3}=\frac{1}{6}+\frac{1\times2}{3\times2}=\frac{1}{6}+\frac{2}{6}$
$=\frac{3}{6}=\frac{1}{2}$

1-1 예 $1\frac{4}{7}+1\frac{2}{3}=1\frac{12}{21}+1\frac{14}{21}$
$=2\frac{26}{21}=3\frac{5}{21}$

1-2 예 $3\frac{2}{5}-1\frac{3}{4}=3\frac{8}{20}-1\frac{15}{20}$
$=2\frac{28}{20}-1\frac{15}{20}=1\frac{13}{20}$

유형 2 $<$ 2-1 $>$ 2-2 ㉠

2-3 ㉠, ㉢, ㉣, ㉡ 유형 3 $1\frac{1}{20}$

3-1 $\frac{2}{9}$ 3-2 $2\frac{17}{30}$ 3-3 $2\frac{1}{4}$

유형 4 $3\frac{3}{8}$ 4-1 $1\frac{5}{28}$ 4-2 $2\frac{11}{36}$

4-3 $7\frac{1}{3}$ 유형 5 5 5-1 4

5-2 1, 2, 3 5-3 4개

유형 6 $4\frac{9}{10}$, $2\frac{5}{6}$, $2\frac{1}{15}$

6-1 $5\frac{3}{8}$, $3\frac{2}{7}$, $8\frac{37}{56}$ (또는 $3\frac{2}{7}$, $5\frac{3}{8}$, $8\frac{37}{56}$)

6-2 $4\frac{5}{7}$, $3\frac{1}{4}$, $1\frac{13}{28}$

유형 7 1시간 20분 7-1 39분

7-2 서아, 10초 7-3 3시간5분

유형 8 $8\frac{16}{21}$ 8-1 $3\frac{17}{30}$ 8-2 $12\frac{1}{63}$

8-3 $7\frac{9}{40}$ 유형 9 $1\frac{3}{10}$ m 9-1 $4\frac{8}{9}$ m

9-2 $\frac{5}{12}$ m 유형 10 700 mL 10-1 90쪽

10-2 75 cm 10-3 1000 g 유형 11 $\frac{2}{5}$ kg

11-1 $\frac{1}{6}$ kg 11-2 $\frac{2}{9}$ kg 유형 12 4일

12-1 6일 12-2 5일 12-3 8일

유형 1 분수를 통분할 때에는 분모와 분자에 각각 0이 아닌 같은 수를 곱해야 하는데 분모에는 2를, 분자에는 1을 곱하여 잘못 계산했습니다.

1-1 진분수끼리의 합이 1보다 크면 1을 받아올림해야 하는데 더하지 않고 잘못 계산했습니다.

1-2 자연수 부분에서 받아내림한 1을 빼지 않고 잘못 계산했습니다.

---

유형 2 $\frac{3}{4}+\frac{2}{3}=1\frac{5}{12}$, $\frac{5}{6}+\frac{11}{12}=1\frac{9}{12}$

$1\frac{5}{12}<1\frac{9}{12}$이므로 $\frac{3}{4}+\frac{2}{3}<\frac{5}{6}+\frac{11}{12}$입니다.

2-1 $\frac{4}{5}-\frac{4}{15}=\frac{8}{15}$, $\frac{9}{10}-\frac{5}{6}=\frac{1}{15}$

$\frac{8}{15}>\frac{1}{15}$이므로 $\frac{4}{5}-\frac{4}{15}>\frac{9}{10}-\frac{5}{6}$입니다.

2-2 ㉠ $1\frac{7}{9}+3\frac{1}{2}=5\frac{5}{18}$ ㉡ $5\frac{5}{6}-1\frac{4}{9}=4\frac{7}{18}$

➔ $5\frac{5}{18}>4\frac{7}{18}$

2-3 ㉠ $1\frac{19}{20}$ ㉡ $3\frac{9}{40}$ ㉢ $2\frac{13}{40}$ ㉣ $2\frac{9}{20}$

➔ $1\frac{19}{20}<2\frac{13}{40}<2\frac{9}{20}<3\frac{9}{40}$

---

유형 3 $\frac{3}{10}+\frac{1}{4}+\frac{1}{2}=\frac{6}{20}+\frac{5}{20}+\frac{1}{2}=\frac{11}{20}+\frac{1}{2}$
$=\frac{11}{20}+\frac{10}{20}=\frac{21}{20}=1\frac{1}{20}$

3-1 $\frac{5}{6}-\frac{5}{18}-\frac{1}{3}=\frac{15}{18}-\frac{5}{18}-\frac{1}{3}=\frac{10}{18}-\frac{1}{3}$
$=\frac{10}{18}-\frac{6}{18}=\frac{4}{18}=\frac{2}{9}$

3-2 $2\frac{2}{5}+1\frac{1}{2}-1\frac{1}{3}=2\frac{4}{10}+1\frac{5}{10}-1\frac{1}{3}$
$=3\frac{9}{10}-1\frac{1}{3}$
$=3\frac{27}{30}-1\frac{10}{30}=2\frac{17}{30}$

3-3 $4\frac{3}{4}-1\frac{2}{5}-1\frac{1}{10}=4\frac{15}{20}-1\frac{8}{20}-1\frac{1}{10}$
$=3\frac{7}{20}-1\frac{1}{10}$
$=3\frac{7}{20}-1\frac{2}{20}$
$=2\frac{5}{20}=2\frac{1}{4}$

---

유형 4 $\square=4\frac{5}{8}-1\frac{1}{4}=4\frac{5}{8}-1\frac{2}{8}=3\frac{3}{8}$

**4-1** $\square=\frac{3}{4}+\frac{3}{7}=\frac{21}{28}+\frac{12}{28}=\frac{33}{28}=1\frac{5}{28}$

**4-2** 어떤 수를 □라고 하면 $\square+1\frac{1}{9}=3\frac{5}{12}$입니다.

➜ $\square=3\frac{5}{12}-1\frac{1}{9}=3\frac{15}{36}-1\frac{4}{36}=2\frac{11}{36}$

**4-3** 어떤 수를 □라고 하면 $4\frac{2}{5}-\square=1\frac{7}{15}$이므로

$\square=4\frac{2}{5}-1\frac{7}{15}=4\frac{6}{15}-1\frac{7}{15}=2\frac{14}{15}$입니다.

따라서 바르게 계산한 값은

$4\frac{2}{5}+2\frac{14}{15}=4\frac{6}{15}+2\frac{14}{15}=6\frac{20}{15}$

$=7\frac{5}{15}=7\frac{1}{3}$입니다.

---

**유형 5** $1\frac{7}{12}+2\frac{5}{8}=1\frac{14}{24}+2\frac{15}{24}=3\frac{29}{24}=4\frac{5}{24}$이므로 $4\frac{5}{24}<\square$에서 □ 안에 들어갈 수 있는 가장 작은 자연수는 5입니다.

**5-1** $6\frac{2}{3}-2\frac{3}{7}=6\frac{14}{21}-2\frac{9}{21}=4\frac{5}{21}$이므로

$4\frac{5}{21}>\square$에서 □ 안에 들어갈 수 있는 가장 큰 자연수는 4입니다.

**5-2** $1\frac{5}{6}+1\frac{3}{4}=1\frac{10}{12}+1\frac{9}{12}=2\frac{19}{12}=3\frac{7}{12}$이므로 $\square<3\frac{7}{12}$에서 □ 안에 들어갈 수 있는 자연수는 1, 2, 3입니다.

**5-3** $\frac{1}{6}+\frac{3}{4}=\frac{11}{12}$, $7\frac{5}{9}-2\frac{3}{5}=4\frac{43}{45}$이므로

$\frac{11}{12}<\square<4\frac{43}{45}$에서 □ 안에 들어갈 수 있는 자연수는 1, 2, 3, 4로 모두 4개입니다.

---

**유형 6** $4\frac{9}{10}-2\frac{5}{6}=4\frac{27}{30}-2\frac{25}{30}=2\frac{2}{30}=2\frac{1}{15}$

**6-1** $5\frac{3}{8}+3\frac{2}{7}=5\frac{21}{56}+3\frac{16}{56}=8\frac{37}{56}$

**6-2** $4\frac{5}{7}-3\frac{1}{4}=4\frac{20}{28}-3\frac{7}{28}=1\frac{13}{28}$

---

**유형 7** $\frac{3}{4}+\frac{7}{12}=\frac{9}{12}+\frac{7}{12}=\frac{16}{12}=\frac{4}{3}=1\frac{1}{3}$(시간)

➜ $1\frac{1}{3}$시간$=1\frac{20}{60}$시간$=1$시간 20분

**7-1** $2\frac{1}{4}-1\frac{3}{5}=2\frac{5}{20}-1\frac{12}{20}$

$=1\frac{25}{20}-1\frac{12}{20}=\frac{13}{20}$(시간)

➜ $\frac{13}{20}$시간$=\frac{39}{60}$시간$=39$분

**7-2** $7\frac{7}{10}-7\frac{8}{15}=7\frac{21}{30}-7\frac{16}{30}=\frac{5}{30}=\frac{1}{6}$(분)

$\frac{1}{6}$분$=\frac{10}{60}$분$=10$초이므로 달리기 기록은 서아가 10초 더 빠릅니다.

**7-3** $2\frac{2}{3}+\frac{1}{4}=2\frac{8}{12}+\frac{3}{12}=2\frac{11}{12}$(시간)

➜ $2\frac{11}{12}$시간$=2\frac{55}{60}$시간$=2$시간 55분

따라서 할머니 댁에 가는 데 걸린 시간은 모두 2시간 55분+10분=3시간 5분입니다.

---

**유형 8** $7>3>1$이므로 만들 수 있는 가장 큰 대분수는 $7\frac{1}{3}$이고, 가장 작은 대분수는 $1\frac{3}{7}$입니다.

➜ $7\frac{1}{3}+1\frac{3}{7}=7\frac{7}{21}+1\frac{9}{21}=8\frac{16}{21}$

**8-1** $6>5>2$이므로 만들 수 있는 가장 큰 대분수는 $6\frac{2}{5}$이고, 가장 작은 대분수는 $2\frac{5}{6}$입니다.

➜ $6\frac{2}{5}-2\frac{5}{6}=6\frac{12}{30}-2\frac{25}{30}=3\frac{17}{30}$

**8-2** $9>7>4>2$이므로 만들 수 있는 가장 큰 대분수는 $9\frac{4}{7}$이고, 가장 작은 대분수는 $2\frac{4}{9}$입니다.

➜ $9\frac{4}{7}+2\frac{4}{9}=9\frac{36}{63}+2\frac{28}{63}=11\frac{64}{63}=12\frac{1}{63}$

**8-3** $8>5>3>1$이므로 만들 수 있는 가장 큰 대분수는 $8\frac{3}{5}$이고, 가장 작은 대분수는 $1\frac{3}{8}$입니다.

➜ $8\frac{3}{5}-1\frac{3}{8}=8\frac{24}{40}-1\frac{15}{40}=7\frac{9}{40}$

---

**유형 9** (색 테이프 2장의 길이의 합)

$=\frac{4}{5}+\frac{4}{5}=\frac{8}{5}=1\frac{3}{5}$(m)

(이어 붙인 색 테이프의 전체 길이)

$=1\frac{3}{5}-\frac{3}{10}=1\frac{6}{10}-\frac{3}{10}=1\frac{3}{10}$(m)

**9-1** (색 테이프 2장의 길이의 합)

$=2\frac{7}{9}+2\frac{7}{9}=4\frac{14}{9}=5\frac{5}{9}$(m)

(이어 붙인 색 테이프의 전체 길이)

$=5\frac{5}{9}-\frac{2}{3}=5\frac{5}{9}-\frac{6}{9}=4\frac{14}{9}-\frac{6}{9}=4\frac{8}{9}$(m)

**9-2** (색 테이프 2장의 길이의 합)

$=1\frac{5}{6}+1\frac{5}{6}=2\frac{10}{6}=3\frac{4}{6}=3\frac{2}{3}$(m)

(겹쳐진 부분의 길이)

$=3\frac{2}{3}-3\frac{1}{4}=3\frac{8}{12}-3\frac{3}{12}=\frac{5}{12}$(m)

**유형 10** 어제와 오늘 마신 주스의 양은 전체의 $\frac{2}{5}+\frac{4}{7}=\frac{14}{35}+\frac{20}{35}=\frac{34}{35}$이고, 전체를 1이라고 하면 남은 주스는 전체의 $1-\frac{34}{35}=\frac{1}{35}$입니다.

따라서 전체의 $\frac{1}{35}$만큼이 20 mL이므로 처음에 있던 주스는 $20\times35=700$(mL)입니다.

**10-1** 어제와 오늘 읽은 쪽수는 전체의 $\frac{1}{2}+\frac{1}{3}=\frac{3}{6}+\frac{2}{6}=\frac{5}{6}$이고, 전체를 1이라고 하면 남은 쪽수는 전체의 $1-\frac{5}{6}=\frac{1}{6}$입니다.

따라서 전체의 $\frac{1}{6}$만큼이 15쪽이므로 동화책의 전체 쪽수는 $15\times6=90$(쪽)입니다.

**10-2** 은주와 선우가 사용한 철사는 전체의 $\frac{1}{3}+\frac{3}{5}=\frac{5}{15}+\frac{9}{15}=\frac{14}{15}$이고, 전체를 1이라고 하면 남은 철사는 전체의 $1-\frac{14}{15}=\frac{1}{15}$입니다.

따라서 전체의 $\frac{1}{15}$만큼이 5 cm이므로 처음에 있던 철사는 $5\times15=75$(cm)입니다.

**10-3** 준서, 서희, 우재가 사용한 찰흙의 양은 전체의 $\frac{5}{8}+\frac{3}{20}+\frac{1}{5}=\frac{25}{40}+\frac{6}{40}+\frac{8}{40}=\frac{39}{40}$이고, 전체를 1이라고 하면 남은 찰흙의 양은 전체의 $1-\frac{39}{40}=\frac{1}{40}$입니다.

따라서 전체의 $\frac{1}{40}$만큼이 25 g이므로 처음에 있던 찰흙은 $25\times40=1000$(g)입니다.

**유형 11** (고구마 절반의 무게)

$=5\frac{3}{20}-2\frac{31}{40}=5\frac{6}{40}-2\frac{31}{40}=4\frac{46}{40}-2\frac{31}{40}$

$=2\frac{15}{40}=2\frac{3}{8}$(kg)

(빈 상자의 무게)

$=2\frac{31}{40}-2\frac{3}{8}=2\frac{31}{40}-2\frac{15}{40}=\frac{16}{40}=\frac{2}{5}$(kg)

**11-1** (보리쌀 절반의 무게)

$=3\frac{17}{30}-1\frac{13}{15}=3\frac{17}{30}-1\frac{26}{30}=2\frac{47}{30}-1\frac{26}{30}$

$=1\frac{21}{30}=1\frac{7}{10}$(kg)

(빈 통의 무게)

$=1\frac{13}{15}-1\frac{7}{10}=1\frac{26}{30}-1\frac{21}{30}=\frac{5}{30}=\frac{1}{6}$(kg)

**11-2** (동화책 6권의 무게)

$=\frac{5}{6}+\frac{5}{6}+\frac{5}{6}=\frac{15}{6}=2\frac{3}{6}=2\frac{1}{2}$(kg)

(빈 상자의 무게)

$=2\frac{13}{18}-2\frac{1}{2}=2\frac{13}{18}-2\frac{9}{18}=\frac{4}{18}=\frac{2}{9}$(kg)

**유형 12** 수호와 예진이가 하루 동안 함께 하는 일의 양은 전체의 $\frac{1}{6}+\frac{1}{12}=\frac{2}{12}+\frac{1}{12}=\frac{3}{12}=\frac{1}{4}$입니다.

따라서 일을 끝내는 데 4일이 걸립니다.

**12-1** 도현이와 지유가 함께 하루 동안 하는 일의 양은 전체의 $\frac{1}{18}+\frac{1}{9}=\frac{1}{18}+\frac{2}{18}=\frac{3}{18}=\frac{1}{6}$입니다.

따라서 일을 끝내는 데 6일이 걸립니다.

**12-2** 세 사람이 하루 동안 함께 하는 일의 양은 전체의 $\frac{1}{10}+\frac{1}{15}+\frac{1}{30}=\frac{3}{30}+\frac{2}{30}+\frac{1}{30}=\frac{6}{30}=\frac{1}{5}$ 입니다.

따라서 일을 끝내는 데 5일이 걸립니다.

**12-3** 전체 일의 양을 1이라고 하면 하루 동안 하는 일의 양은 민주는 $\frac{1}{24}$, 은호는 $\frac{1}{12}$입니다.

민주와 은호가 하루 동안 함께 하는 일의 양은 전체의 $\frac{1}{24}+\frac{1}{12}=\frac{1}{24}+\frac{2}{24}=\frac{3}{24}=\frac{1}{8}$입니다.

따라서 일을 끝내는 데 8일이 걸립니다.

# 6단원 다각형의 둘레와 넓이

## 106~108쪽 AI가 추천한 단원 평가 

01 

02 5, 25
03 4, 32
04 70000
05 $8\ cm^2$
06 가
07 $45\ cm^2$
08 $30\ cm^2$
09 $m^2$
10 풀이 참고, $4\ km^2$
11 다
12 7
13 $63\ m^2$
14 가
15 88 cm
16  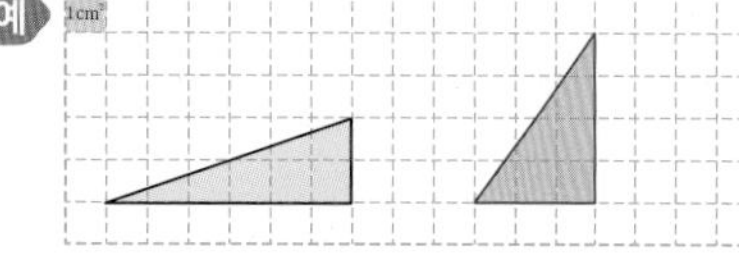
17 8
18 $69\ cm^2$
19 풀이 참고, $150\ cm^2$
20 $157\ cm^2$

02 (정오각형의 둘레)=(한 변의 길이)×5
=5×5=25(cm)

03 (마름모의 둘레)=(한 변의 길이)×4
=8×4=32(cm)

04 $1\ m^2=10000\ cm^2$이므로
$7\ m^2=70000\ cm^2$입니다.

05 (삼각형)가 2개 모이면 (1cm²) 2개가 됩니다.
따라서 평행사변형에는 (1cm²)가 모두 2+6=8(개) 있으므로 넓이는 $8\ cm^2$입니다.

06 가의 넓이: $7\ cm^2$, 나의 넓이: $6\ cm^2$

07 (직사각형의 넓이)=9×5=45($cm^2$)

08 (마름모의 넓이)=10×6÷2=30($cm^2$)

09 축구 경기장의 넓이를 나타낼 때에는 $m^2$ 단위가 알맞습니다.

10 예 2000 m=2 km입니다.」❶
따라서 정사각형 모양의 땅의 넓이는
2×2=4($km^2$)입니다.」❷

채점 기준

| | |
|---|---|
| ❶ 2000 m는 몇 km인지 구하기 | 2점 |
| ❷ 정사각형 모양의 땅의 넓이는 몇 $km^2$인지 구하기 | 3점 |

11 높이가 모눈 4칸으로 모두 같으므로 밑변의 길이가 다른 평행사변형을 찾으면 다입니다.

12 □×6=42 → □=42÷6=7

13 (사다리꼴의 넓이)=(6+12)×7÷2=63($m^2$)

14 (직사각형 가의 넓이)=8×11=88($cm^2$)
(직사각형 나의 넓이)=13×5=65($cm^2$)
따라서 88>65이므로 넓이가 더 넓은 직사각형은 가입니다.

15 변을 평행하게 옮기면 가로가 26 cm, 세로가 18 cm인 직사각형의 둘레와 같습니다.

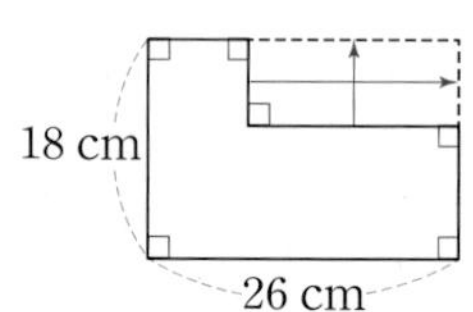


→ (도형의 둘레)=(26+18)×2=88(cm)

16 (주어진 삼각형의 넓이)=6×2÷2=6($cm^2$)
따라서 넓이가 $6\ cm^2$이고 모양이 다른 삼각형을 1개 그립니다.

17 (평행사변형의 넓이)=12×5=60($cm^2$)
삼각형의 넓이도 $60\ cm^2$이므로
15×□÷2=60, 15×□=120,
□=120÷15=8입니다.

18 (왼쪽 삼각형의 넓이)=6×10÷2=30($cm^2$)
(오른쪽 삼각형의 넓이)=6×13÷2=39($cm^2$)
→ (도형의 넓이)=30+39=69($cm^2$)

19 예 만든 직사각형의 가로는 5×2=10(cm)이고, 세로는 5×3=15(cm)입니다.」❶
따라서 만든 직사각형의 넓이는
10×15=150($cm^2$)입니다.」❷

채점 기준

| | |
|---|---|
| ❶ 만든 직사각형의 가로와 세로 각각 구하기 | 2점 |
| ❷ 만든 직사각형의 넓이 구하기 | 3점 |

20 도형을 둘로 나누어 넓이를 구합니다.

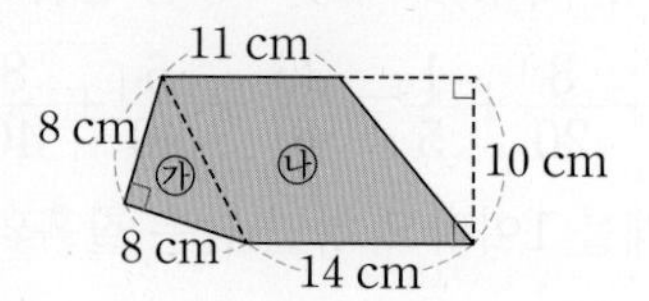


(삼각형 ㉮의 넓이)=8×8÷2=32($cm^2$)
(사다리꼴 ㉯의 넓이)=(11+14)×10÷2
=125($cm^2$)
→ (도형의 넓이)=32+125=157($cm^2$)

## 109~111쪽 AI가 추천한 단원 평가 2회

01 $3\text{ cm}^2$, 3 제곱센티미터

02 (위에서부터) 높이, 아랫변 03 4, 32

04 $8\text{ cm}^2$ 05 예

06 $12\text{ cm}^2$ 07 32 cm 08 $39\text{ cm}^2$

09 = 10 다, 나, 가

11 풀이 참고, 250000부분

12 예

13 6 14 6 cm

15 풀이 참고, $91\text{ cm}^2$ 16 $800\text{ cm}^2$

17 $99\text{ cm}^2$ 18 16 cm 19 $130\text{ m}^2$

20 42 cm

03 (직사각형의 넓이)$=8\times4=32(\text{cm}^2)$

04 $1\text{cm}^2$가 8개 있으므로 넓이는 $8\text{ cm}^2$입니다.

06 (평행사변형의 넓이)=(직사각형의 넓이)
$=4\times3=12(\text{cm}^2)$

07 (정팔각형의 둘레)$=4\times8=32(\text{cm})$

08 (삼각형의 넓이)$=13\times6\div2=39(\text{cm}^2)$

10 가의 넓이: $5\text{ cm}^2$, 나의 넓이: $6\text{ cm}^2$,
다의 넓이: $7\text{ cm}^2$
따라서 $7>6>5$이므로 넓이가 넓은 도형부터 차례대로 쓰면 다, 나, 가입니다.

11 예 땅의 넓이는 $5\times5=25(\text{km}^2)$입니다.」❶
$25\text{ km}^2=25000000\text{ m}^2$에는 $100\text{ m}^2$가 250000번 들어가므로 250000부분으로 나눌 수 있습니다.」❷

채점 기준

| | |
|---|---|
| ❶ 땅의 넓이는 몇 $\text{km}^2$인지 구하기 | 2점 |
| ❷ 몇 부분으로 나눌 수 있는지 구하기 | 3점 |

12 둘레가 12 cm인 정사각형의 한 변의 길이는 $12\div4=3(\text{cm})$이므로 한 변의 길이가 3 cm인 정사각형을 그립니다.

13 $(5+10)\times□\div2=45$, $15\times□\div2=45$,
$15\times□=90$, $□=90\div15=6$

14 (마름모 가의 둘레)$=7\times4=28(\text{cm})$
(평행사변형 나의 둘레)$=(5+6)\times2=22(\text{cm})$
따라서 마름모 가의 둘레는 평행사변형 나의 둘레보다 $28-22=6(\text{cm})$ 더 깁니다.

15 예 직사각형의 가로를 □ cm라고 하면
$(□+7)\times2=40$, $□+7=20$, $□=13$입니다.」❶
따라서 만든 직사각형의 넓이는 $13\times7=91(\text{cm}^2)$입니다.」❷

채점 기준

| | |
|---|---|
| ❶ 직사각형의 가로 구하기 | 2점 |
| ❷ 직사각형의 넓이 구하기 | 3점 |

16 마름모의 두 대각선의 길이는 각각 원의 지름과 같으므로 $20\times2=40(\text{cm})$입니다.
➔ (마름모의 넓이)$=40\times40\div2=800(\text{cm}^2)$

17 직선 가와 직선 나가 서로 평행하므로 삼각형과 평행사변형의 높이는 같습니다.
삼각형의 높이를 □ cm라고 하면
$6\times□\div2=33$, $6\times□=66$, $□=11$입니다.
➔ (평행사변형의 넓이)$=9\times11=99(\text{cm}^2)$

18 변 ㄴㄷ의 길이를 □ cm라고 하면 변 ㄱㄴ의 길이는 $(□-2)$ cm입니다.
$(□+□-2)\times2=60$, $□+□-2=30$,
$□+□=32$, $□=16$입니다.

19 색칠한 부분을 모으면 오른쪽과 같습니다.

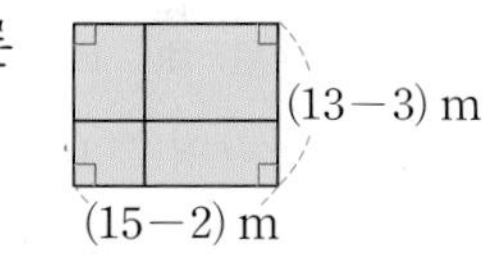


➔ (색칠한 부분의 넓이)$=(15-2)\times(13-3)$
$=13\times10=130(\text{m}^2)$

20 (정사각형 ㄱㄴㄷㅅ의 넓이)$=6\times6=36(\text{cm}^2)$
(직사각형 ㅂㄷㄹㅁ의 넓이)$=86-36=50(\text{cm}^2)$
(변 ㄷㄹ)$=11-6=5(\text{cm})$이므로
(변 ㅁㄹ)$=50\div5=10(\text{cm})$입니다.
따라서 도형의 둘레는 가로가 11 cm, 세로가 10 cm인 직사각형의 둘레와 같습니다.

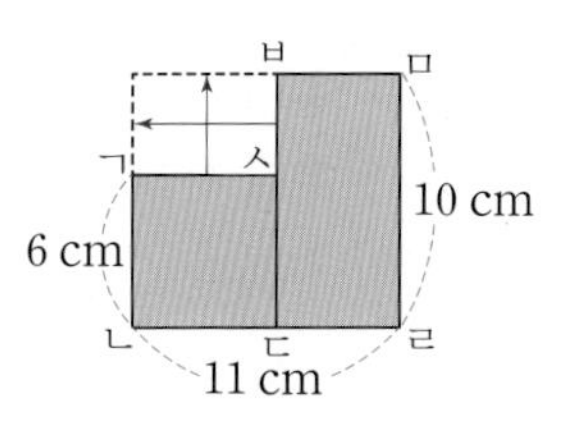


➔ (도형의 둘레)$=(11+10)\times2=42(\text{cm})$

## 112~114쪽 AI가 추천한 단원 평가 3회

01 ( ○ )(   ) 02 7 cm
03 2, 16 04 9, 9 05 6 $cm^2$
06 다 07 44 cm 08 105 $cm^2$
09 126 $cm^2$ 10 112 $m^2$ 11 풀이 참고
12 ㉣, ㉠, ㉢, ㉡ 13 8
14 45 cm
15 예

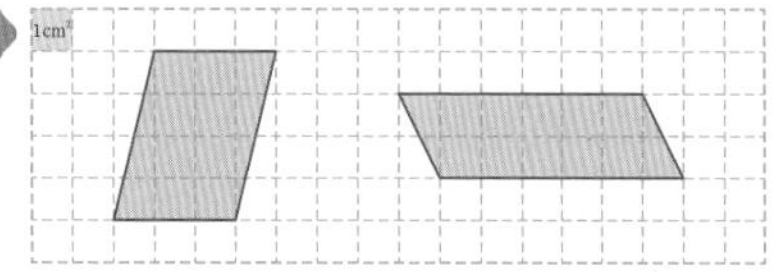


16 36 $cm^2$ 17 풀이 참고, 9
18 132 $cm^2$ 19 50 $cm^2$ 20 48 $cm^2$

03 (직사각형의 둘레)$=$(가로$+$세로)$\times 2$
$=(5+3)\times 2=16$(cm)

05 [1cm²]가 6개 있으므로 넓이는 6 $cm^2$입니다.

06 나의 넓이: 7 $cm^2$, 다의 넓이: 6 $cm^2$,
라의 넓이: 12 $cm^2$
따라서 도형 가와 넓이가 같은 도형은 도형 다입니다.

07 (마름모의 둘레)$=11\times 4=44$(cm)

08 (평행사변형의 넓이)$=15\times 7=105(cm^2)$

09 (마름모 ㄱㄴㄷㄹ의 넓이)
$=$(삼각형 ㄱㄴㄹ의 넓이)$\times 2$
$=63\times 2=126(cm^2)$

10 800 cm$=$8 m
➡ (직사각형의 넓이)$=14\times 8=112(m^2)$

11 예 삼각형 가, 나, 다는 밑변의 길이와 높이가 각각 모두 같으므로 넓이도 모두 같습니다.」 ❶

채점 기준

| ❶ 삼각형 가, 나, 다의 넓이가 모두 같은 이유 설명하기 | 5점 |
|---|---|

12 ㉠ 13000000 $m^2=13$ $km^2$
㉢ 9000000 $m^2=9$ $km^2$
따라서 14 $km^2>13$ $km^2>9$ $km^2>5$ $km^2$이므로 넓이가 넓은 것부터 차례대로 기호를 쓰면 ㉣, ㉠, ㉢, ㉡입니다.

13 $11\times\square\div 2=44$, $11\times\square=88$
➡ $\square=88\div 11=8$

14 (정육각의 둘레)$=4\times 6=24$(cm)
(정칠각형의 둘레)$=3\times 7=21$(cm)
➡ $24+21=45$(cm)

16 둘레가 24 cm인 직사각형의 가로와 세로의 합은 12 cm입니다.

| 가로(cm) | 1 | 2 | 3 | 4 | 5 | 6 |
|---|---|---|---|---|---|---|
| 세로(cm) | 11 | 10 | 9 | 8 | 7 | 6 |
| 넓이($cm^2$) | 11 | 20 | 27 | 32 | 35 | 36 |

따라서 가로와 세로가 각각 6 cm일 때, 직사각형의 넓이가 36 $cm^2$로 가장 넓습니다.

17 예 마름모의 넓이는 $27\times 12\div 2=162(cm^2)$입니다.」 ❶
평행사변형의 넓이도 162 $cm^2$이므로
$18\times\square=162$, $\square=162\div 18=9$입니다.」 ❷

채점 기준

| ❶ 마름모의 넓이 구하기 | 2점 |
|---|---|
| ❷ □ 안에 알맞은 수 구하기 | 3점 |

18

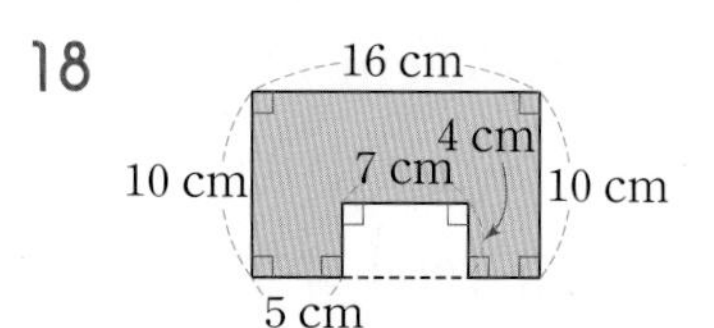


(큰 직사각형의 넓이)$=16\times 10=160(cm^2)$
(색칠하지 않은 직사각형의 넓이)$=7\times 4$
$=28(cm^2)$
➡ (도형의 넓이)$=160-28=132(cm^2)$

19 (정사각형 2개의 넓이의 합)
$=10\times 10+5\times 5=100+25=125(cm^2)$
(색칠하지 않은 삼각형의 넓이)
$=(10+5)\times 10\div 2=15\times 10\div 2=75(cm^2)$
➡ (색칠한 부분의 넓이)$=125-75=50(cm^2)$

20 (삼각형 ㄱㄷㄹ의 넓이)$=8\times 3\div 2=12(cm^2)$

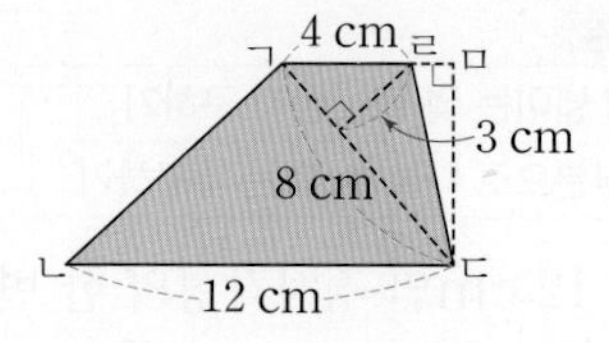


선분 ㄷㅁ의 길이를 □ cm라고 하면
$4\times\square\div 2=12$, $4\times\square=24$, $\square=6$입니다.
➡ (사다리꼴 ㄱㄴㄷㄹ의 넓이)
$=(4+12)\times 6\div 2=48(cm^2)$

## 115~117쪽 AI가 추천한 단원 평가 4회

01 9, 9, 9, 54　02 6, 54
03 (　　)(　　)( ○ )　04 $9\ cm^2$
05 (7 cm, 8 cm, 16 cm)　06 $112\ cm^2$
07 38 cm
08 $81\ cm^2$　09 $35\ m^2$　10 풀이 참고
11 나, 가, 1　12 $56\ cm^2$　13 6 m
14 6　15 풀이 참고, $121\ cm^2$
16 예　17 10　18 60 cm
19 $105\ cm^2$　20 $90\ cm^2$

01 (정육각형의 둘레)$=9+9+9+9+9+9$
$=54$(cm)

02 (정육각형의 둘레)$=9\times6=54$(cm)

03 한 변의 길이가 1 km인 정사각형의 넓이는 $1\ km^2$ 입니다.

04 ◢가 2개 모이면 $1\ cm^2$ 1개가 됩니다.
따라서 삼각형에는 $1\ cm^2$가 모두 $3+6=9$(개) 있으므로 넓이는 $9\ cm^2$입니다.

05 밑변의 길이는 16 cm, 높이는 7 cm입니다.

06 (평행사변형의 넓이)$=16\times7=112(cm^2)$

07 (직사각형의 둘레)$=(8+11)\times2=38$(cm)

08 (정사각형의 넓이)$=9\times9=81(cm^2)$

09 (사다리꼴의 넓이)$=(6+8)\times5\div2=35(m^2)$

10 예 단위가 잘못 쓰인 것은 ㉠입니다.」❶
바르게 고쳐 보면 '대전광역시의 넓이는 약 $500\ km^2$입니다.'로 고칠 수 있습니다.」❷

채점 기준

| | |
|---|---|
| ❶ 단위가 잘못 쓰인 것의 기호 쓰기 | 2점 |
| ❷ 바르게 고치기 | 3점 |

11 가의 넓이: $8\ cm^2$, 나의 넓이: $9\ cm^2$
→ 도형 나는 도형 가보다 넓이가 $9-8=1(cm^2)$ 더 넓습니다.

12 마름모의 두 대각선의 길이는 각각 $7\times2=14$(cm), $4\times2=8$(cm)입니다.
→ (마름모의 넓이)$=14\times8\div2=56(cm^2)$

13 (평행사변형을 만드는 데 사용한 철사의 길이)
$=(10+7)\times2=34$(m)
→ (만들고 남은 철사의 길이)$=40-34=6$(m)

14 (정사각형의 둘레)$=10\times4=40$(cm)
직사각형의 둘레도 40 cm이므로
$(14+\square)\times2=40$, $14+\square=20$
→ $\square=20-14=6$입니다.

15 예 만들 수 있는 정사각형의 한 변의 길이는 11 cm입니다.」❶ (11 cm, 11 cm, 16 cm)
따라서 만들 수 있는 정사각형의 넓이는 $11\times11=121(cm^2)$입니다.」❷

채점 기준

| | |
|---|---|
| ❶ 만들 수 있는 정사각형의 한 변의 길이 구하기 | 2점 |
| ❷ 만들 수 있는 정사각형의 넓이 구하기 | 3점 |

16 도형을 그리는 규칙은 가로 2칸을 기준으로 왼쪽 아래와 오른쪽 아래를 차례로 한 칸씩 늘리며 그리는 것입니다.
빈칸에 알맞은 도형의 넓이는 $5\ cm^2$이므로 두 번째 도형보다 모눈 한 칸 더 늘어난 도형을 그립니다.

17 (삼각형의 넓이)$=20\times15\div2=150(cm^2)$
$30\times\square\div2=150$, $30\times\square=300$
→ $\square=300\div30=10$

18 (정사각형의 한 변의 길이)$=24\div4=6$(cm)
이어 붙인 도형의 둘레는 정사각형의 한 변의 길이의 10배입니다.
→ (이어 붙인 도형의 둘레)$=6\times10=60$(cm)

19 (위쪽 삼각형의 넓이)$=14\times6\div2=42(cm^2)$
(아래쪽 삼각형의 넓이)$=14\times9\div2=63(cm^2)$
→ (도형의 넓이)$=42+63=105(cm^2)$

20 (변 ㅂㄷ)$=$(변 ㅁㄷ)$-$(변 ㅁㅂ)
$=24-9=15$(cm)
(변 ㄱㅁ)$=$(변 ㄱㄴ)$=12$ cm
→ (삼각형 ㄱㄷㅂ의 넓이)$=15\times12\div2$
$=90(cm^2)$

참고 삼각형 ㄱㄷㅂ은 밑변이 변 ㅂㄷ이고, 높이가 변 ㄱㅁ인 삼각형입니다.

**118~123쪽 틀린 유형 다시 보기**

| | | |
|---|---|---|
| 유형 1 $16\ cm^2$ | 1-1 $24\ cm^2$ | 1-2 $12\ cm^2$ |
| 유형 2 $<$ | 2-1 $>$ | 2-2 ㉠ |
| 2-3 ㉡, ㉠, ㉢, ㉣ | | 유형 3 6 |
| 3-1 5 | 3-2 12 m | 3-3 11 |
| 유형 4 7 | 4-1 8 | 4-2 12 |
| 4-3 6 | 유형 5 $81\ cm^2$ | 5-1 $54\ cm^2$ |
| 5-2 $104\ cm^2$ | 5-3 $150\ cm^2$ | 유형 6 44 cm |
| 6-1 78 cm | 6-2 70 cm | 유형 7 5 |
| 7-1 20 | 7-2 8 | 7-3 6 |
| 유형 8 30 cm | 8-1 56 cm | 8-2 72 cm |
| 8-3 96 cm | 유형 9 $150\ cm^2$ | 9-1 $147\ cm^2$ |
| 9-2 $78\ cm^2$ | 유형 10 $94\ cm^2$ | 10-1 $132\ cm^2$ |
| 10-2 $91\ cm^2$ | 유형 11 $258\ cm^2$ | 11-1 $156\ cm^2$ |
| 11-2 $176\ cm^2$ | 유형 12 46 cm | 12-1 54 cm |
| 12-2 52 cm | | |

**유형 1** 가 2개 모이면 $1\ cm^2$ 1개가 됩니다.
따라서 평행사변형에는 $1\ cm^2$가 모두
$4+12=16$(개) 있으므로 넓이는 $16\ cm^2$입니다.

**1-1** 가 2개 모이면 $1\ cm^2$ 2개가 됩니다.
따라서 사다리꼴에는 $1\ cm^2$가 모두
$4+20=24$(개) 있으므로 넓이는 $24\ cm^2$입니다.

**1-2** 가 2개 모이면 $1\ cm^2$ 2개가 되고, 가 2개 모이면 $1\ cm^2$ 1개가 됩니다.
따라서 삼각형에는 $1\ cm^2$가 모두
$2+2+8=12$(개) 있으므로 넓이는 $12\ cm^2$입니다.

---

**유형 2** $1\ m^2=10000\ cm^2$임을 이용합니다.
$30\ m^2=300000\ cm^2$
➜ $300000\ cm^2<3000000\ cm^2$

**2-1** $1\ km^2=1000000\ m^2$임을 이용합니다.
$20000000\ m^2=20\ km^2$
➜ $20\ km^2>7\ km^2$

**2-2** ㉡ $400000\ cm^2=40\ m^2$
㉢ $40000\ cm^2=4\ m^2$
따라서 $4000\ m^2>400\ m^2>40\ m^2>4\ m^2$이므로 넓이가 가장 넓은 것은 ㉠입니다.

**2-3** ㉡ $6000000\ m^2=6\ km^2$
㉢ $10000000\ m^2=10\ km^2$
따라서 $6\ km^2<8\ km^2<10\ km^2<11\ km^2$이므로 넓이가 좁은 것부터 차례대로 기호를 쓰면 ㉡, ㉠, ㉢, ㉣입니다.

---

**유형 3** $\square\times5=30$ ➜ $\square=30\div5=6$

**3-1** $(9+\square)\times2=28$, $9+\square=14$
➜ $\square=14-9=5$

**3-2** 마름모의 한 변의 길이를 $\square$ m라고 하면
$\square\times4=48$, $\square=48\div4=12$입니다.

**3-3** (정사각형의 둘레)$=8\times4=32$(cm)
직사각형의 둘레도 32 cm이므로
$(\square+5)\times2=32$, $\square+5=16$
➜ $\square=16-5=11$입니다.

---

**유형 4** $8\times\square=56$ ➜ $\square=56\div8=7$

**4-1** $\square\times4=32$ ➜ $\square=32\div4=8$

**4-2** $\square\times7\div2=42$, $\square\times7=84$
➜ $\square=84\div7=12$

**4-3** $(10+7)\times\square\div2=51$, $(10+7)\times\square=102$,
$17\times\square=102$ ➜ $\square=102\div17=6$

---

**유형 5** (정사각형의 한 변의 길이)$=36\div4=9$(cm)
➜ (정사각형의 넓이)$=9\times9=81(cm^2)$

**5-1** 직사각형의 세로를 $\square$ cm라고 하면
$(6+\square)\times2=30$, $6+\square=15$,
$\square=15-6=9$입니다.
➜ (직사각형의 넓이)$=6\times9=54(cm^2)$

**5-2** 직사각형의 가로를 $\square$ cm라고 하면
$(\square+8)\times2=42$, $\square+8=21$,
$\square=21-8=13$입니다.
➜ (직사각형의 넓이)$=13\times8=104(cm^2)$

**5-3** 둘레가 50 cm인 직사각형의 가로와 세로의 합은 $50\div2=25$(cm)입니다.
세로를 $\square$ cm라고 하면 가로가 $(\square+5)$ cm이므로 $(\square+5)+\square=25$, $\square+\square=20$,
$\square=10$입니다.
따라서 가로가 $10+5=15$(cm),
세로가 10 cm이므로 직사각형의 넓이는
$15\times10=150(cm^2)$입니다.

**유형 6** 변을 평행하게 옮기면 가로가 12 cm, 세로가 10 cm인 직사각형의 둘레와 같습니다.

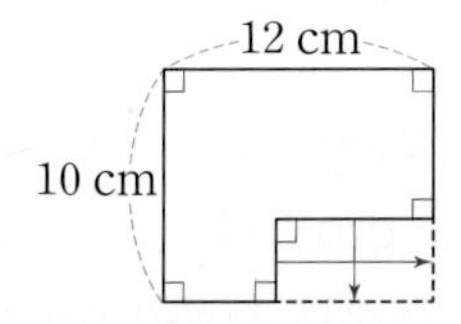


➜ (도형의 둘레)$=(12+10)\times2=44$(cm)

**6-1** 변을 평행하게 옮기면 가로가 20 cm, 세로가 $14+5=19$(cm)인 직사각형의 둘레와 같습니다.

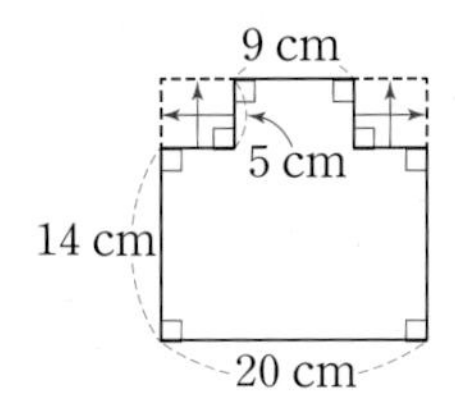


➜ (도형의 둘레)$=(20+19)\times2=78$(cm)

**6-2** 변을 평행하게 옮기면 가로가 13 cm, 세로가 15 cm인 직사각형의 둘레에 7 cm를 2번 더한 것과 같습니다.

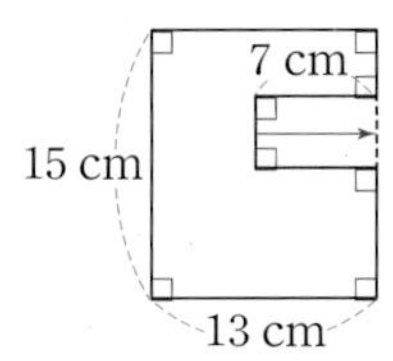


➜ (도형의 둘레)$=(13+15)\times2+7\times2$
$=56+14=70$(cm)

**유형 7** (평행사변형의 넓이)$=10\times8=80$(cm$^2$)
직사각형의 넓이도 80 cm$^2$이므로
$16\times\square=80$, $\square=80\div16=5$입니다.

**7-1** (직사각형의 넓이)$=25\times16=400$(cm$^2$)
정사각형의 넓이도 400 cm$^2$이므로
$20\times20=400$에서 $\square=20$입니다.

**7-2** (정사각형의 넓이)$=6\times6=36$(cm$^2$)
삼각형의 넓이도 36 cm$^2$이므로
$9\times\square\div2=36$, $9\times\square=72$,
$\square=72\div9=8$입니다.

**7-3** (마름모의 넓이)$=15\times8\div2=60$(cm$^2$)
사다리꼴의 넓이도 60 cm$^2$이므로
$(9+11)\times\square\div2=60$,
$(9+11)\times\square=120$, $20\times\square=120$,
$\square=120\div20=6$입니다.

**유형 8** (정사각형의 한 변의 길이)$=20\div4=5$(cm)
이어 붙인 도형의 둘레는 정사각형의 한 변의 길이의 6배입니다.
➜ (이어 붙인 도형의 둘레)$=5\times6=30$(cm)

**8-1** (정사각형의 한 변의 길이)$=28\div4=7$(cm)
이어 붙인 도형의 둘레는 정사각형의 한 변의 길이의 8배입니다.
➜ (이어 붙인 도형의 둘레)$=7\times8=56$(cm)

**8-2** (정사각형의 한 변의 길이)$=36\div4=9$(cm)
이어 붙인 도형의 둘레는 정사각형의 한 변의 길이의 8배입니다.
➜ (이어 붙인 도형의 둘레)$=9\times8=72$(cm)

**8-3** (정사각형의 한 변의 길이)$=32\div4=8$(cm)
이어 붙인 도형의 둘레는 정사각형의 한 변의 길이의 12배입니다.
➜ (이어 붙인 도형의 둘레)$=8\times12=96$(cm)

**유형 9** (큰 직사각형의 넓이)$=15\times12=180$(cm$^2$)
(색칠하지 않은 직사각형의 넓이)$=6\times5$
$=30$(cm$^2$)
➜ (도형의 넓이)$=180-30=150$(cm$^2$)

**9-1**

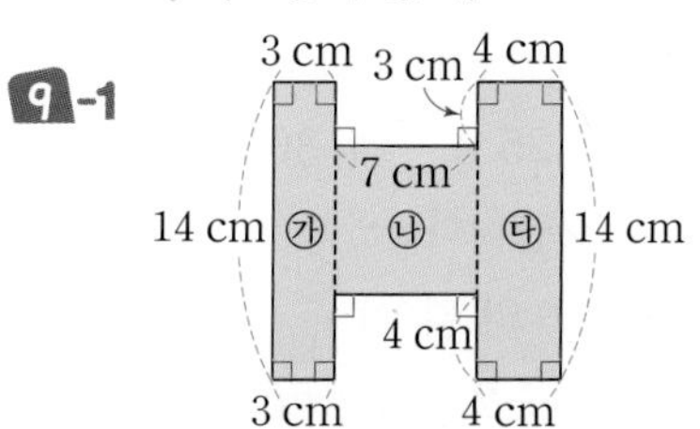


(직사각형 ㉮의 넓이)$=3\times14=42$(cm$^2$)
(직사각형 ㉯의 넓이)$=7\times(14-3-4)$
$=7\times7=49$(cm$^2$)
(직사각형 ㉰의 넓이)$=4\times14=56$(cm$^2$)
➜ (도형의 넓이)$=42+49+56=147$(cm$^2$)

**9-2**

(큰 직사각형의 넓이)
$=(5+8)\times(5+5)=13\times10=130$(cm$^2$)
(직사각형 ㉮의 넓이)$=8\times5=40$(cm$^2$)
(직사각형 ㉯의 넓이)
$=(13-10)\times(10-6)=3\times4=12$(cm$^2$)
➜ (도형의 넓이)$=130-40-12=78$(cm$^2$)

**유형 10** (삼각형의 넓이)$=8\times7\div2=28(\text{cm}^2)$
(평행사변형의 넓이)$=11\times6=66(\text{cm}^2)$
➜ (도형의 넓이)$=28+66=94(\text{cm}^2)$

**10-1** (사다리꼴의 넓이)$=(6+14)\times9\div2$
$=90(\text{cm}^2)$
(삼각형의 넓이)$=14\times6\div2=42(\text{cm}^2)$
➜ (도형의 넓이)$=90+42=132(\text{cm}^2)$

**10-2** 도형을 둘로 나누어 넓이를 구합니다.

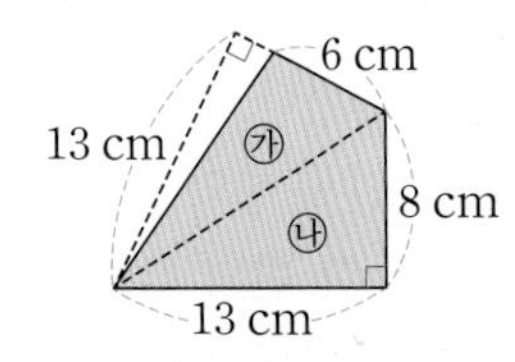


(삼각형 ㉮의 넓이)$=6\times13\div2=39(\text{cm}^2)$
(삼각형 ㉯의 넓이)$=13\times8\div2=52(\text{cm}^2)$
➜ (도형의 넓이)$=39+52=91(\text{cm}^2)$

**유형 11** (삼각형 ㄴㄷㅁ의 넓이)$=15\times20\div2$
$=150(\text{cm}^2)$
선분 ㅁㅂ의 길이를 □ cm라고 하면
$25\times□\div2=150$, $25\times□=300$,
$□=300\div25=12$입니다.
➜ (사다리꼴 ㄱㄴㄷㄹ의 넓이)
$=(18+25)\times12\div2=258(\text{cm}^2)$

**11-1** (삼각형 ㄱㄴㄹ의 넓이)$=20\times6\div2$
$=60(\text{cm}^2)$
변 ㄹㄷ의 길이를 □ cm라고 하면
$10\times□\div2=60$, $10\times□=120$,
$□=120\div10=12$입니다.
➜ (사다리꼴 ㄱㄴㄷㄹ의 넓이)
$=(10+16)\times12\div2=156(\text{cm}^2)$

**11-2** (삼각형 ㄱㄷㄹ의 넓이)$=22\times7\div2$
$=77(\text{cm}^2)$
선분 ㅁㄷ의 길이를 □ cm라고 하면
$14\times□\div2=77$, $14\times□=154$,
$□=154\div14=11$입니다.
➜ (사다리꼴 ㄱㄴㄷㄹ의 넓이)
$=(14+18)\times11\div2=176(\text{cm}^2)$

**유형 12** (정사각형 ㅂㄷㄹㅁ의 넓이)$=9\times9=81(\text{cm}^2)$
(정사각형 ㄱㄴㄷㅅ의 넓이)$=106-81$
$=25(\text{cm}^2)$
$5\times5=25$이므로 정사각형 ㄱㄴㄷㅅ의 한 변의 길이는 5 cm입니다.
도형의 둘레는 가로가 $5+9=14$(cm), 세로가 9 cm인 직사각형의 둘레와 같습니다.

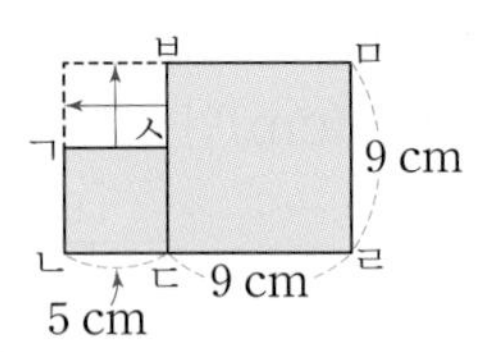


➜ (도형의 둘레)$=(14+9)\times2=46$(cm)

**12-1** (정사각형 ㅂㄷㄹㅁ의 넓이)$=7\times7=49(\text{cm}^2)$
(정사각형 ㄱㄴㄷㅅ의 넓이)$=149-49$
$=100(\text{cm}^2)$
$10\times10=100$이므로 정사각형 ㄱㄴㄷㅅ의 한 변의 길이는 10 cm입니다.
도형의 둘레는 가로가 $10+7=17$(cm), 세로가 10 cm인 직사각형의 둘레와 같습니다.

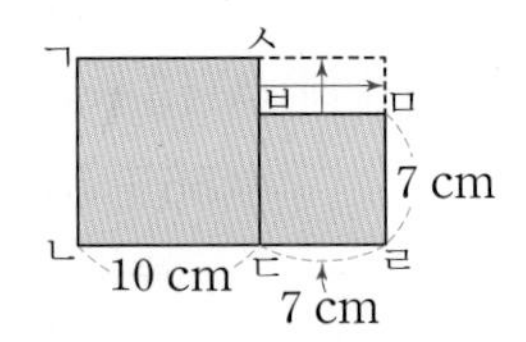


➜ (도형의 둘레)$=(17+10)\times2=54$(cm)

**12-2** (정사각형 ㄱㄴㄷㅅ의 넓이)$=8\times8=64(\text{cm}^2)$
(직사각형 ㅂㄷㄹㅁ의 넓이)$=141-64$
$=77(\text{cm}^2)$
(변 ㄷㄹ)$=15-8=7$(cm)이므로
(변 ㅁㄹ)$=77\div7=11$(cm)입니다.
도형의 둘레는 가로가 15 cm, 세로가 11 cm인 직사각형의 둘레와 같습니다.

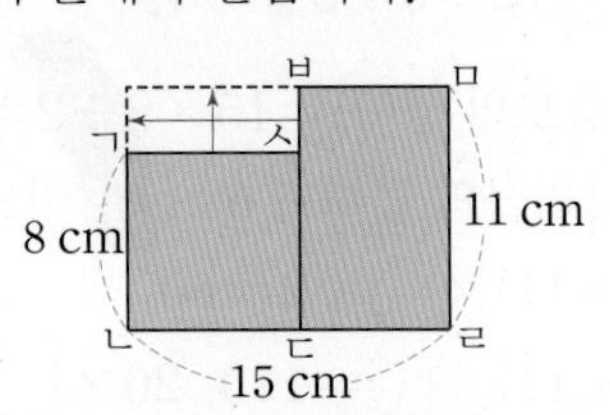


➜ (도형의 둘레)$=(15+11)\times2=52$(cm)